微积分

主　编　彭乃驰
副主编　黄克武　党婷

中国人民大学出版社
·北京·

前言

本书根据独立学院办学目标和学生特点，结合多年在独立学院从事微积分教学经验及教学信息反馈意见编写而成。书中既突出了对数学思想的理解，又以最清晰、最简洁的方式介绍了微积分的基本概念，并强调了微积分在经济方面的应用。全书共分十章，主要内容包括函数、极限、导数与微分、中值定理与导数的应用、不定积分、定积分、多元函数微积分、微分方程、无穷级数、微积分在经济中的应用。

在编写过程中，参考了国内近年来出版的同类优秀教材，在教材体系、内容安排和例题选取等方面吸取了它们的优点。同时考虑到教学的主要对象是独立学院经济管理会计类专业学生，本教材在编写过程中注意到了以下几方面的问题：

1. 考虑到教学对象是独立学院的学生，一方面删除了一些较难、较复杂的定理证明，保证了理论方面介绍的简洁性；另一方面，在所选例题上狠下工夫，针对每个知识点精选例题，保证所选例题具有典型性、代表性，又注意例题难度上的层次性，以中等、简单难度的例题为主，也有少量较难的例题供教师灵活选用。

2. 考虑到教学对象是经济管理会计类专业学生，教材中强调了微积分在经济方面的应用，单独编写了“微积分在经济中的应用”一章。

3. 为适应分层教学的需要，一方面教材部分内容设置了 * 号，教师在实际教学中可根据学时情况、学生专业情况、学生学习情况等，对该部分内容自行决定略去不讲或有选择性的讲授；另一方面，教材还按（A）、（B）两组编入了大量习题，其中（A）组习题为基本习题，所有学生都要求掌握，（B）组习题为提高习题，供学有余力的学生学习使用。

本书由彭乃驰（四、八、九、十章）、党婷（一、二、三章）和黄克武（五、六、七章）共同编写。本书可作为独立学院经济管理会计类专业教材，也可作为其他层次高校相关专业的教学参考书。

衷心感谢云南大学旅游文化学院 2012 级、2013 级学生以及信科系数学教研室教师在使用本教材“试用版”时所提出的宝贵意见，感谢吕小俊为五、六、七章作电子版图象。同时审稿专家认真审阅了书稿，并提出了改进意见，对此我们也表示衷心的感谢。

限于编者水平，教材中难免存在一定的不当之处，恳请广大读者批评指正。

编　者

2015 年 4 月

目录

第1章 函 数

函数是微积分的基本研究对象. 本章将介绍函数的定义，函数的基本特性，复合函数与反函数，基本初等函数与初等函数.

§1.1 函数的定义

一、相关概念

定义 1.1 给定非空数集 D，对应法则 f，若对于任意的 $x\in D$，在 f 的作用下，存在唯一的实数 y 与之对应，则称 f 是定义在 D 上的一个函数或称 y 是 x 的函数，记为 $y=f(x)$，$x\in D$.

其中，x 称为自变量，y 称为因变量，非空数集 D 称为函数 $y=f(x)$ 的定义域，记为 D_f. 若 $x_0\in D$，则称 $f(x_0)$ 为函数 $y=f(x)$ 在 x_0 处的函数值，函数值的全体所构成的集合称为函数的值域，记为 R_f，即 $R_f=\{y\mid y=f(x),\ x\in D\}$.

注： 1. 函数实质上是一种特殊的对应法则，它反映了变量间最本质的联系；

2. 对应的唯一性，如：$y=\pm(x^2+1)$ 不是函数，因为对于任意的实数 x，存在两个 y 值与之对应，对应不唯一；

3. 定义域和对应法则是确定一个函数的两个要素，若两个函数的定义域、对应法则完全相同，则称这两个函数是同一个函数；

4. 函数的表示法：解析法、图像法、列表法.

例 1 （1）求函数 $y=\dfrac{1}{\lg(3x-2)}$ 的定义域.

（2）已知 $f(t)$ 的定义域是 $t=2^x(-1\leqslant x\leqslant 1)$ 的值域，求 $f(\log_2 x)$ 的定义域.

分析： 定义域即自变量 x 的取值范围，求定义域最根本的原则即要使函数有意义，比如，分母不能为 0，对数函数的真数必须大于 0，等等.

求定义域一般有两个步骤：（1）根据要使函数有意义列出不等式或不等式组；（2）解出不等式或不等式组得出的 x 的取值范围，即函数的定义域.

解：（1）对于该题 x 应满足：

$$\begin{cases}\lg(3x-2)\neq 0\Rightarrow 3x-2\neq 1\Rightarrow x\neq 1\\ 3x-2>0\Rightarrow x>\dfrac{2}{3}\end{cases}$$

因此函数 $y=\dfrac{1}{\lg(3x-2)}$ 的定义域为 $\left(\dfrac{2}{3},\ 1\right)\cup(1,\ +\infty)$.

(2) $t=2^x(-1\leqslant x\leqslant 1)$ 的值域是 $\left[\dfrac{1}{2},\ 2\right]$，据题意可知 $f(t)$ 的定义域是 $\left[\dfrac{1}{2},\ 2\right]$，即 $\dfrac{1}{2}\leqslant t\leqslant 2$. $\log_2 x$ 在 t 的位置上，故 $\dfrac{1}{2}\leqslant\log_2 x\leqslant 2$，解得 $x\in[\sqrt{2},\ 4]$，所以 $f(\log_2 x)$ 的定义域是 $[\sqrt{2},\ 4]$.

例 2 (1) 已知 $f(x)=x^2$，求 $f(10)$，$f(x+10)$，$f[f(x)]$，$f\left(\dfrac{1}{x}\right)$.

(2) 已知 $f(x-1)=x(x-1)$，求 $f(x)$.

解：(1) $f(10)=10^2=100$

$f(x+10)=(x+10)^2=x^2+20x+100$

$f[f(x)]=[f(x)]^2=(x^2)^2=x^4$

$f\left(\dfrac{1}{x}\right)=\left(\dfrac{1}{x}\right)^2=\dfrac{1}{x^2}$.

(2) 设 $x-1=t$，则 $x=t+1$，$f(t)=(t+1)t=t^2+t$，因为函数的本质与自变量的符号无关，所以将上式中的 t 换作 x，即可得 $f(x)=x^2+x$.

例 3 判断下列函数是否是同一个函数？

(1) $y=\tan x$ 与 $y=\dfrac{\sin x}{\cos x}$

(2) $y=\lg[x(x-1)]$ 与 $y=\lg x+\lg(x-1)$

解：(1) 由 $\tan x=\dfrac{\sin x}{\cos x}$，知两个函数的对应规则相同. 又 $\tan x$ 与 $\dfrac{\sin x}{\cos x}$ 的定义域都是 $\{x\mid x\neq k\pi+\dfrac{\pi}{2},\ k\in Z\}$，故两个函数是同一个函数.

(2) $y=\lg[x(x-1)]$ 的定义域是 $(-\infty,\ 0)\cup(1,\ +\infty)$，而 $y=\lg x+\lg(x-1)$ 的定义域是 $(1,\ +\infty)$，因此这两个函数不是同一个函数.

二、分段函数

定义 1.2 对于定义域内自变量不同的值，其对应规则不能用统一的表达式表示，而需要用两个或两个以上的式子表示的函数称为分段函数.

例 4 (1) 用分段函数表示 $y=3-|x-1|$.

(2) 已知 $f(x)=\begin{cases}x+2, & 0\leqslant x\leqslant 2\\ x^2, & 2<x\leqslant 4\end{cases}$，求 $f(3)$，$f(-x)$，$f(x-1)$ 并指出 $f(x-1)$ 的定义域.

解：(1) 当 $x\geqslant 1$ 时，$y=3-(x-1)=4-x$.

当 $x<1$ 时，$y=3+(x-1)=x+2$.

综上述，$y=\begin{cases}4-x, & x\geqslant 1\\ x+2, & x<1\end{cases}$.

(2) $f(3)=9$.

$$f(-x)=\begin{cases}-x+2, & 0\leqslant -x\leqslant 2\\ (-x)^2, & 2<-x\leqslant 4\end{cases}=\begin{cases}2-x, & -2\leqslant x\leqslant 0\\ x^2, & -4\leqslant x<-2\end{cases}.$$

$$f(x-1)=\begin{cases}(x-1)+2, & 0\leqslant x-1\leqslant 2\\ (x-1)^2, & 2<x-1\leqslant 4\end{cases}=\begin{cases}x+1, & 1\leqslant x\leqslant 3\\ x^2-2x+1, & 3<x\leqslant 5\end{cases}.$$

$f(x-1)$ 的定义域是 $[1,5]$.

定义 1.3 对每个实数 x，令不超过 x 的最大整数为 $[x]$，得到 $y=[x]$，$x\in R$，称此函数为取整函数.

如：$[1]=1$，$[1.6]=1$，$[-1.6]=-2$

例 5 取整函数

$$y=[x]=\begin{cases}\cdots & \cdots\\ -1, & -1\leqslant x<0\\ 0, & 0\leqslant x<1\\ 1, & 1\leqslant x<2\\ 2, & 2\leqslant x<3\\ \cdots & \cdots\end{cases}$$

易知取整函数的定义域为实数集 R，值域为整数集 Z，其图像如图 1.1 所示：

例 6 符号函数 $y=\operatorname{sgn}x=\begin{cases}-1, & x<0\\ 0, & x=0.\\ 1, & x>0\end{cases}$

该函数的定义域为 $(-\infty,+\infty)$，值域为 $\{-1,0,1\}$，其图像如图 1.2 所示：

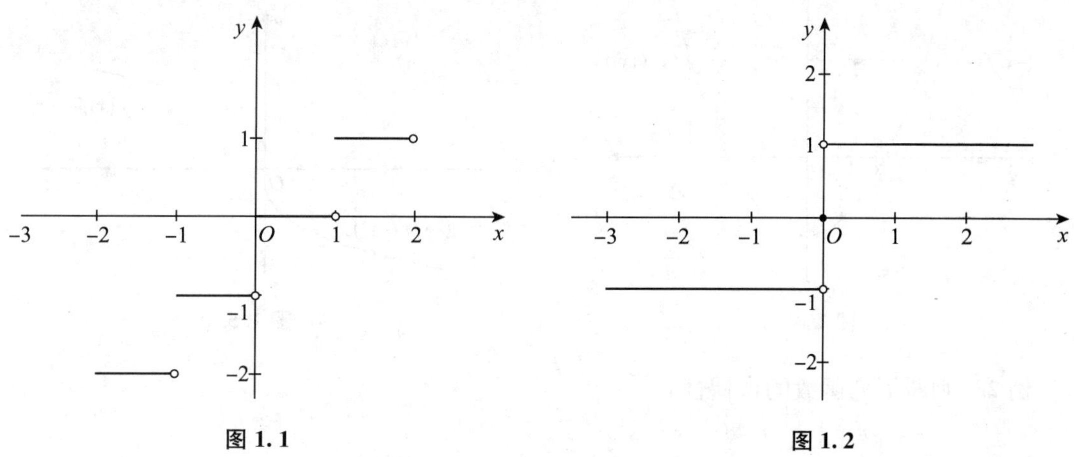

图 1.1　　图 1.2

§1.2 函数的基本特性

一、单调性

定义 1.4 设函数 $f(x)$ 在某非空数集 D 上有定义，若 $\forall x_1, x_2\in D$，当 $x_1>x_2$ 时有

(1) $f(x_1)>f(x_2)$，则称 $f(x)$ 在 D 上单调递增；

(2) $f(x_1)<f(x_2)$，则称 $f(x)$ 在 D 上单调递减.

例 1 判断并证明函数 $f(x)=2x^2+1$ 的单调性.

解： 由图 1.3 可知函数 $f(x)=2x^2+1$ 在 $(-\infty, 0)$ 单调递减，在 $(0, +\infty)$ 单调递增.

证明：$\forall x_1, x_2\in(-\infty, 0)$，设 $x_1>x_2$，则

$f(x_1)-f(x_2)=(2x_1^2+1)-(2x_2^2+1)=2(x_1^2-x_2^2)=2(x_1-x_2)(x_1+x_2)<0$

即 $f(x_1)<f(x_2)$，所以 $f(x)=2x^2+1$ 在 $(-\infty, 0)$ 单调递减.

函数 $f(x)=2x^2+1$ 在 $(0, +\infty)$ 的单调性读者可自行证明.

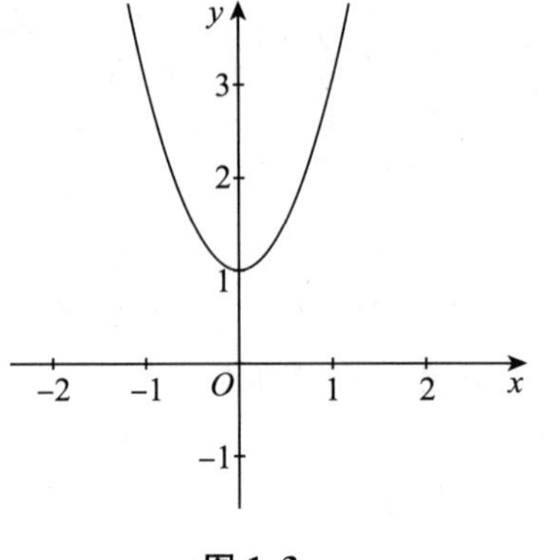

图 1.3

二、奇偶性

定义1.5 设函数 $f(x)$ 的定义域 D 关于原点对称，若 $\forall x\in D$ 有

(1) $f(-x)=f(x)$，则称 $f(x)$ 为偶函数；

(2) $f(-x)=-f(x)$，则称 $f(x)$ 为奇函数.

由函数奇偶性的定义易知：偶函数的图像关于 y 轴对称，奇函数的图像关于原点对称，如图 1.4、1.5 所示：

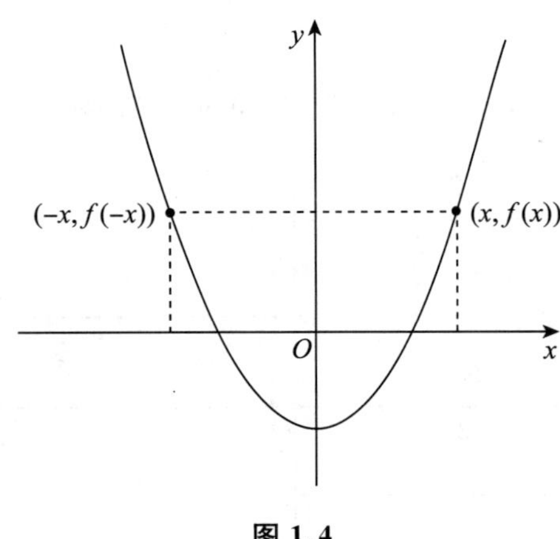

图 1.4

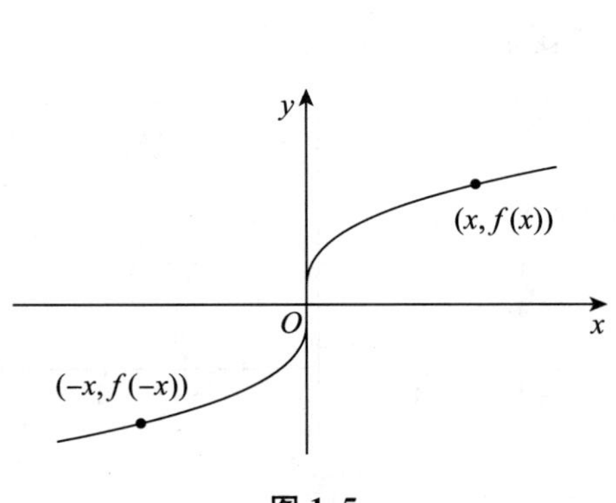

图 1.5

例 2 判断下列函数的奇偶性：

(1) $f(x)=\begin{cases}x+1, & x<0\\ 0, & x=0;\\ x-1, & x>0\end{cases}$

(2) $f(x)=\ln(x+\sqrt{x^2+1})$.

解： (1) 函数 $f(x)$ 的定义域是 R，

$$f(-x)=\begin{cases}-x+1, & -x<0\\ 0, & -x=0\\ -x-1, & -x>0\end{cases}=\begin{cases}-x+1, & x>0\\ 0, & x=0\\ -x-1, & x<0\end{cases}=-\begin{cases}x-1, & x>0\\ 0, & x=0\\ x+1, & x<0\end{cases}=-f(x).$$

所以 $f(x)$ 是奇函数，其图像如图 1.6 所示：

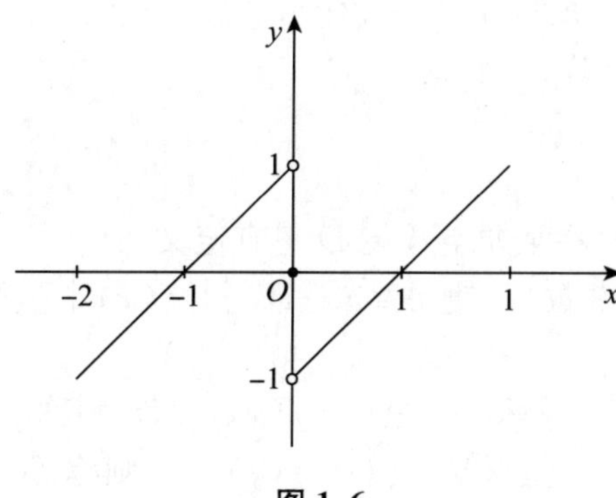

图 1.6

(2) 函数 $f(x)$ 的定义域是 R，

$$f(-x)=\ln(-x+\sqrt{(-x)^2+1})=\ln(-x+\sqrt{x^2+1})$$
$$=\ln\frac{(\sqrt{x^2+1}-x)(\sqrt{x^2+1}+x)}{(\sqrt{x^2+1}+x)}=\ln\frac{1}{\sqrt{x^2+1}+x}$$
$$=\ln(\sqrt{x^2+1}+x)^{-1}=-\ln(\sqrt{x^2+1}+x)=-f(x).$$

所以 $f(x)$ 是奇函数.

三、周期性

定义 1.6 设函数 $f(x)$ 在某非空数集 D 上有定义，若 $\exists T>0$ 使得 $\forall x\in D$，$(x+T)\in D$ 且 $f(x+T)=f(x)$，则称 $f(x)$ 是以 T 为周期的周期函数，使上式成立的最小的正数 T 称为 $f(x)$ 的最小正周期.

例 3 设函数 $f(x)$ 是以 T 为周期的周期函数，证明 $f(ax)$ $(a>0)$ 是以 $\frac{T}{a}$ 为周期的周期函数.

证明：$f\left[a\left(x+\frac{T}{a}\right)\right]=f(ax+T)$，

因为 $f(x)$ 是以 T 为周期的周期函数，所以 $f(ax+T)=f(ax)$.

所以 $f\left[a\left(x+\frac{T}{a}\right)\right]=f(ax)$ 即 $f(ax)$ $(a>0)$ 是以 $\frac{T}{a}$ 为周期的周期函数.

比如，$y=\sin\frac{x}{3}$ 是以 6π 为周期的周期函数.

例 4 求函数 $f(x)=\sin x+\cos x$ 的最小正周期.

解：$f(x)=\sin x+\cos x=\sqrt{2}\left(\frac{\sqrt{2}}{2}\sin x+\frac{\sqrt{2}}{2}\cos x\right)$

$$=\sqrt{2}\left(\sin x\cos\frac{\pi}{4}+\cos x\sin\frac{\pi}{4}\right)=\sqrt{2}\sin\left(x+\frac{\pi}{4}\right)$$

因此 $f(x)$ 的最小正周期为 2π.

例 5 若 $f(x)$ 是以 4 为周期的偶函数，且 $f(-1)=-2$，则 $f(5)=$________.

解：$f(5)=f(1+4)$

因为 $f(x)$ 以 4 为周期，所以 $f(1+4)=f(1)$.

又因为 $f(x)$ 是偶函数，所以 $f(1)=f(-1)$.

所以 $f(5)=f(-1)=-2$.

四、有界性

定义 1.7 设函数 $f(x)$ 在某非空数集 D 上有定义

(1) 若 $\exists M>0$（M 为常数），使得 $\forall x\in D$，$|f(x)|\leqslant M$，则称 $f(x)$ 在 D 上有界，否则无界；

(2) 若 $\exists M$（M 为常数），使得 $\forall x\in D$，$f(x)\leqslant M$，则称 $f(x)$ 在 D 上有上界；

(3) 若 $\exists M$（M 为常数），使得 $\forall x\in D$，$f(x)\geqslant M$ 则称 $f(x)$ 在 D 上有下界.

注： 1. 定义中等号可不取.

2. 一个函数既有上界又有下界才可称为有界，即有界$\Leftrightarrow$既有上界又有下界.

3. 同一函数在不同区间上的有界性可能不同，例如，函数 $f(x)=\dfrac{1}{x}$ 在 $(0,1)$ 内无界，在 $(1,+\infty)$ 内有界，在 $(1,2)$ 内有界，如图 1.7 所示：

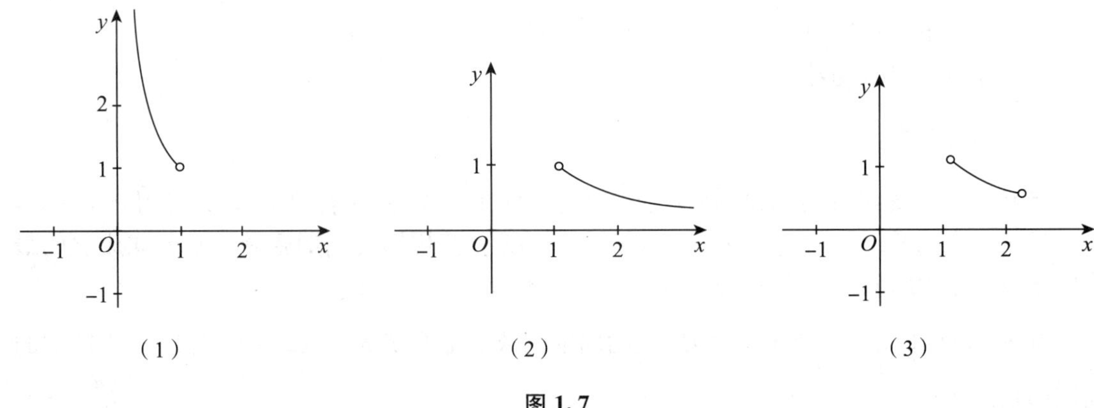

图 1.7

4. 函数的有界性可由图像、定义、求值域等方法来判断.

例 6 证明函数 $f(x)=\dfrac{1}{1+x^2}$ 是有界的.

证明： 该函数的定义域是 R，

$\forall x\in R$，$|f(x)|\leqslant 1$，由有界性的定义可知 $f(x)$ 在其定义域上有界.

例 7 讨论函数 $f(x)=\dfrac{x}{1+x^2}$ 的有界性.

解： $f(x)$ 的定义域是 R，

当 $x\neq 0$ 时，$|f(x)|=\dfrac{|x|}{1+x^2}\leqslant\dfrac{|x|}{2|x|}=\dfrac{1}{2}$；

当 $x=0$ 时，$f(x)=0$.

故 $\forall x\in R$，恒有 $|f(x)|\leqslant\dfrac{1}{2}$.

因此，$f(x)$ 在其定义域上有界.

§1.3 复合函数与反函数

一、复合函数

定义 1.8 设函数 $y=f(u)$ 的定义域为 D_f，函数 $u=g(x)$ 的值域为 R_g，若 $D_f\cap R_g\neq\varnothing$，则称 $y=f[g(x)]$ 为复合函数，x 为自变量，y 为因变量，u 为中间变量.

例 1 已知 $f(x)=2x^2+3$，$g(x)=\arccos x$ 求 $f[g(x)]$，$g[f(x)]$，并判断它们是否是复合函数.

解： $f[g(x)]=2g(x)^2+3=2(\arccos x)^2+3$，

$D_f=R$，$R_g=[0,\ \pi]$，$D_f\cap R_g\neq\varnothing$，

因此 $f[g(x)]$ 是复合函数.

$g[f(x)]=\arccos f(x)=\arccos(2x^2+3)$，

$D_g=[-1,\ 1]$，$R_f=[3,\ +\infty)$，$D_g\cap R_f=\varnothing$，

因此 $g[f(x)]$ 不是复合函数.

注： 两个函数复合是有顺序的，$f[g(x)]$ 与 $g[f(x)]$ 意义不同.

* **例 2** 设 $f(x)=\begin{cases}e^x, & x<1\\ x, & x\geqslant 1\end{cases}$，$\varphi(x)=\begin{cases}x+2, & x<0\\ x^2-1, & x\geqslant 0\end{cases}$，求 $f[\varphi(x)]$.

解： $f[\varphi(x)]=\begin{cases}e^{x+2}, & x+2<1, & x<0\\ x+2, & x+2\geqslant 1, & x<0\\ e^{x^2-1}, & x^2-1<1, & x\geqslant 0\\ x^2-1, & x^2-1\geqslant 1, & x\geqslant 0\end{cases}=\begin{cases}e^{x+2}, & x<-1\\ x+2, & -1\leqslant x<0\\ e^{x^2-1}, & 0\leqslant x<\sqrt{2}\\ x^2-1, & x\geqslant\sqrt{2}\end{cases}$.

例 3 将下列函数拆成简单函数：

(1) $y=e^{\sqrt{x^2+1}}$

解： $y=e^u$，$u=\sqrt{v}$，$v=x^2+1$.

(2) $y=\log_2\left[\sin\left(\dfrac{x}{2}\right)\right]$

解： $y=\log_2 u$，$u=\sin v$，$v=\dfrac{x}{2}$.

(3) $y=\lg(x+\sqrt{x^2+1})$

解： $y=\lg u$，$u=x+v$，$v=\sqrt{w}$，$w=x^2+1$.

二、反函数

定义 1.9 设函数 $f(x)$ 在某区间 D 上有定义，其值域为 R_f，若对于任意的 $y\in R_f$，存在唯一的 $x\in D$ 与之对应且满足 $y=f(x)$，则称 x 是定义在 R_f 上以 y 为自变量的函数，记为 $x=f^{-1}(y)$，$y\in R_f$ 并称 $x=f^{-1}(y)$ 是 $y=f(x)$ 的反函数.

注： 1. 只有从定义域到值域上一一对应所确定的函数才有反函数，单调函数必有反函数.

2. 反函数的定义域、值域分别是原函数的值域和定义域.

3. 原函数与反函数的图像关于 $y=x$ 对称.

求反函数的步骤：(1) 通过 $y=f(x)$ 解出 x；(2) 习惯上以 x 为自变量，y 为因变量，故互换 x、y；(3) 求出反函数的定义域（即原函数的值域）.

例 4 求下列函数的反函数：

(1) $y=3x-1$

(2) $y=\begin{cases} x-1, & x<0 \\ x^2, & x\geqslant 0 \end{cases}$

(3) $y=\dfrac{1-x}{1+x}$

解：(1) 由 $y=3x-1$ 可解得 $x=\dfrac{1}{3}(y+1)$，故 $f^{-1}(x)=\dfrac{1}{3}(x+1)$，$x\in R$.

(2) 当 $x<0$ 时，由 $y=x-1$ 可解得 $x=y+1$，此时，原函数的值域为 $(-\infty, -1)$；当 $x\geqslant 0$ 时，由 $y=x^2$ 可解得 $x=\sqrt{y}$，此时，原函数的值域为 $[0, +\infty)$.

综上述，$f^{-1}(x)=\begin{cases} x+1, & x<-1 \\ \sqrt{x}, & x\geqslant 0 \end{cases}$.

(3) 由 $y=\dfrac{1-x}{1+x}$ 可解得 $x=\dfrac{1-y}{1+y}$，原函数的值域为 $\{y \mid y\neq -1\}$，故 $f^{-1}(x)=\dfrac{1-x}{1+x}$，$x\neq -1$.

* **例 5** $y=f(x)=\begin{cases} ax+b, & x<0 \\ e^x, & x\geqslant 0 \end{cases}$

问 a、b 为何值时函数 $y=f(x)$ 存在反函数?

解：只有一一对应函数才存在反函数，通过试画 $y=f(x)$ 的图像可知当 $a>0$，$b\leqslant 1$ 时，$y=f(x)$ 存在反函数如图 1.8 所示.

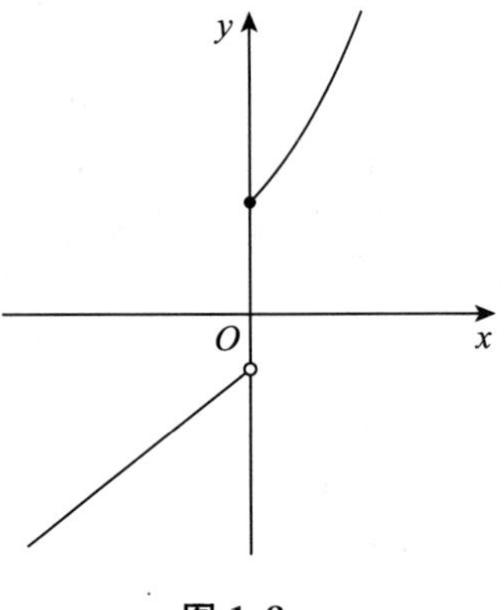

图 1.8

§1.4 初等函数

一、基本初等函数

定义 1.10 常数函数、幂函数、指数函数、对数函数、三角函数、反三角函数统称为基本初等函数.

(一) 常数函数 $y=C$，如图 1.9：

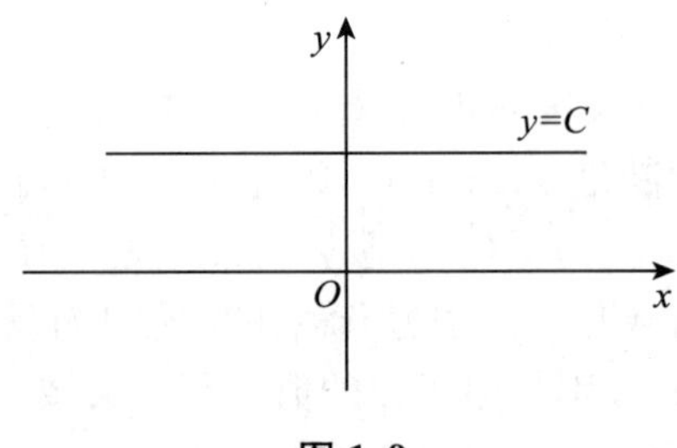

图 1.9

（二）幂函数 $y=x^{\mu}$（μ 为实数）

它的定义域、值域、图像等各种性质均随 μ 而变化，常见的幂函数有 $y=x$、$y=x^2$、$y=x^3$、$y=x^{-1}$、$y=x^{\frac{1}{2}}$，如图 1.10：

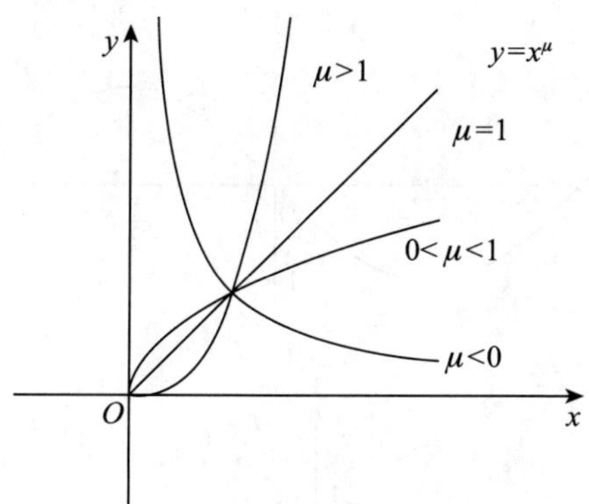

图 1.10

（三）指数函数 $y=a^x$（$a>0$，$a\neq1$），如图 1.11：

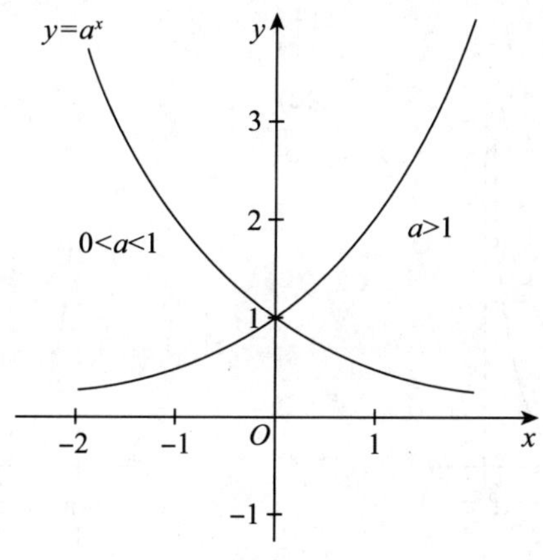

图 1.11

（四）对数函数 $y=\log_a x$（$a>0$，$a\neq1$），如图 1.12：

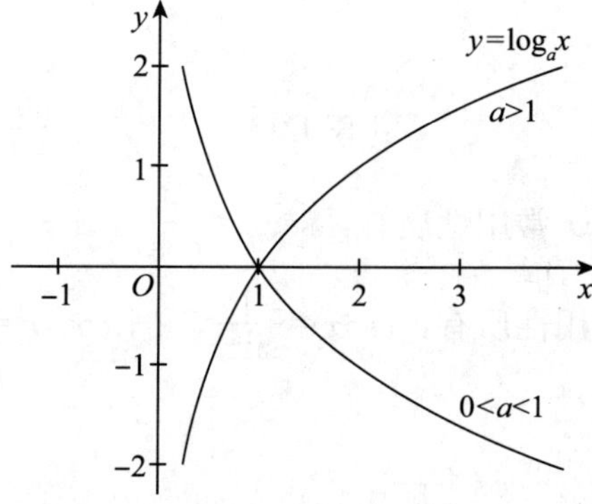

图 1.12

（五）三角函数 $y=\sin x$、$y=\cos x$、$y=\tan x$、$y=\cot x$、$y=\sec x$、$y=\csc x$，如图 1.13：

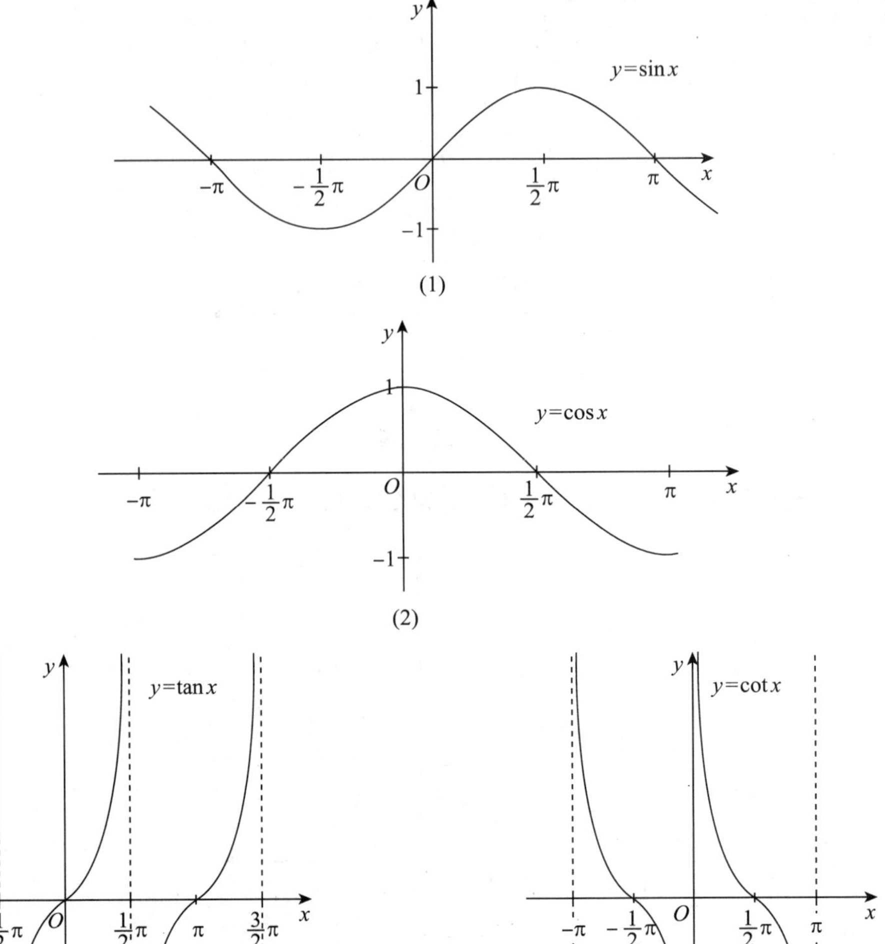

图 1.13

注：1. 正割函数 $y=\sec x$ 常用性质有：$\sec x=\dfrac{1}{\cos x}$，$1+\tan^2 x=\sec^2 x$.

2. 余割函数 $y=\csc x$ 常用性质有：$\csc x=\dfrac{1}{\sin x}$，$1+\cot^2 x=\csc^2 x$.

3. 常见的和差化积公式：

（1）$\sin x+\sin y=2\sin\dfrac{x+y}{2}\cos\dfrac{x-y}{2}$

（2）$\sin x-\sin y=2\cos\frac{x+y}{2}\sin\frac{x-y}{2}$

（3）$\cos x+\cos y=2\cos\frac{x+y}{2}\cos\frac{x-y}{2}$

（4）$\cos x-\cos y=-2\sin\frac{x+y}{2}\sin\frac{x-y}{2}$

4. 常见的积化和差公式：

（1）$\sin x\cos y=\frac{1}{2}[\sin(x+y)+\sin(x-y)]$

（2）$\cos x\sin y=\frac{1}{2}[\sin(x+y)-\sin(x-y)]$

（3）$\cos x\cos y=\frac{1}{2}[\cos(x+y)+\cos(x-y)]$

（4）$\sin x\sin y=-\frac{1}{2}[\cos(x+y)-\cos(x-y)]$

（六）反三角函数

反三角函数本质上就是三角函数在指定区间上的反函数.

反三角函数有六种：反正弦函数 $y=\arcsin x$，反余弦函数 $y=\arccos x$，反正切函数 $y=\arctan x$，反余切函数 $y=\text{arccot}\,x$，反正割函数 $y=\text{arcsec}\,x$，反余割函数 $y=\text{arccsc}\,x$. 其中前四种反三角函数是要求重点掌握的，下面介绍如下：

1. 反正弦函数

定义 1.11 正弦函数 $y=\sin x\left(x\in\left[-\frac{\pi}{2},\frac{\pi}{2}\right]\right)$的反函数叫做反正弦函数，记作 $y=\arcsin x$.

函数 $\arcsin x$ 表示在$\left[-\frac{\pi}{2},\frac{\pi}{2}\right]$上正弦值等于 x 的角.

如图 1.14 所示.

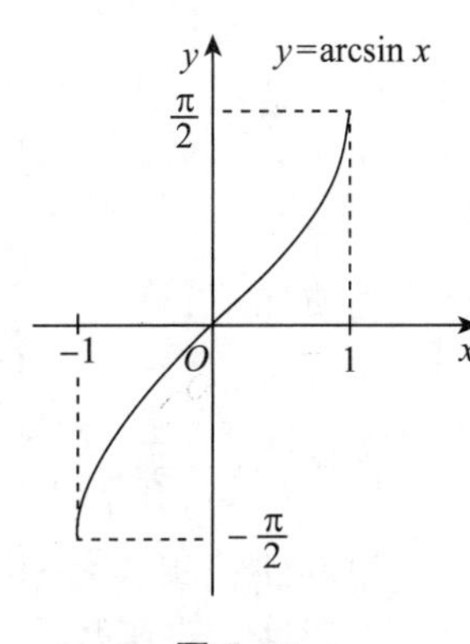

图 1.14

性质如下：

定义域：$[-1,1]$

值域：$\left[-\frac{\pi}{2},\frac{\pi}{2}\right]$

单调性：在 $[-1,1]$ 上是增函数

奇偶性：奇函数

周期性：非周期函数

有界性：有界函数

恒等式：$\sin(\arcsin x)=x,(x\in[-1,1])$

$\arcsin(\sin x)=x,\left(x\in\left[-\frac{\pi}{2},\frac{\pi}{2}\right]\right)$

2. 反余弦函数

定义 1.12 余弦函数 $y=\cos x(x\in[0,\pi])$ 的反函数叫做反余弦函数，记作 $y=\arccos x$. $\arccos x$ 表示在 $[0,\pi]$ 上余弦值等于 x 的角.

如图 1.15 所示.

性质如下：

定义域：$[-1, 1]$

值域：$[0, \pi]$

单调性：在 $[-1, 1]$ 上是减函数

奇偶性：非奇非偶函数

周期性：非周期函数

有界性：有界函数

恒等式：$\cos(\arccos x)=x$，$(x\in[-1, 1])$

$\arccos(\cos x)=x$，$(x\in[0, \pi])$

互余恒等式：$\arcsin x+\arccos x=\dfrac{\pi}{2}(x\in[-1, 1])$

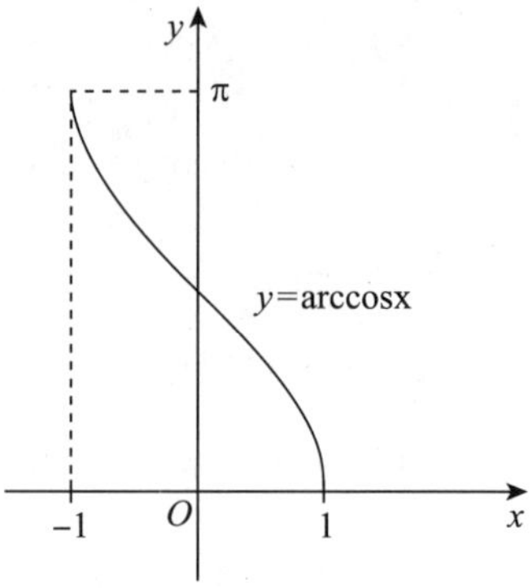

图 1.15

3. 反正切函数

定义 1.13 正切函数 $y=\tan x\left(x\in\left(-\dfrac{\pi}{2}, \dfrac{\pi}{2}\right)\right)$的反函数叫做反正切函数，记作 $y=\arctan x$.

$\arctan x$ 表示在$\left(-\dfrac{\pi}{2}, \dfrac{\pi}{2}\right)$内正切值等于 x 的角.

如图 1.16 所示：

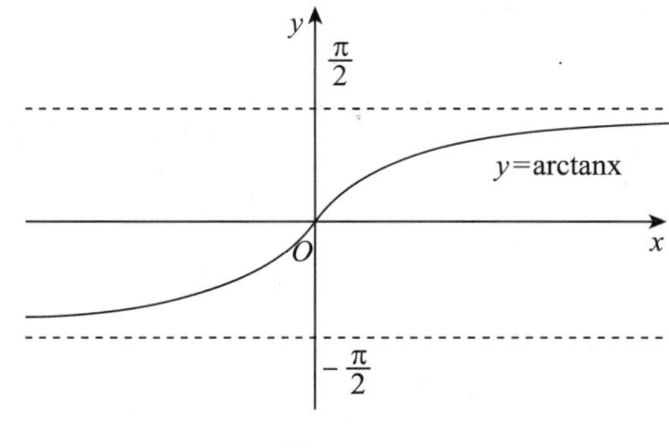

图 1.16

性质如下：

定义域：$(-\infty, +\infty)$

值域：$\left(-\dfrac{\pi}{2}, \dfrac{\pi}{2}\right)$

单调性：在 $(-\infty, +\infty)$ 上是增函数

奇偶性：奇函数

周期性：非周期函数

有界性：有界函数

恒等式：$\tan(\arctan x)=x$，$(x\in R)$

$\arctan(\tan x)=x$，$\left(x\in\left(-\dfrac{\pi}{2}, \dfrac{\pi}{2}\right)\right)$

4. 反余切函数

定义 1.14 余切函数 $y=\cot x(x\in(0, \pi))$ 的反函数叫做反余切函数，记作 $y=\operatorname{arccot} x$.

$\text{arccot}x$ 表示在（0，π）内余切值等于 x 的角.

如图 1.17 所示：

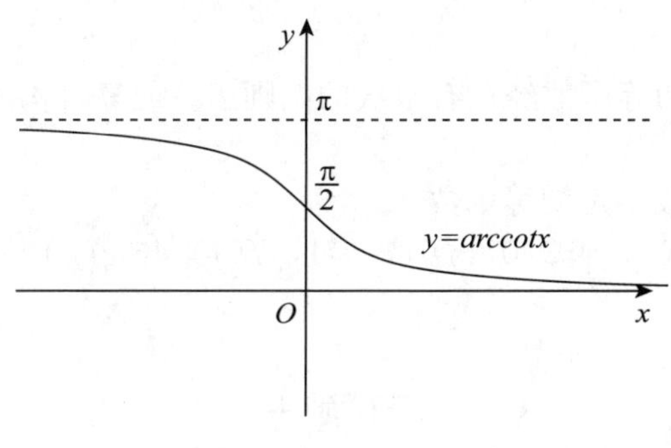

图 1.17

性质如下：

定义域：$(-\infty, +\infty)$

值域：$(0, \pi)$

单调性：在 $(-\infty, +\infty)$ 上是减函数

奇偶性：非奇非偶函数

周期性：非周期函数

有界性：有界函数

恒等式：$\cot(\text{arccot}x)=x$，$(x\in R)$

$\text{arccot}(\cot x)=x$，$(x\in(0, \pi))$

例 1　求 $y=\arcsin(2x-3)$ 的定义域.

解：由 $-1\leqslant 2x-3\leqslant 1$ 解得 $x\in[1, 2]$，

因此 $y=\arcsin(2x-3)$ 的定义域为 $[1, 2]$.

例 2　求 $y=\arcsin\dfrac{2x-1}{7}+\dfrac{\sqrt{2x-x^2}}{\ln(2x-1)}$的定义域.

解：$\begin{cases}\left|\dfrac{2x-1}{7}\right|\leqslant 1\Rightarrow -3\leqslant x\leqslant 4\\ 2x-x^2\geqslant 0\Rightarrow 0\leqslant x\leqslant 2\\ 2x-1>0\Rightarrow x>\dfrac{1}{2}\\ 2x-1\neq 1\Rightarrow x\neq 1\end{cases}\Rightarrow\left(\dfrac{1}{2}, 1\right)\cup(1, 2]$

因此 $y=\arcsin\dfrac{2x-1}{7}+\dfrac{\sqrt{2x-x^2}}{\ln(2x-1)}$的定义域为$\left(\dfrac{1}{2}, 1\right)\cup(1, 2]$.

＊**例 3**　$y=\arcsin\sqrt{1-x^2}$，$D_f=[-1, 0]$，求其反函数 $f^{-1}(x)$，并写出所求反函数的定义域与值域.

解：由 $y=\arcsin\sqrt{1-x^2}$可得$\sqrt{1-x^2}=\sin y$，$1-x^2=\sin^2 y$，$x^2=\cos^2 y$

因为 $D_f=[-1, 0]$，所以 $y=\arcsin\sqrt{1-x^2}$的值域 $R_f=\left[0, \dfrac{\pi}{2}\right]$.

从而可知 $x=-\cos y$，因此 $f^{-1}(x)=-\cos x$，定义域：$\left[0, \frac{\pi}{2}\right]$，值域：$[-1, 0]$.

二、初等函数

定义 1.15 由基本初等函数经过有限次的四则运算或复合构成的一切函数统称为初等函数.

注： 1. 分段函数一般不是初等函数.

2. 形如 $y=f(x)^{g(x)}$（$f(x)>0$，$f(x)\neq 1$，$f(x)$ 与 $g(x)$ 为初等函数）的函数，一般是初等函数.

习题一

（A）

1. 求下列函数在各个指定点上的值：

(1) $f(x)=\frac{|x-4|}{x+2}$ $\quad x=0，4，-4，1，\sqrt{2}$

(2) $f(x)=[x^2]$ $\quad x=0，-1，3，0.4$

(3) $f(x)=[x]^2$ $\quad x=1.5，-1.5，0.25$

(4) $f(x)=\begin{cases}3x-2, & x\in[4, +\infty)\\ 3+x^2, & x\in(-\infty, 4)\end{cases}$ $\quad x=0，1，4，-1，-6$

2. 求下列函数的定义域：

(1) $y=\sqrt{9-x^2}$

(2) $y=\frac{1}{1-x^2}+\sqrt{x+2}$

(3) $y=\sqrt{\frac{2+x}{x-1}}$

(4) $y=\frac{1}{\cos x-\sin x}$

(5) $y=\lg(\cos x)$

(6) $y=\arcsin\frac{x-2}{3}$

(7) $y=\sqrt{\lg\frac{5x-x^2}{4}}$

(8) $y=1-2^{1-x^2}$

3. 判断下列函数是否为同一个函数：

(1) $y=\frac{x}{x}$ 与 $y=1$

(2) $y=(\sqrt{x})^2$ 与 $y=\sqrt{x^2}$

(3) $y=\frac{\sqrt[3]{x-1}}{x}$ 与 $y=\sqrt[3]{\frac{x-1}{x^3}}$

(4) $y=\lg x^2$ 与 $y=2\lg x$

(5) $y=\frac{\sin 2x}{\cos x}$ 与 $y=2\sin x$

(6) $y=\sqrt{\frac{x-3}{x-2}}$ 与 $y=\frac{\sqrt{x-3}}{\sqrt{x-2}}$

4. (1) 已知 $f(x)=x^2-3x+2$，求 $f(1)$，$f(-x)$，$f\left(\frac{1}{x}\right)$，$f(x+1)$.

(2) 已知 $f(x)=\frac{1-x}{1+x}$，求 $f(-x)$，$f\left(\frac{1}{x}\right)$，$\frac{-1}{f(x)}$.

5. 判断下列函数的奇偶性：

(1) $f(x)=\frac{1-x^2}{\cos x}$

(2) $f(x)=\frac{e^{-x}-1}{e^{-x}+1}$

(3) $f(x)=\begin{cases}1-e^{-x}, & x<0\\ e^{x}-1, & x\geqslant 0\end{cases}$

(4) $f(x)=[x^2]$

(5) $f(x)=[x]^2$

(6) $f(x)=\dfrac{|x|}{x}$

(7) $f(x)=\lg x$

(8) $f(x)=\dfrac{10^x-10^{-x}}{2}$

(9) $f(x)=\begin{cases}1-x, & x\leqslant 0\\ 1+x, & x>0\end{cases}$

(10) $f(x)=\lg\dfrac{1-x}{1+x}$

6. 判断下列函数的单调性：

(1) $y=3x-2$

(2) $y=\left(\dfrac{1}{3}\right)^x$

(3) $y=x+\lg x$

(4) $y=x^2+3$

7. 判断下列函数是否是周期函数，若是求出周期：

(1) $y=\sin\dfrac{x}{3}$

(2) $y=|\sin x|+|\cos x|$

(3) $y=x\sin 3x$

(4) $y=\tan\dfrac{1}{x}$

8. 证明函数 $y=\dfrac{x^2}{1+x^2}$是有界函数.

9. 将下列复合函数拆成简单函数：

(1) $y=\arcsin\lg\sqrt{x^2-1}$

(2) $y=[1+(\lg\tan x)^2]^3$

(3) $y=\sqrt{\lg\sqrt{x}}$

(4) $y=\lg^2\arccos x^3$

(5) $y=e^{e^{-x^2}}$

(6) $y=\ln(x+\sqrt{1+x^2})$

10. 求下列函数的反函数，并指出定义域与值域：

(1) $y=2x+1$

(2) $y=x^3-1$

(3) $y=\lg(x^2-1)$，$x>1$

(4) $y=\arctan(x^3+1)$

11. 设 $\varphi(x+1)=\begin{cases}x^2, & 0\leqslant x\leqslant 1\\ 2x, & 1<x\leqslant 2\end{cases}$，求 $\varphi(x)$.

12. 设一矩形面积为 A，试将周长 S 表示为宽 x 的函数，并求其定义域.

13. 用铁皮做一个容积为 V 的圆柱形罐头筒，试将它的全面积表示成底面半径的函数，并确定此函数的定义域.

14. 某化肥厂生产某产品 1 000 吨，每吨定价为 130 元，销售量在 700 吨以内时，按原价出售，超出 700 吨时，超出的部分打九折出售，试将销售总收益与销售量的函数关系用数学表达式表示.

15. 某企业对一产品的销售策略是：购买不超过 20 公斤，每公斤 10 元；购买量不超过 200 公斤时，超过 20 公斤部分每公斤 7 元；购买超过 200 公斤部分，每公斤 5 元，试写出购买量为 x 公斤的费用函数 $C(x)$.

(B)

1. 单项选择题：

(1) 正确的结论是：(　　)

①设 $f(x)=\begin{cases}1, & x\text{为有理数}\\0, & x\text{为无理数}\end{cases}$，则 $f[f(x)]=1$

②若 $f(x)$ 既是奇函数又是偶函数，则 $f(x)\equiv 0$

③若 $f(x)$ 是奇函数，则 $f(x)+C$ 也是奇函数（C 为常数）

④若 $f(x)$ 是偶函数，则 $f(x)+C$ 也是偶函数（C 为常数）

⑤所有周期函数都有最小周期

⑥$y=\arcsin u$，$u=x^2+4$，这两个函数可以构成一个复合函数 $y=\arcsin(x^2+4)$

(A) ①②④　　(B) ②③④　　(C) ①③⑥　　(D) ③⑤⑥

(2) 在区间（0，$+\infty$）上，下列函数是无界函数的为（　　）

(A) $y=e^{-x^2}$　　(B) $y=\dfrac{1}{1+x^2}$　　(C) $y=\dfrac{\sin x}{x}$　　(D) $y=x\sin x$

(3) 函数 $f(x)=\dfrac{1}{x}$ 在（　　）有界

(A) $\left(0,\dfrac{1}{2}\right)$　　(B) $(0,1)$　　(C) $\left(\dfrac{1}{2},+\infty\right)$　　(D) $[-1,1]$

(4) 设 $f(x)$ 为偶函数，$\varphi(x)$ 为奇函数，则（　　）仍为奇函数

(A) $f[\varphi(x)]$　　(B) $\varphi[f(x)]$　　(C) $f[f(x)]$　　(D) $\varphi[\varphi(x)]$

(5) 设函数 $f(x)=2^{\cos x}$，$g(x)=\left(\dfrac{1}{2}\right)^{\sin x}$，则在区间 $\left(0,\dfrac{\pi}{2}\right)$ 内（　　）

(A) $f(x)$ 是增函数，$g(x)$ 是减函数　　(B) $f(x)$ 是减函数，$g(x)$ 是增函数

(C) $f(x)$ 与 $g(x)$ 都是增函数　　(D) $f(x)$ 与 $g(x)$ 都是减函数

2. 填空题：

(1) 已知 $f(x)=\dfrac{x}{1+x}$，设 $f_2(x)=f[f(x)]$，$f_3(x)=f[f_2(x)]$，…，$f_n(x)=f[f_{n-1}(x)]$，$(n\geqslant 2)$ 则 $f_n(x)=$________.

(2) 设 $f(x)=\lg\left(1+\dfrac{[x]}{x}\right)+\arcsin\dfrac{x-2}{4}$，则 $f(x)$ 的定义域是________.

(3) 函数 $y=\cos^4 x-\sin^4 x$ 的最小正周期是________.

(4) 已知 $f(x)=\begin{cases}1+x, & x<0\\1, & x\geqslant 0\end{cases}$，则 $f[f(x)]=$________.

(5) 若 $f(x)+2f\left(\dfrac{1}{x}\right)=\dfrac{1}{x}$，则 $f(x)=$________.

(6) 函数 $y=\dfrac{x}{2^x-1}+\dfrac{x}{2}$ 的奇偶性为________.

第2章 极 限

极限方法是研究变量的一种基本方法. 本章将介绍数列极限，函数极限，两个重要极限，无穷小量与无穷大量，函数的连续性.

§2.1 数列极限

一、数列极限的定义

（一）数列的定义

定义 2.1 一列无穷多个数 x_1，x_2，x_3，…，x_n，…，按次序一个接一个地排列下去，就构成了一个数列，记为$\{x_n\}$.

如：$\left\{\frac{1}{n}\right\}$：1，$\frac{1}{2}$，$\frac{1}{3}$，…，$\frac{1}{n}$，…；

$\left\{\frac{1}{2^n}\right\}$：$\frac{1}{2}$，$\frac{1}{4}$，$\frac{1}{8}$，…，$\frac{1}{2^n}$，…；

$\left\{1+\frac{1}{n}\right\}$：2，$\frac{3}{2}$，$\frac{4}{3}$，…，$\frac{n+1}{n}$，…；

$\{1\}$：1，1，1，…，1，….

以上数列虽然无止境，但它们的变化却有一个趋势：随着 n 的增大越来越接近于一个常数.

（二）数列的极限

数列极限的直观描述：

若一数列 $\{x_n\}$ 随着 n 的增大，无限接近于一个常数 A，则称 $\{x_n\}$ 的极限存在，并称 A 为这个数列的极限，记为$\lim\limits_{n\to\infty}x_n=A$.

若数列 $\{x_n\}$ 的极限存在，则称 $\{x_n\}$ 收敛，否则称 $\{x_n\}$ 发散.

如：$\left\{\frac{1}{n}\right\}$，$\left\{\frac{1}{2^n}\right\}$，$\left\{1+\frac{1}{n}\right\}$是收敛数列；

$\{2^n\}$，$\{n\}$，$\{(-1)^n\}$是发散数列.

数列极限的精确定义：

定义 2.2 若对于任意给定的正数 ε，总存在一个正整数 N，当 $n>N$ 时，$|x_n-A|<\varepsilon$ 恒成立，则称当 n 趋于无穷大时，数列 $\{x_n\}$ 以 A 为极限，记作 $\lim\limits_{n\to\infty}x_n=A$ 或 $x_n\to A(n\to\infty)$.

例 1 判断下列数列的敛散性：

(1) $\dfrac{3}{2}$，$\dfrac{2}{3}$，$\dfrac{5}{4}$，$\dfrac{4}{5}$，$\dfrac{7}{6}$，$\dfrac{6}{7}$，$\dfrac{9}{8}$，$\dfrac{8}{9}$，…

(2) $y_n=\begin{cases}\dfrac{1}{n}+1, & n \text{ 为奇数}\\ \dfrac{1}{n}-1, & n \text{ 为偶数}\end{cases}$

(3) $y_n=\begin{cases}\dfrac{1}{n}, & n \text{ 为奇数}\\ \dfrac{1}{n+1}, & n \text{ 为偶数}\end{cases}$

解：(1) 由数列的发展趋势看，易知该数列收敛于 1.

(2) 数列 $\{y_n\}$ 奇数项收敛于 1，偶数项收敛于 -1，所以该数列发散.

(3) 数列 $\{y_n\}$ 奇数项收敛于 0，偶数项收敛于 0，所以该数列收敛于 0.

注：事实上，我们有下列结论：$\lim\limits_{n\to\infty}x_n=A\Leftrightarrow\lim\limits_{k\to\infty}x_{2k}=\lim\limits_{k\to\infty}x_{2k+1}=A$.

二、数列极限的运算法则

定理 2.1 若 $\lim\limits_{n\to\infty}x_n=A$，$\lim\limits_{n\to\infty}y_n=B$，则

(1) $\lim\limits_{n\to\infty}(x_n\pm y_n)=\lim\limits_{n\to\infty}x_n\pm\lim\limits_{n\to\infty}y_n=A\pm B$

(2) $\lim\limits_{n\to\infty}(x_ny_n)=\lim\limits_{n\to\infty}x_n\cdot\lim\limits_{n\to\infty}y_n=AB$

(3) $\lim\limits_{n\to\infty}\dfrac{x_n}{y_n}=\dfrac{\lim\limits_{n\to\infty}x_n}{\lim\limits_{n\to\infty}y_n}=\dfrac{A}{B}(B\neq0)$

注：1. 以上运算法则只有在数列 $\{x_n\}$，$\{y_n\}$ 极限都存在的情况下才成立.

2. 特别地，在 (2) 中若取 $y_n=k$，则有 $\lim\limits_{n\to\infty}kx_n=k\lim\limits_{n\to\infty}x_n=kA$.

三、数列极限的计算

例 2 计算下列数列的极限：

(1) $\lim\limits_{n\to\infty}\dfrac{1}{n}=0$

注：由此极限易知 $\lim\limits_{n\to\infty}\dfrac{c}{n}=0$（$c$ 为常数）.

(2) $\lim\limits_{n\to\infty}q^n=0(|q|<1)$

(3) $\lim\limits_{n\to\infty}C=C$，即常数列 $\{C\}$ 的极限为 C.

例 3 计算下列数列的极限：

(1) $\lim\limits_{n\to\infty}\dfrac{1\,000n}{n^2+1}$

（2）$\lim\limits_{n\to\infty}\dfrac{n^2-n+2}{3n^2+2n-4}$

（3）$\lim\limits_{n\to\infty}\dfrac{2n^2+3n}{n+5}$

解：（1）原式$=\lim\limits_{n\to\infty}\dfrac{1\ 000}{n+\dfrac{1}{n}}=0$.

（2）原式$=\lim\limits_{n\to\infty}\dfrac{1-\dfrac{1}{n}+\dfrac{2}{n^2}}{3+\dfrac{2}{n}-\dfrac{4}{n^2}}=\dfrac{1}{3}$（注意运用极限运算法则）.

（3）原式$=\lim\limits_{n\to\infty}\dfrac{2+\dfrac{3}{n}}{\dfrac{1}{n}+\dfrac{5}{n^2}}=\infty$.

例 4　计算极限$\lim\limits_{n\to\infty}(\sqrt{n+1}-\sqrt{n})$.

解：原式$=\lim\limits_{n\to\infty}\dfrac{(\sqrt{n+1}+\sqrt{n})(\sqrt{n+1}-\sqrt{n})}{\sqrt{n+1}+\sqrt{n}}=\lim\limits_{n\to\infty}\dfrac{1}{\sqrt{n+1}+\sqrt{n}}=0$.

注：求极限时，遇到根号可考虑分子、分母有理化.

例 5　求下列极限：

（1）$\lim\limits_{n\to\infty}\left(\dfrac{1}{n^2}+\dfrac{2}{n^2}+\cdots+\dfrac{n-1}{n^2}+\dfrac{n}{n^2}\right)$

（2）$\lim\limits_{n\to\infty}\left(\dfrac{1}{1\cdot 2}+\dfrac{1}{2\cdot 3}+\dfrac{1}{3\cdot 4}+\cdots+\dfrac{1}{n\cdot(n+1)}\right)$

*（3）$\lim\limits_{n\to\infty}(\sqrt{2}\cdot\sqrt[4]{2}\cdot\sqrt[8]{2}\cdots\sqrt[2^n]{2})$

解：（1）原式$=\lim\limits_{n\to\infty}\dfrac{(1+n)n}{2n^2}=\lim\limits_{n\to\infty}\dfrac{n^2+n}{2n^2}=\dfrac{1}{2}$.

（2）原式$=\lim\limits_{n\to\infty}\left(1-\dfrac{1}{2}+\dfrac{1}{2}-\dfrac{1}{3}+\dfrac{1}{3}-\dfrac{1}{4}+\cdots+\dfrac{1}{n}-\dfrac{1}{n+1}\right)=\lim\limits_{n\to\infty}\left(1-\dfrac{1}{n+1}\right)=1$.

*（3）原式$=\lim\limits_{n\to\infty}(2^{\frac{1}{2}}\cdot 2^{\frac{1}{4}}\cdot 2^{\frac{1}{8}}\cdots 2^{\frac{1}{2^n}})=\lim\limits_{n\to\infty}2^{\left(\frac{1}{2}+\frac{1}{4}+\frac{1}{8}+\cdots+\frac{1}{2^n}\right)}=\lim\limits_{n\to\infty}2^{1-\left(\frac{1}{2}\right)^n}=2$.

注：对于通项复杂的数列，求极限时可先化简通项.

四、极限存在准则

（一）单调有界数列必有极限

定义 2.3　对于数列$\{x_n\}$，若有$x_1\leqslant x_2\leqslant x_3\leqslant\cdots\leqslant x_n\leqslant\cdots$（或$x_1\geqslant x_2\geqslant x_3\geqslant\cdots\geqslant x_n\geqslant\cdots$）则称数列$\{x_n\}$单调递增（或单调递减）. 单调递增与单调递减的数列统称为单调数列.

定义 2.4　若$\exists M$（M为常数），对$\forall n$，有$|x_n|\leqslant M$，则称数列$\{x_n\}$有界.

定理 2.2　单调有界数列必有极限.

如：数列$\left\{\dfrac{1}{n}\right\}$，该数列单调递减且$\left|\dfrac{1}{n}\right|\leqslant 1$，故该数列极限存在，易知$\lim\limits_{n\to\infty}\dfrac{1}{n}=0$.

（二）两边夹法则

定理 2.3（两边夹法则） 设有三个数列 $\{x_n\}$，$\{y_n\}$，$\{z_n\}$，若从某项起成立 $x_n \leqslant y_n \leqslant z_n$ 且 $\lim\limits_{n\to\infty} x_n = \lim\limits_{n\to\infty} z_n = A$，则 $\lim\limits_{n\to\infty} y_n = A$.

* **例 6** 试用两边夹法则求极限 $\lim\limits_{n\to\infty}\left(\frac{1}{n^2+n+1}+\frac{1}{n^2+n+2}+\cdots+\frac{1}{n^2+n+n}\right)$.

解： 因为 $\frac{n}{n^2+n+n} \leqslant \frac{1}{n^2+n+1}+\frac{1}{n^2+n+2}+\cdots+\frac{1}{n^2+n+n} \leqslant \frac{n}{n^2+n+1}$

$$\lim_{n\to\infty}\frac{n}{n^2+n+n}=0$$

$$\lim_{n\to\infty}\frac{n}{n^2+n+1}=0$$

所以 $\lim\limits_{n\to\infty}\left(\frac{1}{n^2+n+1}+\frac{1}{n^2+n+2}+\cdots+\frac{1}{n^2+n+n}\right)=0$.

§2.2 函数的极限

一、函数 $f(x)$ 在一点 x_0 的极限（当 $x\to x_0$ 时，$f(x)$ 的极限）

定义 2.5（邻域） 设 δ 为某个正数，称开区间 $(x_0-\delta, x_0+\delta)$ 为点 x_0 的 δ 邻域.

定义 2.6（去心邻域） x_0 的邻域去掉点 x_0 后的集合 $(x_0-\delta, x_0)\cup(x_0, x_0+\delta)$，称为点 x_0 的 δ 去心邻域（或空心邻域）.

函数 $f(x)$ 在一点 x_0 的极限的直观描述：

设函数 $f(x)$ 在点 x_0 的某去心邻域内有定义，若当 $x\to x_0$ 时，函数 $f(x)$ 的值无限接近于某个常数 A，则称 A 为函数 $f(x)$ 在点 x_0 处的极限，记为 $\lim\limits_{x\to x_0} f(x)=A$.

定义 2.7 函数 $f(x)$ 在一点 x_0 的极限的精确定义：

$\lim\limits_{x\to x_0} f(x)=A \Leftrightarrow \forall \varepsilon>0$，$\exists \delta>0$，当 $0<|x-x_0|<\delta$ 时，恒有 $|f(x)-A|<\varepsilon$.

如：$f(x)=2x+1$，$x_0=1$，$\lim\limits_{x\to x_0} f(x)=\lim\limits_{x\to 1}(2x+1)=3$，如图 2.1 所示：

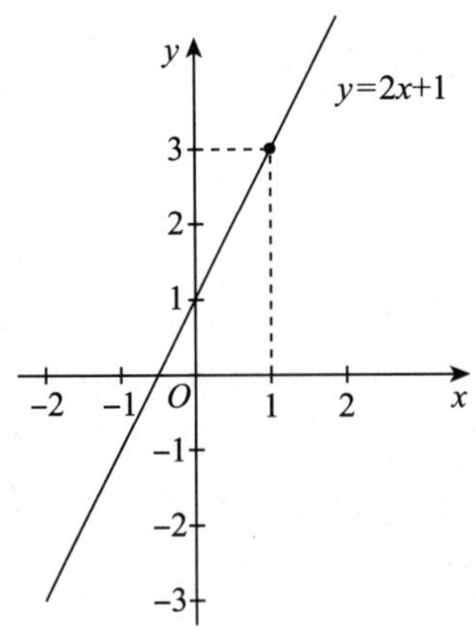

图 2.1

注：函数 $f(x)$ 在 x_0 处的极限取决于当 $x\to x_0$ 时，$f(x)$ 的变化趋势，它与 $f(x)$ 在 x_0 处的函数值无关，与 $f(x)$ 在 x_0 处是否有定义也无关. 如：$f(x)=\begin{cases}1, & x\neq 0\\ 0, & x=0\end{cases}$，$\lim\limits_{x\to 0}f(x)=1$ 与 $f(0)=0$ 无关.

对于 $f(x)=\begin{cases}1, & x<0\\ x, & x\geqslant 0\end{cases}$，$x_0=0$，$\lim\limits_{x\to x_0}f(x)$ 会如何呢?

由图 2.2 易知，当 x 从 0 点的左边无限接近于 0 时，$f(x)$ 无限接近于 1，此时的极限称之为左极限，记为 $\lim\limits_{x\to 0^-}f(x)=1$ 或 $f(0-0)=1$.

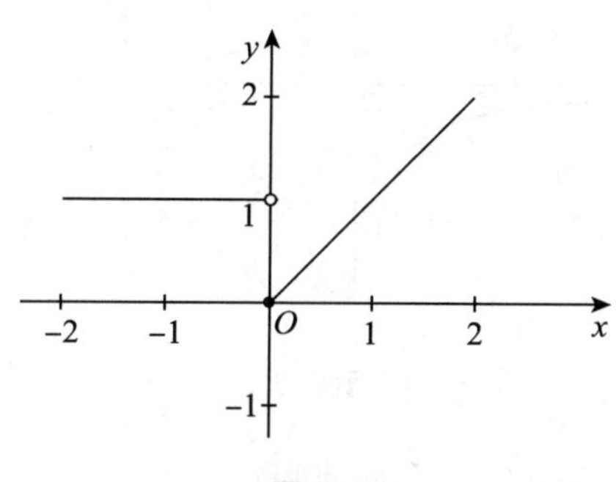

图 2.2

当 x 从 0 点的右边无限接近于 0 时，$f(x)$ 无限接近于 0，此时的极限称之为右极限，记为 $\lim\limits_{x\to 0^+}f(x)=0$ 或 $f(0+0)=0$.

从上例可以看出是有必要区分极限与左右极限的.

直观描述：当限定 x 只从 x_0 的左边无限接近于 x_0 时，$f(x)$ 无限接近于常数 A，则称 $f(x)$ 在 x_0 处的左极限存在为 A，记为 $\lim\limits_{x\to x_0^-}f(x)=A$ 或 $f(x_0-0)=A$；而当限定 x 只从 x_0 的右边无限接近于 x_0 时，$f(x)$ 无限接近于常数 A，则称 $f(x)$ 在 x_0 处的右极限存在为 A，记为 $\lim\limits_{x\to x_0^+}f(x)=A$ 或 $f(x_0+0)=A$.

定义 2.8 精确定义：若 $\forall\varepsilon>0$，$\exists\delta>0$，当 $-\delta<x-x_0<0$ 时，恒有 $|f(x)-A|<\varepsilon$，则称 $f(x)$ 在 x_0 的左极限存在为 A，记为 $\lim\limits_{x\to x_0^-}f(x)=A$ 或 $f(x_0-0)=A$.

若 $\forall\varepsilon>0$，$\exists\delta>0$，当 $0<x-x_0<\delta$ 时，恒有 $|f(x)-A|<\varepsilon$，则称 $f(x)$ 在 x_0 的右极限存在为 A，记为 $\lim\limits_{x\to x_0^+}f(x)=A$ 或 $f(x_0+0)=A$.

比较 $f(x)$ 在 x_0 的极限与左右极限的定义，不难发现它们之间有如下联系：

定理 2.4 $\lim\limits_{x\to x_0}f(x)=A\Leftrightarrow\lim\limits_{x\to x_0^-}f(x)=\lim\limits_{x\to x_0^+}f(x)=A$.

即当且仅当 $f(x)$ 在 x_0 处的左右极限都存在且相等时，$f(x)$ 在 x_0 处的极限才存在.

二、函数 $f(x)$ 在无限远处的极限（当 $x\to\infty$ 时，$f(x)$ 的极限）

直观描述：

若当 $x\to\infty$ 时，函数 $f(x)$ 无限接近于常数 A，则称 A 为函数 $f(x)$ 在无穷处的极限，记为$\lim\limits_{x\to\infty}f(x)=A$.

定义 2.9 精确定义：

$\lim\limits_{x\to\infty}f(x)=A\Leftrightarrow\forall\varepsilon>0$，$\exists X>0$，当$|x|>X$时，恒有$|f(x)-A|<\varepsilon$.

如：$f(x)=\dfrac{1}{x}$由图 2.3 易知$\lim\limits_{x\to\infty}f(x)=0$.

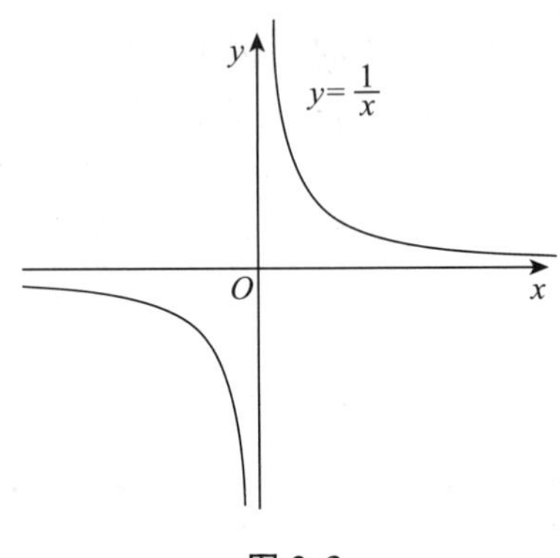

图 2.3

而对于$f(x)=\arctan x$，$\lim\limits_{x\to\infty}f(x)$会如何呢？

由图 1.16 易知，当$x\to+\infty$时，$f(x)$无限接近于$\dfrac{\pi}{2}$，此时的极限称为$f(x)$在正无穷处的极限，记为$\lim\limits_{x\to+\infty}f(x)=\dfrac{\pi}{2}$.

而当$x\to-\infty$时，$f(x)$无限接近于$-\dfrac{\pi}{2}$，此时的极限称为$f(x)$在负无穷处的极限，记为$\lim\limits_{x\to-\infty}f(x)=-\dfrac{\pi}{2}$.

因为$\lim\limits_{x\to+\infty}f(x)=\dfrac{\pi}{2}\neq\lim\limits_{x\to-\infty}f(x)=-\dfrac{\pi}{2}$，所以$\lim\limits_{x\to\infty}f(x)$不存在.

事实上，$\lim\limits_{x\to\infty}f(x)$，$\lim\limits_{x\to+\infty}f(x)$，$\lim\limits_{x\to-\infty}f(x)$这三个极限有如下关系：

定理2.5 $\lim\limits_{x\to\infty}f(x)=A\Leftrightarrow\lim\limits_{x\to+\infty}f(x)=\lim\limits_{x\to-\infty}f(x)=A$.

即当且仅当$\lim\limits_{x\to+\infty}f(x)=\lim\limits_{x\to-\infty}f(x)=A$，$f(x)$在无穷处的极限存在且$\lim\limits_{x\to\infty}f(x)=A$.

三、函数极限的四则运算法则

定理 2.6 设$\lim f(x)=A$，$\lim g(x)=B$，则：

(1) $\lim[f(x)\pm g(x)]=\lim f(x)\pm\lim g(x)=A\pm B$

(2) $\lim[f(x)\cdot g(x)]=[\lim f(x)]\cdot[\lim g(x)]=A\cdot B$

(3) $\lim\dfrac{f(x)}{g(x)}=\dfrac{\lim f(x)}{\lim g(x)}=\dfrac{A}{B}(B\neq0)$

注：1. 以上运算法则，只有在$\lim f(x)$与$\lim g(x)$都存在的情况下才成立.

2. 以上运算法则，每一个等式左右两边极限过程相同.

3. 特别地，在 (2) 中取$g(x)=c$，则有$\lim cf(x)=c\lim f(x)=cA$.

四、函数极限的计算

例1 计算下列极限：

(1) $\lim\limits_{x\to 1}\left(\frac{1}{1-x}-\frac{3}{1-x^3}\right)$

解： $\lim\limits_{x\to 1}\left(\frac{1}{1-x}-\frac{3}{1-x^3}\right)=\lim\limits_{x\to 1}\frac{(1+x+x^2)-3}{1-x^3}=\lim\limits_{x\to 1}\frac{x^2+x-2}{1-x^3}$

$$=\lim_{x\to 1}\frac{(x-1)(x+2)}{(1-x)(1+x+x^2)}=\lim_{x\to 1}-\frac{x+2}{(1+x+x^2)}=-1.$$

(2) $\lim\limits_{x\to 4}\frac{\sqrt{2x+1}-3}{\sqrt{x-2}-\sqrt{2}}$

解： $\lim\limits_{x\to 4}\frac{\sqrt{2x+1}-3}{\sqrt{x-2}-\sqrt{2}}=\lim\limits_{x\to 4}\frac{(\sqrt{x-2}+\sqrt{2})(\sqrt{2x+1}-3)(\sqrt{2x+1}+3)}{(\sqrt{x-2}-\sqrt{2})(\sqrt{x-2}+\sqrt{2})(\sqrt{2x+1}+3)}$

$$=\lim_{x\to 4}\frac{(\sqrt{x-2}+\sqrt{2})(2x-8)}{(x-4)(\sqrt{2x+1}+3)}$$

$$=\lim_{x\to 4}\frac{2(\sqrt{x-2}+\sqrt{2})}{(\sqrt{2x+1}+3)}=\frac{2\sqrt{2}}{3}.$$

(3) $\lim\limits_{x\to 0}\frac{2x^2+3x^4-5x^7}{2x^2-3x^3-8x^5}$

解： $\lim\limits_{x\to 0}\frac{2x^2+3x^4-5x^7}{2x^2-3x^3-8x^5}=\lim\limits_{x\to 0}\frac{x^2(2+3x^2-5x^5)}{x^2(2-3x-8x^3)}=1.$

例2 计算极限：$\lim\limits_{x\to\infty}\frac{3x^3-4x^2+2}{7x^3+5x^2+3x}$.

解： $\lim\limits_{x\to\infty}\frac{3x^3-4x^2+2}{7x^3+5x^2+3x}=\lim\limits_{x\to\infty}\frac{3-\frac{4}{x}+\frac{2}{x^3}}{7+\frac{5}{x}+\frac{3}{x^2}}=\frac{3}{7}.$

* **例3** 计算极限 $\lim\limits_{x\to\infty}(\sqrt[3]{x+1}-\sqrt[3]{x})$.

解： $\lim\limits_{x\to\infty}(\sqrt[3]{x+1}-\sqrt[3]{x})=\lim\limits_{x\to\infty}\frac{(\sqrt[3]{x+1}-\sqrt[3]{x})\left[(x+1)^{\frac{2}{3}}+(x+1)^{\frac{1}{3}}x^{\frac{1}{3}}+x^{\frac{2}{3}}\right]}{(x+1)^{\frac{2}{3}}+(x+1)^{\frac{1}{3}}x^{\frac{1}{3}}+x^{\frac{2}{3}}}$

$$=\lim_{x\to\infty}\frac{1}{(x+1)^{\frac{2}{3}}+(x+1)^{\frac{1}{3}}x^{\frac{1}{3}}+x^{\frac{2}{3}}}=0.$$

例4 (1) 已知函数 $f(x)=\begin{cases}2x+1, & x\leqslant 0\\ x^2, & x>0\end{cases}$，讨论 $\lim\limits_{x\to 0}f(x)$ 是否存在？

解： $\because \lim\limits_{x\to 0^+}f(x)=\lim\limits_{x\to 0^+}x^2=0$,

$\lim\limits_{x\to 0^-}f(x)=\lim\limits_{x\to 0^-}(2x+1)=1$,

$\therefore \lim\limits_{x\to 0}f(x)$ 不存在.

(2) 已知函数 $f(x)=\begin{cases}x+1, & x\leqslant 0\\ e^{-x}, & x>0\end{cases}$ 讨论 $\lim\limits_{x\to 0}f(x)$ 是否存在.

解：$\because \lim\limits_{x \to 0^+} f(x) = \lim\limits_{x \to 0^+} e^{-x} = 1$，

$\lim\limits_{x \to 0^-} f(x) = \lim\limits_{x \to 0^-} (x+1) = 1$，

$\therefore \lim\limits_{x \to 0} f(x)$ 存在，且$\lim\limits_{x \to 0} f(x) = 1$.

例 5 已知$\lim\limits_{x \to 2} \dfrac{x^2+ax+b}{x-2} = 3$，求 a，b.

解：因为$\lim\limits_{x \to 2} \dfrac{x^2+ax+b}{x-2} = 3$，所以 $x^2+ax+b=(x-2)(x+1)$，

即 $x^2+ax+b=x^2-x-2$ 故 $a=-1$，$b=-2$.

§2.3 两个重要极限

一、$\lim\limits_{x \to 0} \dfrac{\sin x}{x} = 1$

证明：因为$\dfrac{\sin(-x)}{-x} = \dfrac{-\sin x}{-x} = \dfrac{\sin x}{x}$，所以，当 x 改变符号时，$\dfrac{\sin x}{x}$的值不变，故只需讨论 x 由正值趋于 0 的情形即可.

作单位圆，如图 2.4 所示：

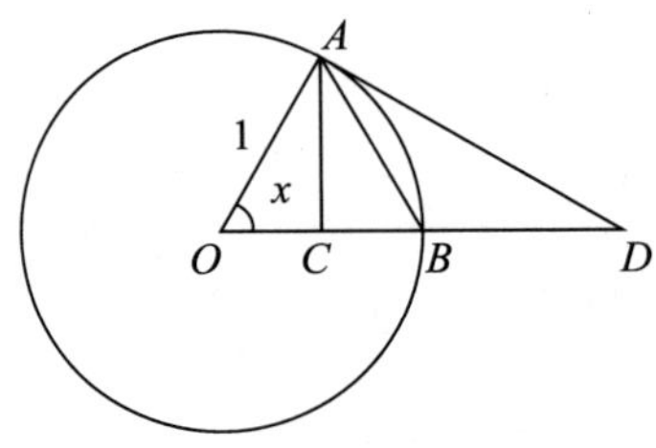

图 2.4

设圆心角$\angle AOB = x\left(0 < x < \dfrac{\pi}{2}\right)$，则

三角形 AOB 的面积<扇形 AOB 的面积<三角形 AOD 的面积.

三角形 AOB 的面积$=\dfrac{1}{2} OB \cdot AC = \dfrac{1}{2} \cdot 1 \cdot \sin x$.

扇形 AOB 的面积$=\dfrac{1}{2} \cdot 1^2 \cdot x$.

三角形 AOD 的面积$=\dfrac{1}{2} AO \cdot AD = \dfrac{1}{2} \cdot 1 \cdot \tan x$.

所以$\dfrac{1}{2}\sin x < \dfrac{1}{2} x < \dfrac{1}{2}\tan x$.

即 $\sin x < x < \tan x$.

同除以 $\sin x$，得 $1 < \dfrac{x}{\sin x} < \dfrac{1}{\cos x}$.

即 $\cos x < \dfrac{\sin x}{x} < 1$.

由$\lim\limits_{x\to 0}\cos x=\lim\limits_{x\to 0}1=1$，根据两边夹法则得

$\lim\limits_{x\to 0}\frac{\sin x}{x}=1$.

注：1. 该重要极限一般可按如下形式使用：$\frac{\sin\square}{\square}\to 1(\square\to 0)$. 其中，在$\square$中可填上任何量，但要求在各个$\square$中填的量必须相同.

2. 该极限有两个重要特点：①形式$\frac{\sin\square}{\square}$；②条件$\square\to 0$.

例1 求下列极限：

（1）$\lim\limits_{x\to 0}\frac{\sin mx}{\sin nx}$（$m$，$n$ 为非零常数）

（2）$\lim\limits_{x\to 0}\frac{\sin\sin x}{x}$

（3）$\lim\limits_{x\to 0}\frac{\tan x}{x}$

（4）$\lim\limits_{x\to 0}\frac{1-\cos x}{x^2}$

（5）$\lim\limits_{x\to 0}\frac{\arcsin x}{x}$

解：（1）原式$=\lim\limits_{x\to 0}\frac{\frac{\sin mx}{mx}\cdot mx}{\frac{\sin nx}{nx}\cdot nx}=\frac{m}{n}\frac{\lim\limits_{x\to 0}\frac{\sin mx}{mx}}{\lim\limits_{x\to 0}\frac{\sin nx}{nx}}=\frac{m}{n}$.

（2）原式$=\lim\limits_{x\to 0}\frac{\frac{\sin\sin x}{\sin x}\cdot\sin x}{x}=\lim\limits_{x\to 0}\frac{\sin\sin x}{\sin x}\cdot\frac{\sin x}{x}=1$.

（3）原式$=\lim\limits_{x\to 0}\frac{\sin x}{x}\cdot\frac{1}{\cos x}=\lim\limits_{x\to 0}\frac{\sin x}{x}\cdot\lim\limits_{x\to 0}\frac{1}{\cos x}=1$.

（4）原式$=\lim\limits_{x\to 0}\frac{(1-\cos x)(1+\cos x)}{x^2(1+\cos x)}=\lim\limits_{x\to 0}\frac{\sin^2 x}{x^2(1+\cos x)}$

$=\lim\limits_{x\to 0}\left(\frac{\sin x}{x}\right)^2\lim\limits_{x\to 0}\frac{1}{(1+\cos x)}=1^2\cdot\frac{1}{1+1}=\frac{1}{2}$.

（5）令 $\arcsin x=y$，则 $x=\sin y$，当 $x\to 0$ 时，$y\to 0$，故

原式$=\lim\limits_{y\to 0}\frac{y}{\sin y}=\lim\limits_{y\to 0}\frac{1}{\frac{\sin y}{y}}=1$.

二、$\lim\limits_{n\to\infty}\left(1+\frac{1}{n}\right)^n=e$

可利用定理2.2证明如下命题：

命题：极限$\lim\limits_{n\to\infty}\left(1+\frac{1}{n}\right)^n$存在.

我们以“e”来记该极限，则有公式$\lim\limits_{n\to\infty}\left(1+\frac{1}{n}\right)^n=e$. 以该公式为基础，可进一步证

明公式：

$$\lim_{x\to\infty}\left(1+\frac{1}{x}\right)^{x}=\lim_{x\to 0}(1+x)^{\frac{1}{x}}=e.$$

注： 1. 以上三个公式可统一按如下形式使用：$(1+\square)^{\frac{1}{\square}}\to e(\square\to 0)$. 其中，在$\square$中可填上任何量，但要求在各个$\square$中填的量必须相同.

2. 该极限有两个特点：①形式 $(1+\square)^{\frac{1}{\square}}$；②条件$\square\to 0$.

例 2 求下列极限：

(1) $\lim\limits_{x\to 0}(1+3x^2)^{\frac{1}{x^2}}$

(2) $\lim\limits_{n\to\infty}\left(1-\frac{1}{n}\right)^{n+6}$

(3) $\lim\limits_{x\to\infty}\left(\frac{x^2+1}{x^2-1}\right)^{x^2}$

(4) $\lim\limits_{x\to+\infty}\{x[\ln(x+1)-\ln x]\}$

解： (1) 原式$=\lim\limits_{x\to 0}[(1+3x^2)^{\frac{1}{3x^2}}]^3=e^3$.

(2) 原式$=\lim\limits_{n\to\infty}\left[\left(1+\frac{1}{-n}\right)^{-n}\right]^{\frac{n+6}{-n}}=e^{-1}$.

(3) 原式$=\lim\limits_{x\to\infty}\left[\left(1+\frac{2}{x^2-1}\right)^{\frac{x^2-1}{2}}\right]^{\frac{2x^2}{x^2-1}}=e^2$.

(4) 原式$=\lim\limits_{x\to+\infty}\ln\left(\frac{x+1}{x}\right)^x=\lim\limits_{x\to+\infty}\ln\left(1+\frac{1}{x}\right)^x=\ln e=1$.

§2.4　无穷小量与无穷大量

一、无穷小量

(一) 无穷小量的定义

定义 2.10　极限为零的变量称为无穷小量.

如：当 $x\to\infty$时，$\frac{1}{x}$是无穷小量；

当 $n\to\infty$时，$\frac{1}{n}$是无穷小量；

当 $x\to 3$ 时，$x-3$ 是无穷小量.

注： 1. 无穷小量与很小的量的区别：很小的量是常量，无穷小量是变量.

2. 说明某个量是无穷小量必须给出极限过程.

3. 0 是特殊的无穷小量，它在任何极限过程下都是无穷小量.

当$\lim\limits_{x\to x_0}f(x)=A$ 时，就有 $\lim\limits_{x\to x_0}[f(x)-A]=0$，即当 $x\to x_0$ 时，$f(x)-A=\alpha$ 为无穷小量，

以上过程反之亦成立. 由以上分析可得到一个结论：

$\lim\limits_{x\to x_0}f(x)=A$ 当且仅当在点 x_0 的某去心邻域内 $f(x)=A+\alpha$，其中当 $x\to x_0$ 时 α 为无穷小量.

（二）无穷小量的性质

无穷小量有如下性质：

（1）有限个无穷小量的代数和仍为无穷小量.

（2）有限个无穷小量的乘积仍为无穷小量.

（3）常量与无穷小量的乘积仍为无穷小量.

（4）有界变量与无穷小量的乘积仍为无穷小量.

注：（1）（2）性质中的“有限”不能改为“无限”.

例 1 计算下列极限：

（1）$\lim\limits_{x\to 0}x\sin\dfrac{1}{x}$

解：$\because \lim\limits_{x\to 0}x=0$，$\left|\sin\dfrac{1}{x}\right|\leqslant 1$

$\therefore$ 当 $x\to 0$ 时，x 为无穷小量，$\sin\dfrac{1}{x}$ 为有界变量.

由无穷小量性质（4）知：$\lim\limits_{x\to 0}x\sin\dfrac{1}{x}=0$.

*（2）$\lim\limits_{x\to+\infty}(\sin\sqrt{x+1}-\sin\sqrt{x})$

解：原式 $=\lim\limits_{x\to+\infty}2\cos\dfrac{\sqrt{x+1}+\sqrt{x}}{2}\sin\dfrac{\sqrt{x+1}-\sqrt{x}}{2}$

$$=\lim_{x\to+\infty}2\cos\frac{\sqrt{x+1}+\sqrt{x}}{2}\sin\frac{1}{2(\sqrt{x+1}+\sqrt{x})}$$

$=0$.

（三）无穷小量的比较

无穷小量虽然都是趋于 0 的变量，但不同的无穷小量趋于 0 的速度却不一定相同，有时可能差别很大. 为了比较两个无穷小量趋于 0 速度的快慢，给出如下定义：

定义 2.11 设 α、β 是同一极限过程中的两个无穷小量，

若 $\lim\dfrac{\beta}{\alpha}=0$，则称 β 是 α 的高阶无穷小量，记作 $\beta=o(\alpha)$；

若 $\lim\dfrac{\beta}{\alpha}=\infty$，则称 β 是 α 的低阶无穷小量；

若 $\lim\dfrac{\beta}{\alpha}=C\neq 0$（$C$ 为常量），则称 β 是 α 的同阶无穷小量.

特别地，当 $C=1$ 时，称 β 是 α 的等价无穷小量．记作 $\alpha\sim\beta$.

如：当 $x\to 0$ 时，x、$2x$、x^2、$3x^3$ 都是无穷小量.

因为 $\lim\limits_{x\to 0}\dfrac{x}{2x}=\dfrac{1}{2}$，所以当 $x\to 0$ 时，x 与 $2x$ 是同阶无穷小量.

而 $\lim\limits_{x\to 0}\dfrac{x}{3x^3}=\infty$，所以 x 是比 $3x^3$ 低阶的无穷小量.

当 $x\to 0$ 时，常见的等价无穷小量有：

$\sin x \sim x$，$\tan x \sim x$，$\arcsin x \sim x$，$\arctan x \sim x$，$1-\cos x \sim \frac{x^2}{2}$

$e^x-1 \sim x$，$\ln(1+x) \sim x$，$(1+x)^\alpha-1 \sim \alpha x$.

以上结论均可由上节重要极限证得，下面举三例说明.

例 2 求$\lim\limits_{x\to 0}\frac{\ln(1+x)}{x}$

解： 原式$=\lim\limits_{x\to 0}\frac{1}{x}\ln(1+x)=\lim\limits_{x\to 0}\ln(1+x)^{\frac{1}{x}}=\ln e=1$.

例 3 求$\lim\limits_{x\to 0}\frac{e^x-1}{x}$

解： 原式$=\lim\limits_{t\to 0}\frac{t}{\ln(1+t)}=\lim\limits_{t\to 0}\frac{1}{\frac{\ln(1+t)}{t}}=1$（令 $e^x-1=t$，利用例 2）.

***例 4** 求$\lim\limits_{x\to 0}\frac{(1+x)^\alpha-1}{\alpha x}$

解： $\lim\limits_{x\to 0}\frac{(1+x)^\alpha-1}{\alpha x}=\lim\limits_{x\to 0}\frac{e^{\ln(1+x)^\alpha}-1}{\alpha x}=\lim\limits_{x\to 0}\frac{\ln(1+x)^\alpha}{\alpha x}=\lim\limits_{x\to 0}\frac{\alpha x}{\alpha x}=1$.

（四）等价无穷小量的应用

定理 2.7 在某一极限过程下 u，$\tilde{u}$，v，$\tilde{v}$ 都是无穷小量，且 $u\sim\tilde{u}$，$v\sim\tilde{v}$，$\lim\frac{\tilde{u}}{\tilde{v}}$存在，则 $\lim\frac{u}{v}=\lim\frac{\tilde{u}}{\tilde{v}}$.

证明： $\because u\sim\tilde{u}$，$v\sim\tilde{v}$，

$\therefore \lim\frac{u}{\tilde{u}}=1$，$\lim\frac{v}{\tilde{v}}=1$.

又 $\lim\frac{\tilde{u}}{\tilde{v}}$存在，由极限的四则运算法则有：

$\lim\frac{u}{v}=\lim\frac{u}{\tilde{u}}\frac{\tilde{v}}{v}\frac{\tilde{u}}{\tilde{v}}=\lim\frac{u}{\tilde{u}}\lim\frac{v}{\tilde{v}}\lim\frac{\tilde{u}}{\tilde{v}}=1\cdot 1\cdot\lim\frac{\tilde{u}}{\tilde{v}}=\lim\frac{\tilde{u}}{\tilde{v}}$.

例 5 利用等价代换求下列极限：

(1) $\lim\limits_{x\to 0}\frac{\sin 3x}{\arctan 2x}$

解： $\lim\limits_{x\to 0}\frac{\sin 3x}{\arctan 2x}=\lim\limits_{x\to 0}\frac{3x}{2x}=\frac{3}{2}$.

(2) $\lim\limits_{x\to 0}\frac{\sin(\sin x)}{\ln(1+x)}$

解： $\lim\limits_{x\to 0}\frac{\sin(\sin x)}{\ln(1+x)}=\lim\limits_{x\to 0}\frac{\sin x}{x}=1$.

(3) $\lim\limits_{x\to 0}\frac{\sqrt[3]{1+x\sin x}-1}{\arctan x^2}$

解： $\lim\limits_{x\to 0}\frac{\sqrt[3]{1+x\sin x}-1}{\arctan x^2}=\lim\limits_{x\to 0}\frac{\frac{1}{3}x\sin x}{x^2}=\frac{1}{3}$.

(4) $\lim\limits_{x\to 1}\frac{\ln(1+x-3x^2+2x^3)}{3x-4x^2+x^3}$

解： $\lim\limits_{x\to1}\dfrac{\ln(1+x-3x^2+2x^3)}{3x-4x^2+x^3}=\lim\limits_{x\to1}\dfrac{x-3x^2+2x^3}{3x-4x^2+x^3}=\lim\limits_{x\to1}\dfrac{x(x-1)(2x-1)}{x(x-1)(x-3)}$

$$=\lim_{x\to1}\frac{2x-1}{x-3}=-\frac{1}{2}.$$

注： 等价代换只适用于乘除法，对于加减法不能使用，如：$\lim\limits_{x\to0}\dfrac{\tan x-\sin x}{x^3}$

若直接使用等价代换会出现这样的错误：$\lim\limits_{x\to0}\dfrac{\tan x-\sin x}{x^3}=\lim\limits_{x\to0}\dfrac{x-x}{x^3}=0$

正确的解法如下：

$$\lim_{x\to0}\frac{\tan x-\sin x}{x^3}=\lim_{x\to0}\frac{\frac{\sin x}{\cos x}-\sin x}{x^3}=\lim_{x\to0}\frac{\sin x\cdot(1-\cos x)}{x^3\cos x}=\lim_{x\to0}\frac{x\cdot\frac{x^2}{2}}{x^3\cos x}$$

$$=\lim_{x\to0}\frac{1}{2\cos x}=\frac{1}{2}.$$

二、无穷大量

（一）无穷大量的定义

定义 2.12 极限为无穷大的变量称为无穷大量.

如：当 $x\to0$ 时，$\dfrac{1}{x}$是无穷大量；

当 $x\to\infty$时，x 是无穷大量；

当 $x\to1$ 时，$\dfrac{1}{x-1}$是无穷大量.

注： 1. 无穷大量与很大的量的区别：无穷大量是变量，很大的量是常量.

2. 说明某个量是无穷大量，必须指出极限过程.

3. 定义中的无穷大可指正无穷大，也可指负无穷大.

（二）无穷小量与无穷大量的关系

定理 2.8 同一极限过程下，无穷小量（常数 0 除外）的倒数为无穷大量，无穷大量的倒数为无穷小量.

如：当 $x\to0$ 时，x 是无穷小量，$\dfrac{1}{x}$是无穷大量；

当 $x\to\infty$时，$2x$ 是无穷大量，$\dfrac{1}{2x}$是无穷小量.

§2.5 函数的连续性

一、函数连续性的定义

定义 2.13 设函数 $f(x)$ 在 x_0 的某邻域内有定义，当 $f(x)$ 在 x_0 处取得改变量 Δx 时，相应的函数值的改变量为 Δy，$\Delta y=f(x_0+\Delta x)-f(x_0)$，若当 $\Delta x\to0$ 时有 $\Delta y\to0$，则称 $f(x)$ 在 x_0 处连续.

如图 2.5，$f(x)$ 在 x_0 处连续，而 $g(x)$ 在 x_0 处不连续. 定义 2.13 也可表述为：

定义 2.14 设函数 $f(x)$ 在 x_0 的某邻域内有定义，若 $\lim\limits_{x\to x_0}f(x)=f(x_0)$，则称 $f(x)$ 在 x_0 处连续.

注：1. 定义 2.13 与定义 2.14 等价，它们都是函数 $f(x)$ 在点 x_0 处连续的定义，定义 2.13 多用于证明函数的连续性，而定义 2.14 多用于判断函数在某点的连续性.

2. 由定义 2.14 可见连续函数的本质即：函数符号与极限符号可交换.

3. 判断函数在某点的连续性可由定义 2.14 判断，对于某些简单函数也可由其图像观察得知.

4. 由定义 2.14 可知函数 $f(x)$ 在点 x_0 处连续的必要条件有：

①$f(x)$ 在 x_0 处有定义；

②$f(x)$ 在 x_0 处极限存在；

③$\lim\limits_{x\to x_0}f(x)=f(x_0)$.

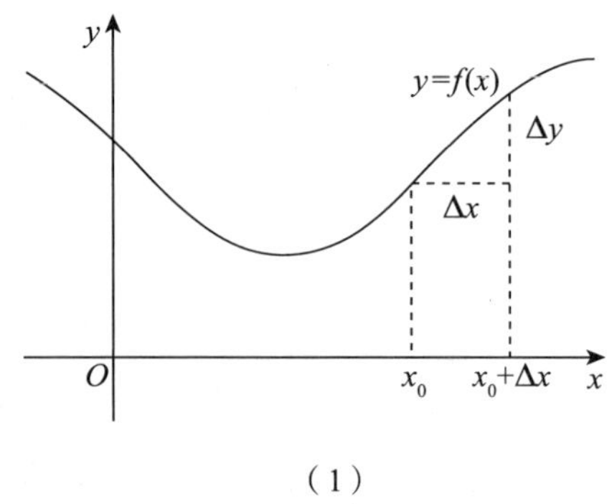

（1）

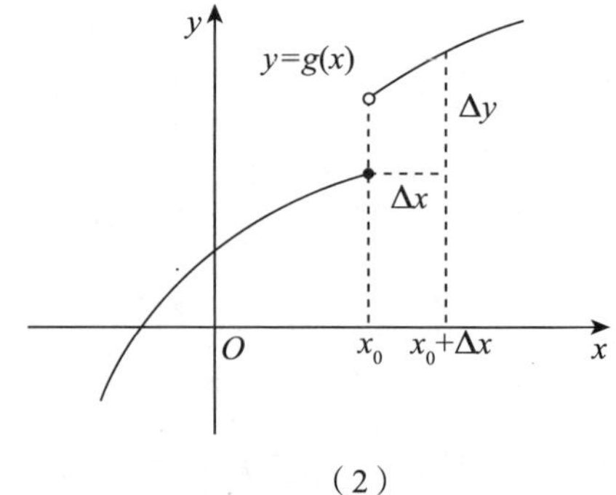

（2）

图 2.5

***例 1** 证明函数 $y=\sin x$ 在其定义域中任意一点处均连续.

证明：$y=\sin x$ 的定义域为 R，

任取 $x_0\in R$，$\Delta y=\sin(x_0+\Delta x)-\sin x_0=2\cos\dfrac{2x_0+\Delta x}{2}\sin\dfrac{\Delta x}{2}$，

$\lim\limits_{\Delta x\to 0}\Delta y=\lim\limits_{\Delta x\to 0}2\cos\dfrac{2x_0+\Delta x}{2}\sin\dfrac{\Delta x}{2}=\lim\limits_{\Delta x\to 0}\Delta x\cos\dfrac{2x_0+\Delta x}{2}=0.$

由定义 2.13 可知 $y=\sin x$ 在其定义域 R 中任意一点处均连续.

定义 2.15 若函数 $f(x)$ 在 (a, b) 内任意一点处连续，则称 $f(x)$ 在 (a, b) 内连续；若函数 $f(x)$ 在 $[a, b]$ 内任意一点处连续，则称 $f(x)$ 在 $[a, b]$ 上连续.

此处应注意 $f(x)$ 在闭区间 $[a, b]$ 端点处连续的含义，在左端点 a 连续即 $\lim\limits_{x\to a^+}f(x)=f(a)$，在右端点 b 连续即 $\lim\limits_{x\to b^-}f(x)=f(b)$.

例 2 讨论函数 $f(x)=\begin{cases}1-x, & x\leqslant 0\\ 1-x^2, & 0<x\leqslant 1\\ 2x, & x>1\end{cases}$ 在 0，1 处的连续性.

解：(1) 当 $x=0$ 时，

$\because f(0)=1$，$\lim\limits_{x\to 0^-}f(x)=\lim\limits_{x\to 0^-}(1-x)=1$，$\lim\limits_{x\to 0^+}f(x)=\lim\limits_{x\to 0^+}(1-x^2)=1$

$\therefore \lim\limits_{x\to 0} f(x)=f(0)=1$

$\therefore f(x)$ 在 0 处连续.

(2) 当 $x=1$ 时,

$\because f(1)=0$, $\lim\limits_{x\to 1^-} f(x)=\lim\limits_{x\to 1^-}(1-x^2)=0$, $\lim\limits_{x\to 1^+} f(x)=\lim\limits_{x\to 1^+} 2x=2$

$\therefore \lim\limits_{x\to 1^-} f(x)\neq \lim\limits_{x\to 1^+} f(x)$, $\lim\limits_{x\to 1} f(x)$ 不存在.

$\therefore f(x)$ 在 1 处不连续.

由图 2.6 也可判断得 $f(x)$ 在 0 处连续而在 1 处不连续.

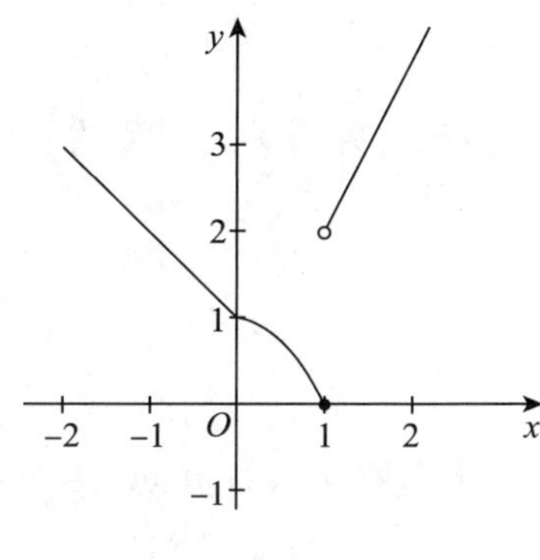

图 2.6

二、连续函数的运算法则

连续函数有如下运算法则:

1. 两个连续函数的和、差、积、商(分母不为 0)仍是连续函数.
2. 单调连续函数的反函数仍是连续函数.
3. 连续函数的复合函数仍是连续函数.

可以证明基本初等函数在其定义域内都是连续的,再利用以上连续函数的运算法则可得重要结论:一切初等函数在其定义域内连续.

例 3 设函数 $f(x)=\begin{cases}\dfrac{\sin 2x}{x}, & x<0\\ 3x^2-2x+k, & x\geqslant 0\end{cases}$,问 k 为何值时函数 $f(x)$ 在其定义域内连续.

分析: $y_1=\dfrac{\sin 2x}{x}$, $y_2=3x^2-2x+k$ 均为初等函数,所以在其定义域内连续. $y_1=\dfrac{\sin 2x}{x}$的定义域为 $\{x\mid x\neq 0\}$, $\{x\mid x<0\}$ 是 $\{x\mid x\neq 0\}$ 的子集,从而 $y_1=\dfrac{\sin 2x}{x}$在 $\{x\mid x<0\}$ 内连续; $y_2=3x^2-2x+k$ 的定义域为 R, $\{x\mid x>0\}$ 是 R 的子集,从而 $y_2=3x^2-2x+k$ 在 $\{x\mid x>0\}$ 连续,即 $f(x)$ 在 $\{x\mid x<0\}\cup\{x\mid x>0\}$ 内连续.

解: 欲使 $f(x)$ 在其定义域内连续,只要使 $f(x)$ 在其分段点 0 处连续即可.

$f(0)=k$, $\lim\limits_{x\to 0^-} f(x)=\lim\limits_{x\to 0^-}\dfrac{\sin 2x}{x}=2$, $\lim\limits_{x\to 0^+} f(x)=\lim\limits_{x\to 0^+}(3x^2-2x+k)=k$

$f(x)$ 在 0 处连续等价于 $\lim\limits_{x\to 0^+}f(x)=\lim\limits_{x\to 0^-}f(x)=f(0)$，即 $k=2$.

所以当 $k=2$ 时，$f(x)$ 在其定义域内连续.

例 4 利用函数的连续性求极限：

(1) $\lim\limits_{x\to e^{\pi}}\sin\ln x=\sin\ln e^{\pi}=0$

(2) $\lim\limits_{x\to\pi}\sqrt{\cos(x-\pi)}=\sqrt{\cos(\pi-\pi)}=1$

注： 连续函数在一点的极限等于在该点的函数值，即此时求极限相当于求函数值.

三、间断点

（一）间断点的定义

定义 2.16 如果函数 $f(x)$ 在点 x_0 处不满足连续的条件，即 $f(x)$ 在点 x_0 处发生下列三种情况之一：

(1) $f(x)$ 在 x_0 处无定义

(2) $f(x)$ 在 x_0 处极限不存在

(3) $\lim\limits_{x\to x_0}f(x)\neq f(x_0)$

则称函数 $f(x)$ 在 x_0 处不连续或称 $f(x)$ 在点 x_0 处间断，点 x_0 称为 $f(x)$ 的间断点.

如：$x=2$ 是 $f(x)=\dfrac{x^2-4}{x-2}$ 的一个间断点，因为 $f(x)$ 在 $x=2$ 处无定义.

$x=1$ 是 $f(x)=\begin{cases}x^2+1, & x<1\\ 0, & x\geqslant 1\end{cases}$ 的间断点，因为 $f(x)$ 在 $x=1$ 处极限不存在.

$x=0$ 是 $f(x)=\begin{cases}2x+3, & x\neq 0\\ 0, & x=0\end{cases}$ 的间断点，因为 $f(x)$ 在 $x=0$ 处的函数值与极限不相等.

（二）间断点的分类

定义 2.17 设 x_0 是函数 $f(x)$ 的间断点，若：

(1) $f(x_0+0)$、$f(x_0-0)$ 都存在，则称 x_0 是 $f(x)$ 的第一类间断点，又若 $f(x_0+0)=f(x_0-0)$ 则称 x_0 为 $f(x)$ 的可去间断点，若 $f(x_0+0)\neq f(x_0-0)$ 则称 x_0 为 $f(x)$ 的跳跃间断点；

(2) $f(x_0+0)$、$f(x_0-0)$ 至少有一个不存在，则称 x_0 是 $f(x)$ 的第二类间断点.

注： 间断点的类型取决于函数在间断点处的左右极限，一般的，若函数在间断点左右两侧的解析表达式唯一，可直接求极限无需分左右极限.

例 5 判断下列函数在指定间断点处的类型：

(1) $f(x)=\begin{cases}x-1, & x<0\\ 0, & x=0\\ x+1, & x>0\end{cases}$，$x_0=0$

解： $\because \lim\limits_{x\to 0^-}f(x)=\lim\limits_{x\to 0^-}(x-1)=-1$，$\lim\limits_{x\to 0^+}f(x)=\lim\limits_{x\to 0^+}(x+1)=1$

$\therefore x=0$ 为第一类跳跃间断点.

如图 2.7：

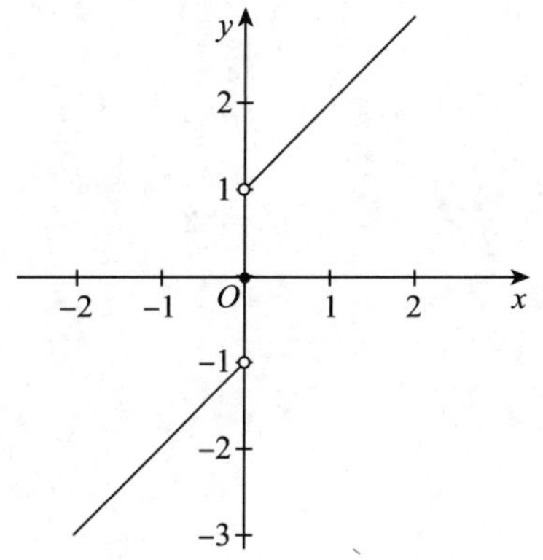

图 2.7

(2) $f(x)=\begin{cases}x+1, & x\neq 1\\ 1, & x=1\end{cases}$，$x_0=1$

解： $\because \lim\limits_{x\to 1}f(x)=\lim\limits_{x\to 1}(x+1)=2\neq 1=f(1)$

$\therefore$1 为第一类可去间断点.

如图 2.8：

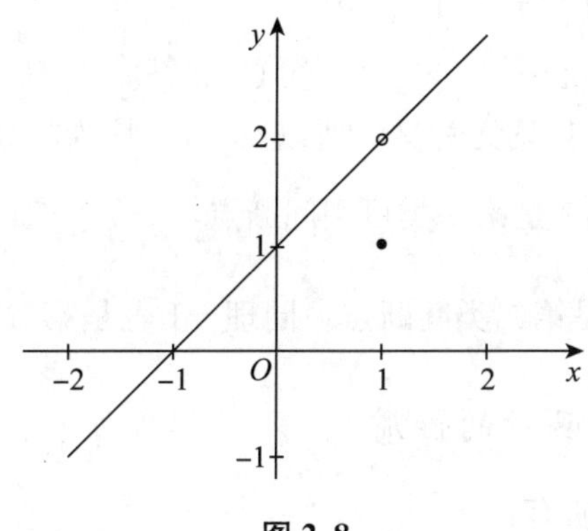

图 2.8

(3) $y=\dfrac{1}{x}$，$x_0=0$

解： $\because \lim\limits_{x\to 0}\dfrac{1}{x}=\infty$

$\therefore$0 为第二类间断点.

(4) $y=\sin\dfrac{1}{x}$，$x_0=0$

解： $\because \lim\limits_{x\to 0}\sin\dfrac{1}{x}$不存在，

$\therefore$0 为第二类间断点.

（三）间断点的求法

求函数 $f(x)$ 间断点时主要考虑两类点：一是函数 $f(x)$ 无定义的点（使 $f(x)$ 无意义的点），这种点一定是间断点；二是分段函数的分段点，这种点可能是间断点，也可能不是间断点.

例 6 (1) 设 $f(x)=\begin{cases}\dfrac{1}{x^2}, & x\leqslant 1 \text{ 且 } x\neq 0\\ \dfrac{x^2-4}{x-2}, & x>1 \text{ 且 } x\neq 2\end{cases}$，求 $f(x)$ 的间断点并判断类型.

解：①0 是间断点

$\because \lim\limits_{x\to 0}f(x)=\lim\limits_{x\to 0}\dfrac{1}{x^2}=\infty$，

$\therefore$ 0 是第二类间断点.

②2 是间断点

$\because \lim\limits_{x\to 2}f(x)=\lim\limits_{x\to 2}\dfrac{x^2-4}{x-2}=\lim\limits_{x\to 2}(x+2)=4$，

$\therefore$ 2 是第一类可去间断点.

③当 $x=1$ 时，

$\because f(1)=1$，$\lim\limits_{x\to 1^-}f(x)=\lim\limits_{x\to 1^-}\dfrac{1}{x^2}=1$，$\lim\limits_{x\to 1^+}f(x)=\lim\limits_{x\to 1^+}\dfrac{x^2-4}{x-2}=3$，

$\therefore$ 1 为第一类跳跃间断点.

(2) 函数 $y=\dfrac{1}{\ln|x|}$ 的间断点有（　　）

A. 1 个　　B. 2 个　　C. 3 个　　D. 4 个

解：因为函数在 0，±1 处均无意义，所以 0，±1 均为间断点. 答案为 C.

注：$\because \lim\limits_{x\to 0}\dfrac{1}{\ln|x|}=0$，$\therefore$ 0 是第一类可去间断点，

$\because \lim\limits_{x\to 1}\dfrac{1}{\ln|x|}=\infty$，$\therefore$ 1 是第二类间断点，同理 −1 也是第二类间断点.

* 四、闭区间上连续函数的性质

闭区间上连续函数的性质有：

1. 最值定理

设函数 $f(x)$ 在闭区间 $[a, b]$ 上连续，则 $f(x)$ 在 $[a, b]$ 上必有最大值与最小值.

2. 有界性定理

设函数 $f(x)$ 在闭区间 $[a, b]$ 上连续，则 $f(x)$ 在 $[a, b]$ 上必有界.

3. 零点存在定理

设函数 $f(x)$ 在闭区间 $[a, b]$ 上连续，$f(a)$、$f(b)$ 异号，则至少存在一点 $\xi\in(a, b)$ 使得 $f(\xi)=0$.

4. 介值定理

设函数 $f(x)$ 在闭区间 $[a, b]$ 上连续，m、M 分别为其最小值与最大值，则 $\forall m<c<M$，$\exists \xi\in[a, b]$ 使得 $f(\xi)=c$.

以上 4 个性质结合图像很容易理解，闭区间上连续函数的图像是一条有起点有终点不间断的曲线，如图 2.9.

因为图像必有最高点、最低点，所以必有最大值、最小值；函数同时有最大值与最小

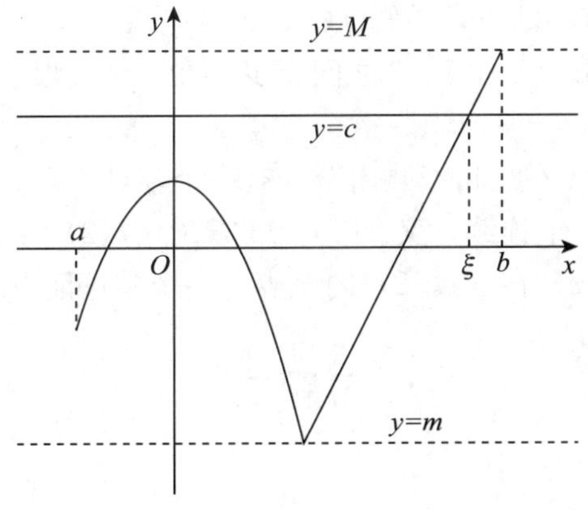

图 2.9

值则必有界；在最小值与最大值之间取 c，垂直于 y 轴过 c 作一条水平线，该线必与 $f(x)$ 的图像有交点，即 $\exists\xi\in[a,b]$ 使得 $f(\xi)=c$；若端点函数值异号，因为 $f(x)$ 连续，则其图像必至少穿过 x 轴一次，即 $f(x)$ 至少有一个零点.

注：以上性质的成立都必须满足条件：$f(x)$ 在 $[a,b]$ 上连续.

若 $f(x)$ 仅在 (a,b) 内连续，或在 $[a,b]$ 上不连续，则以上性质均可能不成立.

如：$f(x)=\dfrac{1}{x}$，$x\in(0,1)$

$f(x)$ 仅在开区间 $(0,1)$ 连续，由图 2.10 易知 $f(x)$ 取不到最大值、最小值.

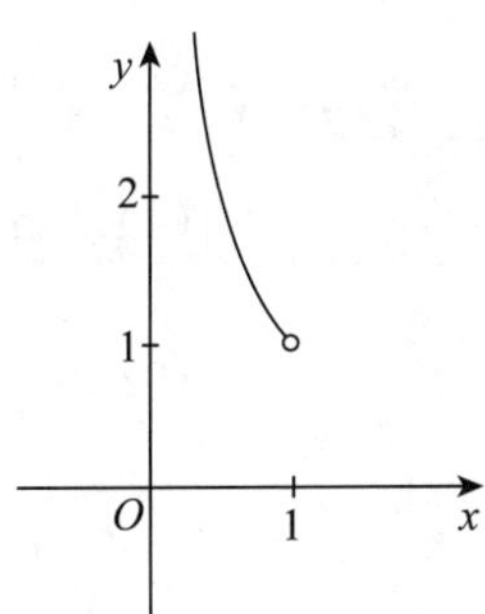

图 2.10

又如图 2.11

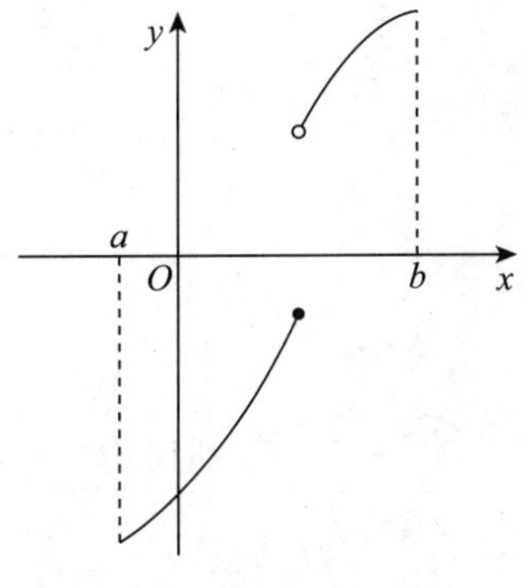

图 2.11

$f(x)$ 在 $[a, b]$ 上有间断点，易知 $f(x)$ 无零点.

例 7 证明方程 $x^5-3x=1$ 在 1，2 之间至少存在一个实根.

证明：作函数 $f(x)=x^5-3x-1$，欲证方程 $x^5-3x=1$ 在 $(1, 2)$ 之间存在一个实根，即证 $f(x)=x^5-3x-1$ 在 $(1, 2)$ 内至少有一个零点.

易知 $f(x)$ 在 $[1, 2]$ 上连续，又 $f(1)=-3<0$，$f(2)=25>0$，

由零点存在定理知 $f(x)$ 在 $(1, 2)$ 内至少有一个零点证毕.

习题二

(A)

1. 计算下列数列极限：

(1) $\lim\limits_{n\to\infty}\dfrac{1+n}{n^2}$

(2) $\lim\limits_{n\to\infty}\dfrac{6n^2-n+1}{n^2+n+3}$

(3) $\lim\limits_{n\to\infty}\sqrt{n}(\sqrt{n+1}-\sqrt{n})$

(4) $\lim\limits_{n\to\infty}\left(\dfrac{3n^2+n}{2n^2-1}+\dfrac{1}{n}\right)$

(5) $\lim\limits_{n\to\infty}\left(1-\dfrac{1}{2^n}\right)$

(6) $\lim\limits_{n\to\infty}\dfrac{1+3+5+\cdots+(2n-1)}{2+4+6+\cdots+2n}$

(7) $\lim\limits_{n\to\infty}\left(1+\dfrac{1}{2^2}\right)\left(1+\dfrac{1}{2^4}\right)\cdots\left(1+\dfrac{1}{2^{2^n}}\right)$

(8) $\lim\limits_{n\to\infty}\left(1-\dfrac{1}{2^2}\right)\left(1-\dfrac{1}{3^2}\right)\cdots\left(1-\dfrac{1}{n^2}\right)$

2. 计算下列函数极限：

(1) $\lim\limits_{x\to1}(x^2+1)$

(2) $\lim\limits_{x\to2}\dfrac{x^2}{x-2}$

(3) $\lim\limits_{x\to3}\dfrac{x^2-9}{x-3}$

(4) $\lim\limits_{x\to0}\dfrac{4x^3-2x^2+x}{3x^2+2x}$

(5) $\lim\limits_{h\to0}\dfrac{(x+h)^3-x^3}{h}$

(6) $\lim\limits_{x\to\frac{\pi}{6}}\dfrac{2\sin^2x+\sin x-1}{2\sin^2x-3\sin x+1}$

(7) $\lim\limits_{x\to-\infty}\dfrac{\sqrt[3]{27x^3+4x^2+5x+3}}{\sqrt{4x^2+3x+5}}$

(8) $\lim\limits_{x\to-8}\dfrac{\sqrt{1-x}-3}{2+\sqrt[3]{x}}$

(9) $\lim\limits_{x\to0}\dfrac{x^2}{1-\sqrt{1+x^2}}$

(10) $\lim\limits_{x\to\infty}\dfrac{2x+7}{3x+8}$

(11) $\lim\limits_{x\to+\infty}\dfrac{\sqrt[4]{1+x^3}}{1+x}$

(12) $\lim\limits_{x\to+\infty}\dfrac{(\sqrt{x^2+1}+2x)^2}{3x^2+1}$

(13) $\lim\limits_{x\to\infty}\dfrac{(2x-1)^{30}\ (3x-2)^{20}}{(2x+1)^{50}}$

(14) $\lim\limits_{x\to+\infty}(\sqrt{x^2+x+1}-\sqrt{x^2-x+1})$

(15) $\lim\limits_{x\to4}\dfrac{\sqrt{x}-2}{x^2-5x+4}$

3. (1) 设 $f(x)=\begin{cases}3x+2, & x\leqslant0\\ x^2+1, & 0<x\leqslant1\\ \dfrac{2}{x}, & x>1\end{cases}$，分别讨论 $x\to0$ 及 $x\to1$ 时 $f(x)$ 的极限是否存在？

(2) 设 $f(x)=\begin{cases}\dfrac{1}{x^2} & x<0\\ x^2-2x, & 0\leqslant x\leqslant 2\\ 3x-6, & x>2\end{cases}$，讨论 $x\to 0$，$x\to 1$ 及 $x\to 2$ 时 $f(x)$ 的极限是否存在?

4. (1) 若 $\lim\limits_{x\to 3}\dfrac{x^2+ax+b}{x-3}=4$，求 a，b 的值.

(2) 若 $\lim\limits_{n\to\infty}\left(\dfrac{n^2+1}{n+1}-an-b\right)=1$，求 a，b 的值.

(3) 已知 $\lim\limits_{n\to\infty}\sqrt{an^2+bn}-n=\dfrac{1}{2}$，求 a，b.

5. 利用重要极限求下列极限:

(1) $\lim\limits_{x\to 0}\dfrac{\sin 2x}{\sin 4x}$

(2) $\lim\limits_{x\to 0}\dfrac{\arcsin 2x}{3x}$

(3) $\lim\limits_{x\to\infty}\left(1+\dfrac{2}{x}\right)^{2x}$

(4) $\lim\limits_{x\to\infty}\left(1-\dfrac{2}{x}\right)^{\frac{x}{2}-1}$

(5) $\lim\limits_{x\to\infty}\left(\dfrac{x-1}{x+1}\right)^{x}$

(6) $\lim\limits_{x\to+\infty}\left(1-\dfrac{1}{x}\right)^{\sqrt{x}}$

6. 当 $x\to+\infty$ ($n\to\infty$) 时，判断下列变量哪些是无穷小量，哪些是无穷大量，哪些既不是无穷小量又不是无穷大量?

(1) $\dfrac{1}{2n}$

(2) n^2-1

(3) $\dfrac{n+(-1)^n}{n}$

(4) $\dfrac{\sin x}{x}$

(5) $x\sin\dfrac{1}{x}$

(6) $\ln x$

(7) $\left(\dfrac{\sqrt{5}}{2}\right)^x$

(8) $(-1)^n\dfrac{1}{n^2}$

7. 利用无穷小量的性质或等价无穷小量代换求下列极限:

(1) $\lim\limits_{x\to\infty}\dfrac{\sin x}{x}$

(2) $\lim\limits_{x\to\infty}\dfrac{\arctan x}{x^2-3}$

(3) $\lim\limits_{x\to 0}x^2\sin\dfrac{1}{x}$

(4) $\lim\limits_{x\to 0}\dfrac{1-\cos x}{x\sin x}$

(5) $\lim\limits_{x\to 0}\dfrac{(\sqrt{1+2x}-1)\arcsin x}{\tan x^2}$

(6) $\lim\limits_{x\to 0}\dfrac{\tan x-\sin x}{\sqrt{2+x^2}(e^{x^3}-1)}$

(7) $\lim\limits_{x\to 0^+}\dfrac{1-\sqrt{\cos x}}{x(1-\cos\sqrt{x})}$

(8) $\lim\limits_{x\to+\infty}3^x\sin\dfrac{\pi}{3^x}$

(9) $\lim\limits_{x\to 0}\dfrac{\ln(1+2x)}{\arcsin 3x}$

(10) $\lim\limits_{x\to a}\dfrac{\cos x-\cos a}{x-a}$

(11) $\lim\limits_{x\to 0}\dfrac{\tan x\ln(1+x)}{\sin x^2}$

*8. 证明 $y=\cos x$ 在其定义域内连续.

9. 设 $f(x)=\begin{cases} x-1, & x\leqslant 0 \\ x^2, & x>0 \end{cases}$，判断 $f(x)$ 在 0 处是否连续？

10. 设 $f(x)=\begin{cases} \dfrac{\sin x}{x}, & x<0 \\ k, & x=0 \\ x\sin\dfrac{1}{x}+1, & x>0 \end{cases}$，问当 k 为何值时函数在其定义域内连续？

11. 利用函数的连续性求极限：

(1) $\lim\limits_{x\to 2}[\sin(x^2-4)+\lg(x+8)]$

(2) $\lim\limits_{x\to 0}\dfrac{e^{x^2}\cos x}{\arcsin(1+x)}$

12. 求下列函数的间断点，并判断间断点的类型：

(1) $y=\dfrac{1}{(x+1)^2}$

(2) $y=\dfrac{x^2-1}{x^2-3x+2}$

(3) $y=\dfrac{\sin x}{x}$

(4) $y=\begin{cases} \dfrac{1-x^2}{1-x}, & x\neq 1 \\ 0, & x=1 \end{cases}$

(5) $y=\begin{cases} 0, & x<1 \\ 2x+1, & 1\leqslant x<2 \\ 1+x^2, & x\geqslant 2 \end{cases}$

(6) $y=\dfrac{x}{\tan x}$

(7) $y=\dfrac{\ln(1-x^2)}{x(1-2x)}$

(8) $y=\arctan\dfrac{1}{x^2-3x+2}$

*13. 证明方程 $\sin x+x+a=0$（a 为正常数）在 $(-\infty, 0)$ 上至少有一个根.

(B)

1. 单项选择题：

(1) 数列 $\{x_n\}$ 与 $\{y_n\}$ 的极限分别为 A 与 B，且 $A\neq B$，那么数列 x_1，y_1，x_2，y_2，x_3，y_3…的极限是（　　）

(A) A　　(B) B　　(C) $A+B$　　(D) 不存在

(2)“$f(x)$ 在点 $x=x_0$ 处有定义”是当 $x\to x_0$ 时 $f(x)$ 有极限的（　　）

(A) 必要条件　　(B) 充分条件　　(C) 充要条件　　(D) 无关条件

(3) $\lim\limits_{x\to 3}\dfrac{|x-3|}{x-3}=$（　　）

(A) -1　　(B) 1　　(C) ∞　　(D) 不存在

(4) $\lim\limits_{x\to\infty}e^x=$（　　）

(A) 0　　(B) $+\infty$　　(C) ∞　　(D) 不存在

(5) 下列极限存在的是（　　）

(A) $\lim\limits_{x\to\infty}\dfrac{x(x+1)}{x^2}$　　(B) $\lim\limits_{x\to 0}\dfrac{1}{2^x-1}$　　(C) $\lim\limits_{x\to 0}e^{\frac{1}{x}}$　　(D) $\lim\limits_{x\to+\infty}\sqrt{\dfrac{x^2+1}{x}}$

(6) 已知 $\lim\limits_{x\to 2}\dfrac{x^2+ax+b}{x^2-x-2}=2$，则 a，b 的值是（　　）

(A) $a=-8$，$b=2$　　(B) $a=2$，b 为任意值

(C) $a=2$，$b=-8$　　(D) a，b 均为任意值

(7) 当 $x\to 0$ 时，无穷小量 $\alpha=x^2$ 与 $\beta=1-\sqrt{1-2x^2}$ 的关系是（　　）

(A) β 与 α 是等价无穷小量　　(B) β 与 α 是同阶非等价无穷小量

(C) β 是比 α 较高阶的无穷小量　　(D) β 是比 α 较低阶的无穷小量

(8) 如果 $\lim\limits_{x\to 0}\dfrac{3\sin mx}{2x}=\dfrac{2}{3}$，则 $m=$（　　）

(A) $\dfrac{2}{3}$　　(B) $\dfrac{3}{2}$　　(C) $\dfrac{4}{9}$　　(D) $\dfrac{9}{4}$

(9) 下列结论正确的是（　　）

(A) $\lim\limits_{x\to\infty}\left(1-\dfrac{1}{x}\right)^{x}=e$　　(B) $\lim\limits_{x\to\infty}\left(1+\dfrac{1}{x}\right)^{-x}=e$

(C) $\lim\limits_{x\to\infty}\left(1-\dfrac{1}{x}\right)^{1-x}=e$　　(D) $\lim\limits_{x\to\infty}\left(1+\dfrac{1}{x}\right)^{2x}=e$

(10) 函数 $f(x)=\begin{cases} e^{\frac{1}{1-x}}, & x\neq 1 \\ 0, & x=1 \end{cases}$ 在点 $x=1$ 处（　　）

(A) 连续　　(B) 不连续，但有右连续

(C) 不连续，但有左连续　　(D) 左、右都不连续

(11) 下列函数在点 $x=0$ 处均不连续，其中点 $x=0$ 是 $f(x)$ 的可去间断点的是（　　）

(A) $f(x)=1+\dfrac{1}{x}$　　(B) $f(x)=\dfrac{1}{x}\sin x$

(C) $f(x)=e^{\frac{1}{x}}$　　(D) $f(x)=\begin{cases} e^{\frac{1}{x}}, & x<0 \\ e^{x}, & x\geqslant 0 \end{cases}$

2. 填空题：

(1) 极限 $\lim\limits_{n\to\infty}\left(\dfrac{1}{n^2+n+1}+\dfrac{2}{n^2+n+2}+\cdots+\dfrac{n}{n^2+n+n}\right)=$ ________.

(2) 设函数 $f(x)=a^x$ $(a>0,\ a\neq 1)$，则 $\lim\limits_{n\to\infty}\dfrac{1}{n^2}\ln[f(1)f(2)\cdots f(n)]=$ ________.

(3) 设常数 $a\neq\dfrac{1}{2}$，则 $\lim\limits_{n\to\infty}\ln\left[\dfrac{n-2na+1}{n(1-2a)}\right]^{n}=$ ________.

(4) 极限 $\lim\limits_{x\to 0}[1+\ln(1+x)]^{\frac{2}{x}}=$ ________.

(5) 若 $\lim\limits_{x\to 0}\dfrac{\sin x}{e^x-a}(\cos x-b)=5$，则 $a=$ ________，$b=$ ________.

(6) $\lim\limits_{x\to\infty}x\sin\dfrac{2x}{x^2+1}=$ ________.

(7) $\lim\limits_{n\to\infty}\left(\dfrac{n+1}{n}\right)^{(-1)^n}=$ ________.

(8) 设 $f(x)=\begin{cases} ae^{2x}, & x\leqslant 0 \\ \dfrac{1-e^{\tan x}}{\arcsin\dfrac{x}{2}}, & x>0 \end{cases}$ 在 $x=0$ 连续，则常数 $a=$ ________.

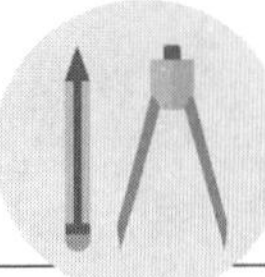

第 3 章　导数与微分

微分学是微积分的重要组成部分，它的基本概念是导数与微分. 本章将介绍导数的基本概念，简单函数的导数与求导法则，高阶导数，微分.

§ 3.1　导数的概念

一、导数的定义

（一）函数 $f(x)$ 在点 x_0 的导数的定义

定义 3.1　设函数 $f(x)$ 在点 x_0 的某邻域内有定义，若 $\lim\limits_{\Delta x\to 0}\dfrac{\Delta y}{\Delta x}=\lim\limits_{\Delta x\to 0}\dfrac{f(x_0+\Delta x)-f(x_0)}{\Delta x}$ 存在，则称 $f(x)$ 在 x_0 处可导，并称该极限为 $f(x)$ 在点 x_0 处的导数值，简称导数，记为 $f'(x_0)$ 或 $\dfrac{dy}{dx}\Big|_{x=x_0}$，即 $f'(x_0)=\lim\limits_{\Delta x\to 0}\dfrac{\Delta y}{\Delta x}=\lim\limits_{\Delta x\to 0}\dfrac{f(x_0+\Delta x)-f(x_0)}{\Delta x}=\lim\limits_{x\to x_0}\dfrac{f(x)-f(x_0)}{x-x_0}$. 若该极限不存在，则称 $f(x)$ 在 x_0 处不可导.

例 1　利用导数定义求 $f(x)=\sin x$ 在 $\dfrac{\pi}{2}$ 处的导数值.

解：
$$f'\left(\frac{\pi}{2}\right)=\lim_{\Delta x\to 0}\frac{f\left(\dfrac{\pi}{2}+\Delta x\right)-f\left(\dfrac{\pi}{2}\right)}{\Delta x}=\lim_{\Delta x\to 0}\frac{\sin\left(\dfrac{\pi}{2}+\Delta x\right)-\sin\dfrac{\pi}{2}}{\Delta x}$$
$$=\lim_{\Delta x\to 0}\frac{2\cos\dfrac{\pi+\Delta x}{2}\sin\dfrac{\Delta x}{2}}{\Delta x}=\lim_{\Delta x\to 0}\frac{2\cdot\dfrac{\Delta x}{2}\cdot\cos\dfrac{\pi+\Delta x}{2}}{\Delta x}$$
$$=\lim_{\Delta x\to 0}\cos\frac{\pi+\Delta x}{2}=0.$$

（二）左、右导数的定义

定义 3.2　函数 $f(x)$ 在 x_0 处的左、右导数分别记为 $f'_-(x_0)$、$f'_+(x_0)$，定义如下：

左导数 $f'_-(x_0)=\lim\limits_{\Delta x\to 0^-}\dfrac{f(x_0+\Delta x)-f(x_0)}{\Delta x}=\lim\limits_{x\to x_0^-}\dfrac{f(x)-f(x_0)}{x-x_0}$

右导数 $f'_+(x_0)=\lim\limits_{\Delta x\to 0^+}\dfrac{f(x_0+\Delta x)-f(x_0)}{\Delta x}=\lim\limits_{x\to x_0^+}\dfrac{f(x)-f(x_0)}{x-x_0}$.

注：由导数与左、右导数的定义，以及定理 2.4 可知 $f'(x_0)$ 与 $f'_-(x_0)$、$f'_+(x_0)$ 的关系为：$f'(x_0)=A\Leftrightarrow f'_-(x_0)=f'_+(x_0)=A$（$A$ 为常数）.

即 $f'(x_0)$ 存在且为 A 当且仅当 $f'_-(x_0)$ 与 $f'_+(x_0)$ 都存在且为 A.

例 2　设 $f(x)=\begin{cases}1, & x\leqslant 0\\ 2x+1, & x>0\end{cases}$，判断 $f(x)$ 在 0 处是否可导？

解：$\because f'_-(0)=\lim\limits_{x\to 0^-}\dfrac{f(x)-f(0)}{x}=\lim\limits_{x\to 0^-}\dfrac{1-1}{x}=0$,

$f'_+(0)=\lim\limits_{x\to 0^+}\dfrac{f(x)-f(0)}{x}=\lim\limits_{x\to 0^+}\dfrac{2x+1-1}{x}=2$,

$\therefore f'_-(0)\neq f'_+(0)$，$f(x)$ 在 0 处不可导.

（三）导函数的定义

定义 3.3　若用 D 表示函数 $f(x)$ 的可导范围，则对于 D 中的每个值 x_0 都唯一的确定一个值 $f'(x_0)$. 因此函数 $f(x)$ 的导数仍可看成自变量 x 的一个函数，也称为函数 $f(x)$ 的导函数，简称导数，记为 $f'(x)$ 或 $\dfrac{dy}{dx}$，即

$$f'(x)=\lim_{\Delta x\to 0}\frac{f(x+\Delta x)-f(x)}{\Delta x},\ (x\in D).$$

注：若以上极限不存在则称 $f(x)$ 不可导.

例 3　利用导函数定义求 $f(x)=x^3$ 的导函数.

解：
$$\begin{aligned}f'(x)&=\lim_{\Delta x\to 0}\frac{f(x+\Delta x)-f(x)}{\Delta x}=\lim_{\Delta x\to 0}\frac{(x+\Delta x)^3-x^3}{\Delta x}\\&=\lim_{\Delta x\to 0}\frac{\Delta x(3x^2+3x\Delta x+\Delta x^2)}{\Delta x}=\lim_{\Delta x\to 0}(3x^2+3x\Delta x+\Delta x^2)\\&=3x^2.\end{aligned}$$

二、连续与可导的关系

连续反映在图像上，表示为图像连接不间断；可导反映在图像上，表示为图像不但连接不间断，而且光滑. 由此可得连续与可导的关系如下：

定理 3.1　若函数 $f(x)$ 在点 x_0 处可导，则 $f(x)$ 在点 x_0 处连续.

注：该定理的逆命题不成立，即由连续不能推出可导，故连续为可导的必要非充分条件.

例 4　（1）讨论 $f(x)=\begin{cases}x\sin\dfrac{1}{x}, & x\neq 0\\ 0, & x=0\end{cases}$ 在 $x=0$ 处的连续性与可导性.

解：$\because f(0)=0$，$\lim\limits_{x\to 0}f(x)=\lim\limits_{x\to 0}x\sin\dfrac{1}{x}=0$

$\therefore \lim\limits_{x\to 0}f(x)=f(0)$，$f(x)$ 在 0 处连续.

$\because \lim\limits_{x\to 0}\dfrac{f(x)-f(0)}{x}=\lim\limits_{x\to 0}\dfrac{x\sin\frac{1}{x}}{x}=\lim\limits_{x\to 0}\sin\dfrac{1}{x}$ 不存在，

$\therefore f(x)$ 在 0 处不可导.

(2) 讨论 $f(x)=\begin{cases}2x+1, & x\leqslant 1\\ x^2+2, & x>1\end{cases}$ 在 $x=1$ 处的连续性与可导性.

解: $\because f(1)=3$, $\lim\limits_{x\to 1^-}f(x)=\lim\limits_{x\to 1^-}(2x+1)=3$, $\lim\limits_{x\to 1^+}f(x)=\lim\limits_{x\to 1^+}(x^2+2)=3$,

$\therefore f(x)$ 在 1 处连续.

$\because f'_-(1)=\lim\limits_{x\to 1^-}\dfrac{f(x)-f(1)}{x-1}=\lim\limits_{x\to 1^-}\dfrac{2x+1-3}{x-1}=2$,

$f'_+(1)=\lim\limits_{x\to 1^+}\dfrac{f(x)-f(1)}{x-1}=\lim\limits_{x\to 1^+}\dfrac{x^2+2-3}{x-1}=2$,

$\therefore f'_-(1)=f'_+(1)=2$, $f(x)$ 在 1 处可导且 $f'(1)=2$.

三、导数的几何意义

导数的几何意义：$f'(x_0)$ 表示曲线 $f(x)$ 在 x_0 处的切线的斜率.

例 5 求 $y=x^3$ 在点 (2, 8) 处的切线方程与法线方程.

解: 点 (2, 8) 在 $y=x^3$ 上,

$y'=3x^2$, $y'|_{x=2}=12$,

由此可知切线方程为：$y-8=12(x-2)$，即 $y=12x-16$.

法线方程分别为：$y-8=\dfrac{-1}{12}(x-2)$，即 $y=-\dfrac{1}{12}x+\dfrac{49}{6}$.

§3.2 简单函数的导数与求导法则

一、简单函数的导数

1. 常函数 $f(x)=C$

$$f'(x)=\lim_{\Delta x\to 0}\frac{f(x+\Delta x)-f(x)}{\Delta x}=\lim_{\Delta x\to 0}\frac{C-C}{\Delta x}=0.$$

故 $C'=0$.

2. 正弦函数 $f(x)=\sin x$

$$f'(x)=\lim_{\Delta x\to 0}\frac{f(x+\Delta x)-f(x)}{\Delta x}=\lim_{\Delta x\to 0}\frac{\sin(x+\Delta x)-\sin x}{\Delta x}$$

$$=\lim_{\Delta x\to 0}\frac{2\cos\frac{2x+\Delta x}{2}\sin\frac{\Delta x}{2}}{\Delta x}=\lim_{\Delta x\to 0}\frac{2\cdot\frac{\Delta x}{2}\cdot\cos\frac{2x+\Delta x}{2}}{\Delta x}=\cos x$$

故 $(\sin x)'=\cos x$.

3. 余弦函数 $f(x)=\cos x$

$$f'(x)=\lim_{\Delta x\to 0}\frac{f(x+\Delta x)-f(x)}{\Delta x}=\lim_{\Delta x\to 0}\frac{\cos(x+\Delta x)-\cos x}{\Delta x}$$

$$=\lim_{\Delta x\to 0}\frac{-2\sin\frac{2x+\Delta x}{2}\sin\frac{\Delta x}{2}}{\Delta x}=\lim_{\Delta x\to 0}\frac{-2\cdot\frac{\Delta x}{2}\cdot\sin\frac{2x+\Delta x}{2}}{\Delta x}=-\sin x.$$

故 $(\cos x)'=-\sin x$.

4. 对数函数 $f(x)=\log_a x$

$$f'(x)=\lim_{\Delta x\to 0}\frac{f(x+\Delta x)-f(x)}{\Delta x}=\lim_{\Delta x\to 0}\frac{\log_a(x+\Delta x)-\log_a x}{\Delta x}=\lim_{\Delta x\to 0}\frac{\log_a\frac{x+\Delta x}{x}}{\Delta x}$$

$$=\lim_{\Delta x\to 0}\frac{\ln\left(1+\frac{\Delta x}{x}\right)}{\ln a\cdot\Delta x}=\lim_{\Delta x\to 0}\frac{\frac{\Delta x}{x}}{\ln a\cdot\Delta x}=\frac{1}{x\ln a}$$

故 $(\log_a x)'=\frac{1}{x\ln a}$.

特别地，当 $a=e$ 时，$(\ln x)'=\frac{1}{x}$.

5. 幂函数 $f(x)=x^\mu$ $(\mu\in R)$

$$f'(x)=\lim_{\Delta x\to 0}\frac{f(x+\Delta x)-f(x)}{\Delta x}=\lim_{\Delta x\to 0}\frac{(x+\Delta x)^\mu-x^\mu}{\Delta x}$$

$$=\lim_{\Delta x\to 0}\frac{x^\mu\left[\left(1+\frac{\Delta x}{x}\right)^\mu-1\right]}{\Delta x}=\lim_{\Delta x\to 0}\frac{x^\mu\cdot\mu\frac{\Delta x}{x}}{\Delta x}=\mu x^{\mu-1}.$$

故 $(x^\mu)'=\mu x^{\mu-1}$ $(\mu\in R)$.

二、求导法则

(一) 四则运算求导法则

设 $u(x)$，$v(x)$ 是可导函数，则有下列四则运算求导法则：

1. $[u(x)\pm v(x)]'=u'(x)\pm v'(x)$
2. $[u(x)v(x)]'=u'(x)v(x)+u(x)v'(x)$
3. $\left[\frac{u(x)}{v(x)}\right]'=\frac{u'(x)v(x)-u(x)v'(x)}{v^2(x)}(v(x)\neq 0)$.

* **证明：** 以上法则均可由导函数的定义证得，下面以法则 3 为例证明：

$$\left[\frac{u(x)}{v(x)}\right]'=\lim_{\Delta x\to 0}\frac{\frac{u(x+\Delta x)}{v(x+\Delta x)}-\frac{u(x)}{v(x)}}{\Delta x}=\lim_{\Delta x\to 0}\frac{u(x+\Delta x)v(x)-u(x)v(x+\Delta x)}{v(x+\Delta x)v(x)\Delta x}$$

$$=\lim_{\Delta x\to 0}\frac{u(x+\Delta x)v(x)-u(x)v(x)+u(x)v(x)-u(x)v(x+\Delta x)}{v(x+\Delta x)v(x)\Delta x}$$

$$=\lim_{\Delta x\to 0}\frac{\left[\frac{u(x+\Delta x)-u(x)}{\Delta x}\right]v(x)-u(x)\left[\frac{v(x+\Delta x)-v(x)}{\Delta x}\right]}{v(x+\Delta x)v(x)}$$

$$=\frac{u'(x)v(x)-u(x)v'(x)}{v^2(x)}.$$

法则 1、2 读者可自行证明.

注： 1. 特别地，在法则 2 中当 $v(x)\equiv c$ 时，有 $[cu(x)]'=cu'(x)$.

2. 由法则 2 推广可得

$[u(x)v(x)w(x)]'=u'(x)v(x)w(x)+u(x)v'(x)w(x)+u(x)v(x)w'(x)$.

3. 特别地，在法则 3 中当 $u(x)\equiv 1$ 时，有 $\left[\frac{1}{v(x)}\right]'=-\frac{v'(x)}{v^2(x)}$.

例 1 求下列函数的导数：

（1）$y=\tan x$

解： $y'=\left(\dfrac{\sin x}{\cos x}\right)'=\dfrac{(\sin x)'\cos x-\sin x(\cos x)'}{\cos^2 x}$

$$=\frac{\cos^2 x+\sin^2 x}{\cos^2 x}=\frac{1}{\cos^2 x}=\sec^2 x$$

故 $(\tan x)'=\sec^2 x$.

（2）$y=\cot x$

解： $y'=\left(\dfrac{\cos x}{\sin x}\right)'=\dfrac{(\cos x)'\sin x-\cos x(\sin x)'}{\sin^2 x}$

$$=\frac{-\sin^2 x-\cos^2 x}{\sin^2 x}=\frac{-1}{\sin^2 x}=-\csc^2 x$$

故 $(\cot x)'=-\csc^2 x$.

（3）$y=\sec x$

解： $y'=\left(\dfrac{1}{\cos x}\right)'=-\dfrac{(\cos x)'}{\cos^2 x}=\dfrac{\sin x}{\cos^2 x}=\tan x\sec x$

故 $(\sec x)'=\sec x\tan x$.

（4）$y=\csc x$

解： $y'=\left(\dfrac{1}{\sin x}\right)'=-\dfrac{(\sin x)'}{\sin^2 x}=-\dfrac{\cos x}{\sin^2 x}=-\cot x\csc x$

故 $(\csc x)'=-\csc x\cot x$.

例 2 求下列函数的导数：

（1）$y=x^3+5+\sin x+\cos x$

解： $y'=3x^2+\cos x-\sin x$.

（2）$y=x\sin x\ln x$

解： $y'=x'\sin x\ln x+x(\sin x)'\ln x+x\sin x(\ln x)'$

$$=\sin x\ln x+x\cos x\ln x+\sin x.$$

（3）$y=\dfrac{5\sin x+3\tan x}{x}$

解： $y'=\dfrac{(5\cos x+3\sec^2 x)x-(5\sin x+3\tan x)}{x^2}$.

（二）反函数求导法则

定理 3.2 设函数 $y=f(x)$ 在点 x 处有不等于 0 的导数 $f'(x)$，并且其反函数 $x=f^{-1}(y)$ 在相应点处连续，则 $[f^{-1}(y)]'$存在，且 $[f^{-1}(y)]'=\dfrac{1}{f'(x)}$（证明略）.

例 3 求下列函数的导数：

（1）$y=\arcsin x(-1<x<1)$

解： $x=\sin y\left(-\dfrac{\pi}{2}<y<\dfrac{\pi}{2}\right)$

$$(\arcsin x)'=\frac{1}{(\sin y)'}=\frac{1}{\cos y}=\frac{1}{\sqrt{1-x^2}}$$

故 $(\arcsin x)'=\frac{1}{\sqrt{1-x^2}}(-1<x<1)$.

(2) $y=\arccos x$, $(-1<x<1)$

解: $x=\cos y(0<y<\pi)$

$$(\arccos x)'=\frac{1}{(\cos y)'}=\frac{1}{-\sin y}=-\frac{1}{\sqrt{1-x^2}}$$

故 $(\arccos x)'=-\frac{1}{\sqrt{1-x^2}}(-1<x<1)$.

(3) $y=\arctan x$

解: $x=\tan y\left(-\frac{\pi}{2}<y<\frac{\pi}{2}\right)$

$$(\arctan x)'=\frac{1}{(\tan y)'}=\frac{1}{\sec^2 y}=\frac{1}{1+\tan^2 y}=\frac{1}{1+x^2}$$

故 $(\arctan x)'=\frac{1}{1+x^2}$.

(4) $y=\operatorname{arccot} x$

解: $x=\cot y(0<y<\pi)$

$$(\operatorname{arccot} x)'=\frac{1}{(\cot y)'}=-\frac{1}{\csc^2 y}=-\frac{1}{1+\cot^2 y}=-\frac{1}{1+x^2}$$

故 $(\operatorname{arccot} x)'=-\frac{1}{1+x^2}$.

(5) $y=a^x$

解: $x=\log_a y$

$$(a^x)'=\frac{1}{(\log_a y)'}=y\ln a=a^x\ln a.$$

故 $(a^x)'=a^x\ln a$.

特别地，当 $a=e$ 时，$(e^x)'=e^x$.

(三) 常见的简单函数求导公式

1. $(C)'=0$

2. $(x^\mu)'=\mu x^{\mu-1}\ (\mu\in R)$

3. $(a^x)'=a^x\ln a$，$(e^x)'=e^x$

4. $(\log_a x)'=\frac{1}{x\ln a}$，$(\ln x)'=\frac{1}{x}$

5. $(\sin x)'=\cos x$

$(\cos x)'=-\sin x$

$(\tan x)'=\sec^2 x$

$(\cot x)'=-\csc^2 x$

$(\sec x)'=\sec x\tan x$

$(\csc x)'=-\csc x\cot x$

6. $(\arcsin x)'=\frac{1}{\sqrt{1-x^2}}(-1<x<1)$

$(\arccos x)'=-\dfrac{1}{\sqrt{1-x^2}}(-1<x<1)$

$(\arctan x)'=\dfrac{1}{1+x^2}$

$(\text{arccot}x)'=-\dfrac{1}{1+x^2}$

（四）复合函数求导法则

定理 3.3 设函数 $y=f(u)$，$u=\varphi(x)$ 构成复合函数 $y=f[\varphi(x)]$，若 $u=\varphi(x)$ 在点 x 处有导数$\dfrac{du}{dx}=\varphi'(x)$，$y=f(u)$ 在对应点 u 处有导数$\dfrac{dy}{du}=f'(u)$，则复合函数 $y=f[\varphi(x)]$ 在点 x 处的导数存在，且$\dfrac{dy}{dx}=f'(u)\varphi'(x)$.

* **证明：** 设 x 的改变量为 Δx，则 u 相应的改变量 $\Delta u=\varphi(x+\Delta x)-\varphi(x)$，$y$ 相应的改变量 $\Delta y=f(u+\Delta u)-f(u)$.

$$y'_x=\lim_{\Delta x\to0}\frac{\Delta y}{\Delta x}=\lim_{\Delta x\to0}\frac{\Delta y}{\Delta u}\cdot\frac{\Delta u}{\Delta x}\xlongequal{\varphi(x)\text{连续}}\lim_{\Delta x\to0}\frac{\Delta y}{\Delta u}\cdot\lim_{\Delta x\to0}\frac{\Delta u}{\Delta x}=f'(u)\varphi'(x)，(\Delta u\neq0)$$

当 $\Delta u=0$ 时，一方面 $\Delta y=0$，上式左边 $y'_x=\lim\limits_{\Delta x\to0}\dfrac{\Delta y}{\Delta x}=0$

另一方面 $\Delta x\to0$ 时，$\Delta u=\varphi(x+\Delta x)-\varphi(x)=0$ 所以 $\varphi(x)$ 在点 x 的邻域内为常数，即有 $\varphi'(x)=\lim\limits_{\Delta x\to0}\dfrac{\Delta u}{\Delta x}=0$，从而上式右边 $f'(u)\varphi'(x)=0$.

例 4 求下列函数的导数：

(1) $y=\sin2x$

解： $y'=\cos2x\cdot2=2\cos2x$.

(2) $y=(3x+5)^{100}$

解： $y'=100(3x+5)^{99}\cdot3=300(3x+5)^{99}$.

(3) $y=\ln^2(x^2)$

解： $y'=2\ln x^2\cdot\dfrac{1}{x^2}\cdot2x=\dfrac{4\ln x^2}{x}$.

*(4) $y=e^{\sin^2\frac{1}{x}}$

解： $y'=e^{\sin^2\frac{1}{x}}\cdot2\sin\dfrac{1}{x}\cdot\cos\dfrac{1}{x}\cdot\left(-\dfrac{1}{x^2}\right)=-\dfrac{e^{\sin^2\frac{1}{x}}\sin\dfrac{2}{x}}{x^2}$.

*(5) $y=\ln(x+\sqrt{x^2+a^2})$

解： $y'=\dfrac{1}{x+\sqrt{x^2+a^2}}\left(1+\dfrac{x}{\sqrt{x^2+a^2}}\right)=\dfrac{1}{x+\sqrt{x^2+a^2}}\cdot\dfrac{x+\sqrt{x^2+a^2}}{\sqrt{x^2+a^2}}=\dfrac{1}{\sqrt{x^2+a^2}}$.

(6) $y=e^{x^2}\sin(2x+1)$

解： $y'=e^{x^2}\cdot2x\sin(2x+1)+e^{x^2}\cos(2x+1)\cdot2=2e^{x^2}[x\sin(2x+1)+\cos(2x+1)]$.

(7) $y=\left(\dfrac{x}{2x+1}\right)^n$

解： $y'=n\left(\dfrac{x}{2x+1}\right)^{n-1}\dfrac{(2x+1)\ -2x}{(2x+1)^2}=n\left(\dfrac{x}{2x+1}\right)^{n-1}\dfrac{1}{(2x+1)^2}=\dfrac{nx^{n-1}}{(2x+1)^{n+1}}$.

（五）隐函数求导法则

由方程 $F(x, y)=0$ 所确定的函数 $y=y(x)$ 称为隐函数.

隐函数没有直接给出函数的表达式，那么如何求导呢？下面举例说明：

例 设 $x^2+y^2=a^2$ 确定 y 是 x 的函数，求 y'.

解：因为 y 是 x 的函数，所以 y^2 是 x 的复合函数.

将方程左右两边关于 x 求导可得：

$2x+2yy'=0$

从而可解得 $y'=-\dfrac{x}{y}$.

从上例可看出隐函数求导的方法是：方程左右两边同时关于自变量 x 求导.

例 5 （1）设方程 $x^2-3x+y^3+3xy-8=0$ 确定 y 是 x 的函数，求$\dfrac{dy}{dx}$.

解：将方程左右两边关于 x 求导可得：

$2x-3+3y^2y'+3y+3xy'=0$

$3(y^2+x)y'=3-2x-3y$

$y'=\dfrac{3-2x-3y}{3(y^2+x)}$.

（2）设方程 $\cos xy=y$ 确定 y 是 x 的函数，求$\dfrac{dy}{dx}$.

解：将方程左右两边关于 x 求导可得：

$-\sin xy\cdot(y+xy')=y'$

$-y\sin xy-xy'\sin xy=y'$

$-y\sin xy=y'(1+x\sin xy)$

$y'=\dfrac{-y\sin xy}{1+x\sin xy}$.

*（3）设方程 $\arctan\dfrac{x}{y}=\ln\sqrt{x^2+y^2}$确定 x 是 y 的函数，求$\dfrac{dx}{dy}$.

解：将方程左右两边关于 y 求导可得：

$$\frac{1}{1+\frac{x^2}{y^2}}\cdot\frac{x'y-x}{y^2}=\frac{1}{2(x^2+y^2)}\cdot(2xx'+2y).$$

化简可得：$x'y-x=xx'+y$

解出：$x'=\dfrac{y+x}{y-x}$.

（4）设方程 $x^2+xy+y^2=4$ 确定 y 是 x 的函数，求曲线上点（2，−2）处的切线方程及法线方程.

解：将方程左右两边关于 x 求导可得：$2x+y+xy'+2yy'=0$

解出：$y'=-\dfrac{2x+y}{x+2y}$.

曲线上点（2，−2）处的切线斜率为：$y'\big|_{x=2}=1$

从而可得切线方程：$y+2=x-2$ 即 $y=x-4$.

法线方程：$y+2=-(x-2)$ 即 $y=-x$.

（六）参数方程求导法则

若因变量 y 与自变量 x 的函数关系，不是直接用 y 与 x 的解析式来表达，而是通过一个参变量来表示如 $\begin{cases} x=\varphi(t) \\ y=\psi(t) \end{cases}$，则称此函数关系为由参数方程所确定的函数.

这样的函数如何求导呢？

设 $\varphi(t)$，$\psi(t)$ 均为可导函数，下面利用导数的定义来求导：

$\Delta x=\varphi(t+\Delta t)-\varphi(t)$

$\Delta y=\psi(t+\Delta t)-\psi(t)$

由于函数可导，$\Delta x\to 0$ 时 $\Delta t\to 0$.

$$\frac{dy}{dx}=\lim_{\Delta x\to 0}\frac{\Delta y}{\Delta x}=\lim_{\Delta x\to 0}\frac{\Delta y}{\Delta t}\frac{\Delta t}{\Delta x}=\lim_{\Delta x\to 0}\frac{\frac{\Delta y}{\Delta t}}{\frac{\Delta x}{\Delta t}}=\frac{\lim\limits_{\Delta t\to 0}\frac{\Delta y}{\Delta t}}{\lim\limits_{\Delta t\to 0}\frac{\Delta x}{\Delta t}}=\frac{\psi'(t)}{\varphi'(t)}.$$

即得参数方程的求导公式：$\dfrac{dy}{dx}=\dfrac{\psi'(t)}{\varphi'(t)}$或$\dfrac{dy}{dx}=\dfrac{y'_t}{x'_t}$.

例 6　(1) 设 $\begin{cases} y=b\sin t \\ x=a\cos t \end{cases}$，求$\dfrac{dy}{dx}$.

解： $y'_t=b\cos t$

$x'_t=-a\sin t$

$\dfrac{dy}{dx}=\dfrac{y'_t}{x'_t}=-\dfrac{b}{a}\cot t$.

(2) 设 $\begin{cases} x=\arctan t \\ y=\ln(1+t^2) \end{cases}$，求$\dfrac{dy}{dx}$.

解： $\dfrac{dy}{dx}=\dfrac{y'_t}{x'_t}=\dfrac{\frac{2t}{1+t^2}}{\frac{1}{1+t^2}}=2t$.

（七）取对数求导法则

下面举例说明取对数求导法.

如：$y=x^x$ 求 y'

这个函数既不是幂函数，也不是指数函数（我们称之为幂指函数），因此求导时不能直接用幂函数、指数函数的求导公式.

对于这样的函数，我们可先对函数两边取对数，然后将其看作隐函数，利用隐函数求导的方法来求，像这样：

$\ln y=\ln x^x=x\ln x$（函数两边取以 e 为底的对数）

$\dfrac{y'}{y}=\ln x+1$（隐函数求导）

$y'=(\ln x+1)y=(\ln x+1)x^x$

这种求导的方法我们称之为取对数求导法.

例 7　(1) 设 $y=x^{\sin x}$，求$\dfrac{dy}{dx}$.

解：$\ln y=\ln x^{\sin x}=\sin x\ln x$

$$\frac{y'}{y}=\ln x\cos x+\frac{\sin x}{x}$$

$$y'=\left(\ln x\cos x+\frac{\sin x}{x}\right)x^{\sin x}.$$

（2）设 $y=\sqrt[3]{\frac{x(x^2+1)}{(x^2-1)^2}}$，求 y'.

解：$\ln y=\ln\sqrt[3]{\frac{x(x^2+1)}{(x^2-1)^2}}=\frac{1}{3}[\ln x+\ln(x^2+1)-2\ln(x^2-1)]$

$$\frac{y'}{y}=\frac{1}{3}\left(\frac{1}{x}+\frac{2x}{x^2+1}-\frac{4x}{x^2-1}\right)$$

$$y'=\frac{1}{3}\left(\frac{1}{x}+\frac{2x}{x^2+1}-\frac{4x}{x^2-1}\right)\sqrt[3]{\frac{x(x^2+1)}{(x^2-1)^2}}.$$

*（3）方程 $x^y=y^x$ 确定 y 是 x 的函数，求 y'.

解：方程两边取对数可得：$y\ln x=x\ln y$

方程两边关于 x 求导可得：$y'\ln x+\frac{y}{x}=\ln y+\frac{xy'}{y}$

从而可解得 $y'=\frac{y(x\ln y-y)}{x(y\ln x-x)}$.

注：取对数求导法的适用范围：①形如 $y=f(x)^{g(x)}$ 的函数；②函数中包含多个乘除运算.

§3.3　高阶导数

定义 3.4　如果函数 $y=f(x)$ 的导数在 x 处可导，则称 $f'(x)$ 在点 x 处的导数为函数 $y=f(x)$ 在点 x 处的二阶导数，记作 $f''(x)$，y''或$\frac{d^2y}{dx^2}$. 类似地，二阶导数 $y''=f''(x)$ 的导数称作函数 $y=f(x)$ 的三阶导数，记作 $f'''(x)$，y'''或$\frac{d^3y}{dx^3}$.

一般的，我们称 $y=f(x)$ 的（$n-1$）阶导数的导数为 $y=f(x)$ 的 n 阶导数，记作 $f^{(n)}(x)$，$y^{(n)}$或$\frac{d^ny}{dx^n}$.

二阶及二阶以上的导数统称为高阶导数.

函数 $y=f(x)$ 的各阶导数在点 $x=x_0$ 处的数值记为：$f'(x_0)$，$f''(x_0)$，…，$f^{(n)}(x_0)$ 或 $y'|x=x_0$，$y''|x=x_0$，$\cdots y^{(n)}|x=x_0$.

例 1　设 $y=x^5$，求 y 的各阶导数.

解：$y'=5x^4$，$y''=20x^3$，$y'''=60x^2$，$y^{(4)}=120x$，$y^{(5)}=120$，$y^{(6)}=0$.

当 $n\geqslant 6$ 时，$y^{(n)}=0$.

例 2　求 $y=\tan x$ 的二阶导数.

解：$y'=\sec^2 x$，$y''=2\sec x\cdot\sec x\tan x=2\sec^2 x\tan x$.

例 3　（1）求 $y=e^x$ 的 n 阶导数.

解：$y'=e^x$，$y''=e^x$，$\cdots y^{(n)}=e^x$.

*(2) 求 $y=e^{2x}$ 的 n 阶导数.

解：$y'=2e^{2x}$，$y''=4e^{2x}$，$y'''=8e^{2x}$，$\cdots y^{(n)}=2^n e^{2x}$.

(3) 求 $y=a^x$ 的 n 阶导数.

解：$y'=a^x\ln a$，$y''=a^x\ln^2 a$，$\cdots y^{(n)}=a^x\ln^n a$.

*(4) 求 $y=\ln x$ 的 n 阶导数.

解：$y'=\dfrac{1}{x}=x^{-1}$

$y''=-x^{-2}$

$y'''=2x^{-3}$

$y^{(4)}=-6x^{-4}$

$\vdots$

$y^{(n)}=(-1)^{n-1}(n-1)!\ x^{-n}$.

(5) 求 $y=\sin x$ 的 n 阶导数.

解：$y'=\cos x=\sin\left(x+\dfrac{\pi}{2}\right)$

$y''=-\sin x=\sin(x+\pi)$

$y'''=-\cos x=\sin\left(x+\dfrac{3\pi}{2}\right)$

$y^{(4)}=\sin x=\sin(x+2\pi)$

$\vdots$

$y^{(n)}=\sin\left(x+\dfrac{n\pi}{2}\right)$.

类似地，$(\cos x)^{(n)}=\cos\left(x+\dfrac{n\pi}{2}\right)$.

*__例 4__ 验证函数 $y=\cos e^x+\sin e^x$ 满足关系式 $y''-y'+ye^{2x}=0$.

解：$y'=-e^x\sin e^x+e^x\cos e^x=e^x(\cos e^x-\sin e^x)$

$y''=e^x(\cos e^x-\sin e^x)+e^x(-e^x\sin e^x-e^x\cos e^x)$

$\quad=e^x(\cos e^x-\sin e^x)-e^{2x}(\cos e^x+\sin e^x)$

$\therefore$ 左式 $=e^x(\cos e^x-\sin e^x)-e^{2x}(\cos e^x+\sin e^x)-e^x(\cos e^x-\sin e^x)+e^{2x}(\cos e^x+\sin e^x)$

$\qquad=0=$ 右式.

故原式成立.

§3.4 微 分

导数 $f'(x)$ 是表示函数 $f(x)$ 在点 x 处的变化率，它描述了函数 $f(x)$ 在点 x 处的变化的快慢程度．有时，我们还需要了解函数 $y=f(x)$ 在某一点 x 处，当自变量取得一个微小改变量 Δx 时，因变量 y 取得的相应改变量 Δy 的大小，这就引入了微分的基本概念.

一、微分的定义

定义 3.5 当自变量在点 x 处取得改变量 Δx 时，如果函数 $y=f(x)$ 的相应改变量 Δy 可以表示为 $\Delta y=A\Delta x+o(\Delta x)$，$(\Delta x\to 0)$，其中 A 与 Δx 无关，则称函数 $y=f(x)$ 在点 x 处可微，并称 $A\Delta x$ 为函数 $y=f(x)$ 在点 x 处的微分，记为 dy 或 $df(x)$ 即 $dy=A\Delta x$.

定义 3.5 中 A 与 Δx 无关即 $A\Delta x$ 是 Δx 的线性函数，又 $dy=A\Delta x$，因此微分是 Δx 的线性函数，$\Delta y-dy=o(\Delta x)$，$(\Delta x\to 0)$ 是 Δx 的高阶无穷小量.

通常称微分 dy 为函数改变量 Δy 的线性主部.

问题一：$dy=A\Delta x$，A 是什么？

设函数 $y=f(x)$ 在点 x 处可微，则由定义可知 $\Delta y=A\Delta x+o(\Delta x)$，$(\Delta x\to 0)$

上式两边同时除以 Δx 可得：$\frac{\Delta y}{\Delta x}=A+\frac{o(\Delta x)}{\Delta x}$

两边取极限有：$\lim\limits_{\Delta x\to 0}\frac{\Delta y}{\Delta x}=\lim\limits_{\Delta x\to 0}A+\frac{o(\Delta x)}{\Delta x}=A+0=A$

这说明 A 是函数在 x 处的导数 $A=f'(x)$，即 $dy=f'(x)\Delta x$.

问题二：可微与可导是什么关系？

由问题一的解答过程可知可微⇒可导，反之成立吗？

设函数 $y=f(x)$ 在 x 处可导，即 $\lim\limits_{\Delta x\to 0}\frac{\Delta y}{\Delta x}=f'(x)$

由此可知 $\frac{\Delta y}{\Delta x}=f'(x)+\alpha$（$\Delta x\to 0$ 时 α 是无穷小量）

$\Delta y=f'(x)\Delta x+\alpha\Delta x$

$f'(x)$ Δx 是 Δx 的线性函数，$\alpha\Delta x$ 是 Δx 的高阶无穷小量，由微分的定义可知 $f(x)$ 在 x 处可微，即可导⇒可微，从而我们可得出结论：对于一元函数来说，可微⇔可导.

如果将自变量 x 当作自己的函数 $y=x$，则 $dx=x'\Delta x=\Delta x$，

即 $dy=f'(x)\Delta x=f'(x)dx$.

例 1 求函数 $y=x^2$ 当 x 由 1 改变到 1.01 时的微分.

解：$dy=(x^2)'dx=2xdx$

由所给条件知 $x=1$，$dx=0.01$

所以 $dy=2\times 1\times 0.01=0.02$.

例 2 求函数 $y=\ln^2 x$ 的微分.

解：$dy=(\ln^2 x)'dx=\frac{2\ln x}{x}dx$.

二、微分的几何意义

如图 3.1，$dy=f'(x)\Delta x$，$f'(x)=\tan\alpha$，$dy=\tan\alpha\Delta x=\overline{NT}$

由此可知函数 $y=f(x)$ 的微分就是过点 $M(x, y)$ 的切线的纵坐标的改变量.

* 三、微分的应用

这里只介绍微分在近似计算中的应用.

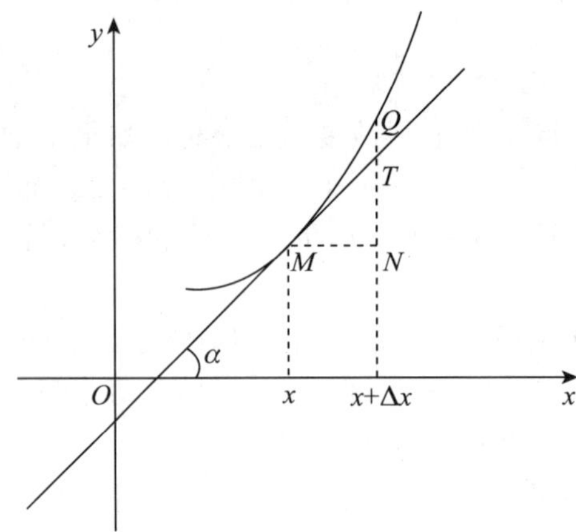

图 3.1

由微分的定义可知：当 Δx 微小时，$dy\approx\Delta y$ 即 $f'(x)\Delta x\approx f(x+\Delta x)-f(x)$

因此 $f(x+\Delta x)\approx f'(x)\Delta x+f(x)$.

例 3 求 $\sqrt[3]{1.02}$ 的近似值.

解：设 $f(x)=\sqrt[3]{x}$，$f'(x)=\dfrac{1}{3\sqrt[3]{x^2}}$

取 $x_0=1$，$\Delta x=0.02$

$\sqrt[3]{1.02}=f(1+0.02)\approx f(1)+f'(1)\Delta x=1+\dfrac{1}{3}\times 0.02\approx 1.006\ 7$.

习题三

（A）

1. 用导数的定义求函数 $y=1-2x^2$ 在点 $x=1$ 处的导数.

2. 用导数的定义求下列函数的导数：

(1) $y=\dfrac{1}{x}$　　　　(2) $y=\ln x$

3. 给定函数 $f(x)=ax^2+bx+c$，其中 a，b，c 为常数，求：$f'(x)$，$f'(0)$，$f'\left(\dfrac{1}{2}\right)$，$f'\left(-\dfrac{b}{2a}\right)$.

4. 求在抛物线 $y=x^2$ 上横坐标为 3 的点的切线方程.

5. 求曲线 $y=\sqrt[3]{x^2}$ 上点（1，1）处的切线方程与法线方程.

6. 求过点 $\left(\dfrac{3}{2}，0\right)$ 且与曲线 $y=\dfrac{1}{x^2}$ 相切的直线方程.

7. 讨论下列函数在指定点的可导性与连续性：

(1) $y=x|x|$，$x=0$

(2) $f(x)=\begin{cases}x^2+1, & 0\leqslant x<1\\ 3x-1, & x\geqslant 1\end{cases}$，$x=1$

(3) $f(x)=\begin{cases} x, & x<0 \\ \ln(1+x), & x\geqslant 0 \end{cases}$，$x=0$

(4) $f(x)=\begin{cases} \ln(1+x), & -1<x\leqslant 0 \\ \sqrt{1+x}-\sqrt{1-x}, & 0<x<1 \end{cases}$，$x=0$

8. 求下列函数的导数：

(1) $y=3x^2-x+5$

(2) $y=x^{a+b}$

(3) $y=2\sqrt{x}-\dfrac{1}{x}+4\sqrt{3}$

(4) $y=\dfrac{x^2}{2}+\dfrac{2}{x^2}$

(5) $y=\dfrac{1-x^3}{\sqrt{x}}$

(6) $y=x^2(2x-1)$

(7) $y=(\sqrt{x}+1)\left(\dfrac{1}{\sqrt{x}}-1\right)$

(8) $y=(x+1)\sqrt{1-x}$

(9) $y=\dfrac{ax+b}{a+b}$

(10) $y=(1+ax^b)(1+bx^a)$

9. 求下列函数的导数：

(1) $y=(x+1)(x+2)(x+3)$

(2) $y=x^n\ln x$

(3) $y=\ln\sqrt{x}$

(4) $y=\dfrac{5x}{1+x^2}$

(5) $y=3x-\dfrac{2x}{2-x}$

(6) $y=\dfrac{a}{b+cx^n}$

(7) $y=\dfrac{1-\ln x}{1+\ln x}$

(8) $y=\dfrac{1+x-x^2}{1-x+x^2}$

(9) $y=x\sin x+\cos x$

(10) $y=\dfrac{5\sin x}{1+\cos x}$

(11) $y=xe^x\sin x$

(12) $y=x\tan x$

10. 求下列函数的导数：

(1) $y=(1+x^2)^5$

(2) $y=(1-x)(1-2x)$

(3) $y=(3x+5)^3(5x+4)^5$

(4) $y=(2+3x^2)\sqrt{1+5x^2}$

(5) $y=\dfrac{x}{\sqrt{1-x^2}}$

(6) $y=\log_a(1+x^2)$

(7) $y=\ln\sqrt{x}+\sqrt{\ln x}$

(8) $y=\ln\left(\dfrac{1+\sqrt{x}}{1-\sqrt{x}}\right)$

(9) $y=\sin nx$

(10) $y=\sin x^n$

(11) $y=\sin^n x\cos nx$

(12) $y=\cos^5\dfrac{x}{2}$

(13) $y=\ln\tan\dfrac{x}{2}$

(14) $y=x^2\sin\dfrac{1}{x}$

(15) $y=\ln\ln x$

(16) $y=\dfrac{1}{\cos^n x}$

(17) $y=\dfrac{\sin x-x\cos x}{\cos x+x\sin x}$

(18) $y=\sec^2\dfrac{x}{a}+\csc^2\dfrac{x}{a}$

(19) $y=\arcsin\frac{x}{2}$

(20) $y=\text{arccot}\frac{1}{x}$

(21) $y=\arctan\frac{2x}{1-x^2}$

(22) $y=\frac{\arccos x}{\sqrt{1-x^2}}$

(23) $y=\left(\arcsin\frac{x}{2}\right)^2$

(24) $y=x\sqrt{1-x^2}+\arcsin x$

(25) $y=e^{x\ln x}$

(26) $y=e^{e^{-x}}$

(27) $y=\sin e^{x^2+x-2}$

(28) $y=e^{-x}\cos 3x$

11. 下列各题中方程均确定 y 是 x 的函数，求 y'：

(1) $y^2-2axy+b=0$

(2) $y=x+\ln y$

(3) $y=1+xe^y$

(4) $\arcsin y=e^{x+y}$

12. 求曲线 $y^3+y^2=2x$ 在点 (1，1) 处的切线方程与法线方程.

13. 利用取对数求导法求下列函数的导数：

(1) $y=x\sqrt{\frac{1-x}{1+x}}$

(2) $y=\frac{x^2}{1-x}\sqrt[3]{\frac{3-x}{(3+x)^2}}$

(3) $y=(x+\sqrt{1+x^2})^n$

(4) $y=(x-1)(x-2)^2\cdots(x-n)^n$

(5) $y=(\sin x)^{\tan x}$

14. 求下列函数的导数（其中 f 可导）：

(1) $y=\cos\ln(1+2x)$，求 y'.

(2) $y=(\ln x)^x$，求 y'.

(3) $y=x^{x^2}+e^{x^2}+x^{e^x}+e^{e^x}$，求 y'.

(4) $y=f(e^x)e^{f(x)}$，求 y_x'.

(5) $y=f\left(\arcsin\frac{1}{x}\right)$，求 y_x'.

(6) $y=f(e^x+x^e)$，求 y_x'.

(7) $y=f(\sin^2 x)+f(\cos^2 x)$，求 y_x'.

(8) $f\left(\frac{1}{x}\right)=\frac{x}{1+x}$，求 $f'(x)$.

15. 求下列函数的导数：

(1) 已知$\begin{cases}x=2t-t^2\\y=3t-t^3\end{cases}$，求$\frac{dy}{dx}$.

(2) 已知$\begin{cases}x=a\sin 3\theta\cos\theta\\y=a\sin 3\theta\sin\theta\end{cases}$，求$\left.\frac{dy}{dx}\right|_{\theta=\frac{\pi}{3}}$（其中 a 为常数）.

16. 求下列函数的导数：

(1) 设 $f(x)=|x^2-1|$，求 $f(x)$ 在点 $x=x_0$ 处的导数 $f'(x_0)$.

(2) 设 $f(x)=2^{|x-1|}$，求 $f'(x)$.

17. 设有函数 $f(x)=\begin{cases}x+1, & x<0\\k^2, & x=0\\kxe^x+1, & x>0\end{cases}$，试分析在点 $x=0$ 处，k 为何值时，$f(x)$ 有极限；k 为何值时，$f(x)$ 连续；k 为何值时，$f(x)$ 可导？

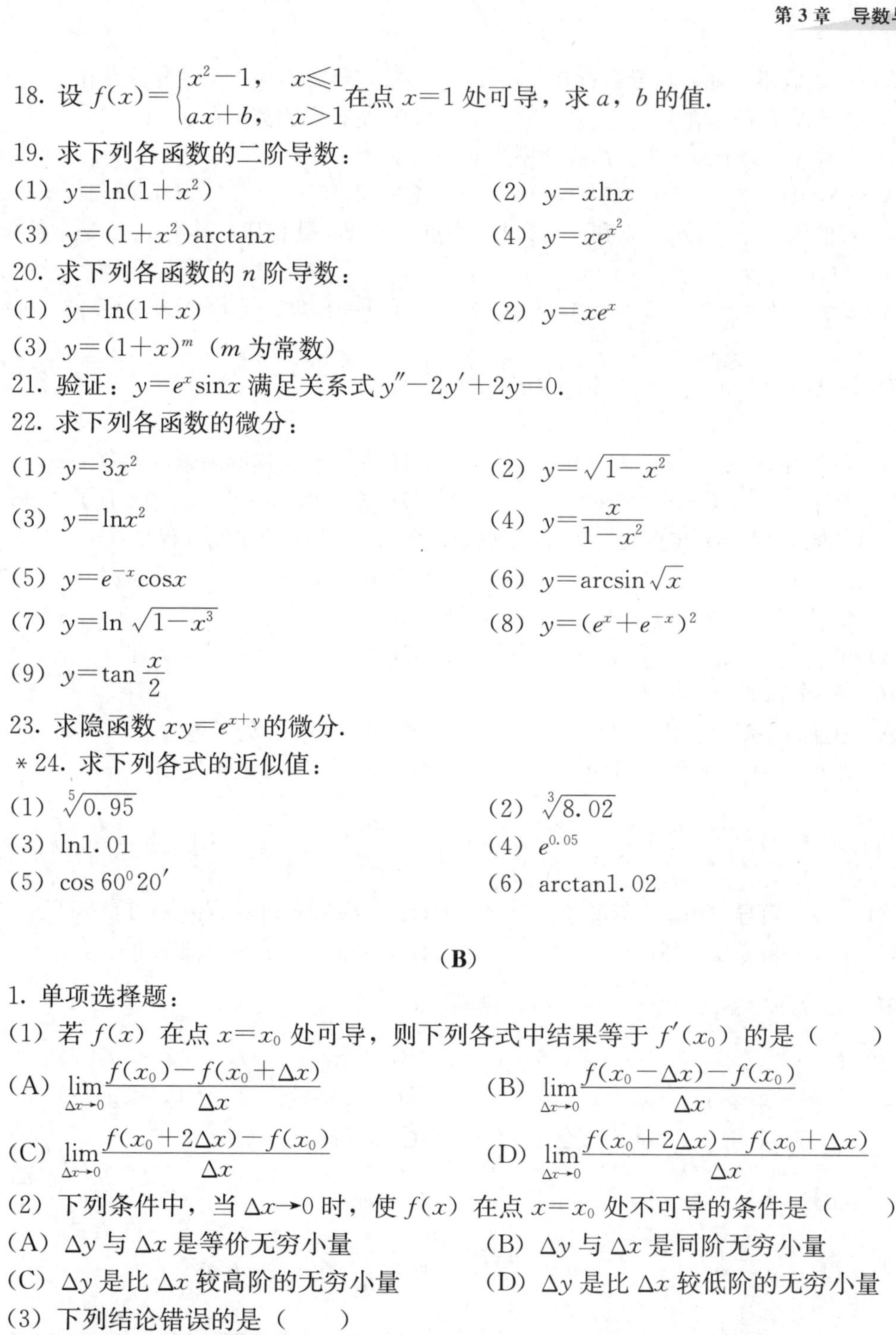

18. 设 $f(x)=\begin{cases}x^2-1, & x\leqslant 1\\ ax+b, & x>1\end{cases}$ 在点 $x=1$ 处可导，求 a，b 的值.

19. 求下列各函数的二阶导数：

(1) $y=\ln(1+x^2)$　　(2) $y=x\ln x$

(3) $y=(1+x^2)\arctan x$　　(4) $y=xe^{x^2}$

20. 求下列各函数的 n 阶导数：

(1) $y=\ln(1+x)$　　(2) $y=xe^x$

(3) $y=(1+x)^m$（m 为常数）

21. 验证：$y=e^x\sin x$ 满足关系式 $y''-2y'+2y=0$.

22. 求下列各函数的微分：

(1) $y=3x^2$　　(2) $y=\sqrt{1-x^2}$

(3) $y=\ln x^2$　　(4) $y=\dfrac{x}{1-x^2}$

(5) $y=e^{-x}\cos x$　　(6) $y=\arcsin\sqrt{x}$

(7) $y=\ln\sqrt{1-x^3}$　　(8) $y=(e^x+e^{-x})^2$

(9) $y=\tan\dfrac{x}{2}$

23. 求隐函数 $xy=e^{x+y}$ 的微分.

*24. 求下列各式的近似值：

(1) $\sqrt[5]{0.95}$　　(2) $\sqrt[3]{8.02}$

(3) $\ln 1.01$　　(4) $e^{0.05}$

(5) $\cos 60^\circ 20'$　　(6) $\arctan 1.02$

(B)

1. 单项选择题：

(1) 若 $f(x)$ 在点 $x=x_0$ 处可导，则下列各式中结果等于 $f'(x_0)$ 的是（　　）

(A) $\lim\limits_{\Delta x\to 0}\dfrac{f(x_0)-f(x_0+\Delta x)}{\Delta x}$　　(B) $\lim\limits_{\Delta x\to 0}\dfrac{f(x_0-\Delta x)-f(x_0)}{\Delta x}$

(C) $\lim\limits_{\Delta x\to 0}\dfrac{f(x_0+2\Delta x)-f(x_0)}{\Delta x}$　　(D) $\lim\limits_{\Delta x\to 0}\dfrac{f(x_0+2\Delta x)-f(x_0+\Delta x)}{\Delta x}$

(2) 下列条件中，当 $\Delta x\to 0$ 时，使 $f(x)$ 在点 $x=x_0$ 处不可导的条件是（　　）

(A) Δy 与 Δx 是等价无穷小量　　(B) Δy 与 Δx 是同阶无穷小量

(C) Δy 是比 Δx 较高阶的无穷小量　　(D) Δy 是比 Δx 较低阶的无穷小量

(3) 下列结论错误的是（　　）

(A) 如果函数 $f(x)$ 在点 $x=x_0$ 处连续，则 $f(x)$ 在点 $x=x_0$ 处可导

(B) 如果函数 $f(x)$ 在点 $x=x_0$ 处不连续，则 $f(x)$ 在点 $x=x_0$ 处不可导

(C) 如果函数 $f(x)$ 在点 $x=x_0$ 处可导，则 $f(x)$ 在点 $x=x_0$ 处连续

(D) 如果函数 $f(x)$ 在点 $x=x_0$ 处不可导，则 $f(x)$ 在点 $x=x_0$ 处也可能连续

(4) 设 $f(x)=\begin{cases}x^2, & x\leqslant 0\\ x^{\frac{1}{3}}, & x>0\end{cases}$，则 $f(x)$ 在点 $x=0$ 处（　　）

(A) 左导数不存在，右导数存在　　(B) 右导数不存在，左导数存在

(C) 左右导数都存在　　(D) 左右导数都不存在

(5) 曲线 $y=x^2+2x-3$ 上切线斜率为 6 的点是（　　）

(A) (1，0)　　(B) (−3，0)　　(C) (2，5)　　(D) (−2，−3)

(6) 若曲线 $y=x^2+ax+b$ 和 $y=x^3+x$ 在点 (1，2) 处相切（其中 a、b 是常数），则 a，b 的值为（　　）

(A) $a=2$，$b=-1$　　(B) $a=1$，$b=-3$　　(C) $a=0$，$b=-2$　　(D) $a=-3$，$b=-1$

(7) 设 $f(x)=\begin{cases}1, & x>0\\ 0, & x=0\\ 2, & x<0\end{cases}$，则 $f'(x)=$（　　）

(A) 不存在，$x\in(-\infty,+\infty)$　　(B) 存在且为连续函数，$x\in(-\infty,+\infty)$

(C) 等于 0，$x\in(-\infty,+\infty)$　　(D) 等于 0，$x\in(-\infty,0)\cup(0,+\infty)$

(8) 在曲线 $y=\ln x$ 与直线 $x=e$ 的交点处，曲线 $y=\ln x$ 的切线方程是（　　）

(A) $x-ey=0$　　(B) $x-ey-2=0$　　(C) $ex-y=0$　　(D) $ex-y-e=0$

(9) 设 $f(x)=x(x+1)(x+2)(x+3)$，则 $f'(0)=$（　　）

(A) 6　　(B) 3　　(C) 2　　(D) 0

(10) 函数 $f(x)=|x-1|$（　　）

(A) 在点 $x=1$ 处连续、可导　　(B) 在点 $x=1$ 处不连续

(C) 在点 $x=0$ 处连续、可导　　(D) 在点 $x=0$ 处不连续

(11) 若 $f(x)=\begin{cases}x\sin\dfrac{1}{x}, & x\neq 0\\ 0, & x=0\end{cases}$，$g(x)=\begin{cases}x^2\sin\dfrac{1}{x}, & x\neq 0\\ 0, & x=0\end{cases}$，则在点 $x=0$ 处（　　）

(A) $f(x)$ 可导，$g(x)$ 不可导　　(B) $f(x)$ 不可导，$g(x)$ 可导

(C) $f(x)$ 和 $g(x)$ 都可导　　(D) $f(x)$ 和 $g(x)$ 都不可导

(12) 设 $f(x)=\sin x$，$g(x)=\cos x$，则在 $\left[0,\dfrac{\pi}{4}\right]$ 上有（　　）

(A) $f(x)\geqslant g(x)$，$f'(x)>g'(x)$　　(B) $f(x)\geqslant g(x)$，$f'(x)<g'(x)$

(C) $f(x)\leqslant g(x)$，$f'(x)>g'(x)$　　(D) $f(x)\leqslant g(x)$，$f'(x)<g'(x)$

(13) 设 $f(x)=\cos x$，则 $\lim\limits_{\Delta x\to 0}\dfrac{f(a)-f(a-\Delta x)}{\Delta x}=$（　　）

(A) $\sin a$　　(B) $-\sin a$　　(C) $\cos a$　　(D) $-\cos a$

(14) 设 $f(x)=\begin{cases}\sqrt{|x|}\cos\dfrac{1}{x}, & x\neq 0\\ 0, & x=0\end{cases}$，则 $f(x)$ 在点 $x=0$ 处（　　）

(A) 极限不存在　　(B) 极限存在但不连续

(C) 连续但不可导　　(D) 可导

(15) 设 $f(x)$ 二阶可导，$y=f(\ln x)$ 则 $y''=$（　　）

(A) $f''(\ln x)$　　(B) $f''(\ln x)\dfrac{1}{x^2}$

(C) $\dfrac{1}{x^2}[f''(\ln x)+f'(\ln x)]$　　(D) $\dfrac{1}{x^2}[f''(\ln x)-f'(\ln x)]$

(16) 设 $y=x\ln x$，则 $y^{(10)}=$（　　）

(A) $-\frac{1}{x^9}$　　(B) $\frac{1}{x^9}$　　(C) $\frac{8!}{x^9}$　　(D) $-\frac{8!}{x^9}$

(17) 设 $y=3x^4e^{10}$，则 $y^{(10)}=$（　　）

(A) 0　　(B) 1　　(C) e^{10}　　(D) e

(18) 已知 $f(x)$ 具有任意阶导数，且 $f'(x)=[f(x)]^2$，则当 n 为大于 2 的正整数时，$f(x)$ 的 n 阶导数 $f^{(n)}(x)=$（　　）

(A) $n[f(x)]^{n+1}$　　(B) $n!\,[f(x)]^{n+1}$　　(C) $n[f(x)]^{2n}$　　(D) $n!\,[f(x)]^{2n}$

(19) 若 $f(u)$ 可导，且 $y=f(e^x)$，则有 $dy=$（　　）

(A) $f'(e^x)dx$　　(B) $f'(e^x)de^x$　　(C) $[f(e^x)]'de^x$　　(D) $[f(e^x)]'e^xdx$

(20) 设函数 $y=f(x)$ 在点 $x=x_0$ 处可微，$\Delta y=f(x_0+\Delta x)-f(x_0)$，则当 $\Delta x\to 0$ 时必有（　　）

(A) dy 是比 Δx 高阶的无穷小量　　(B) dy 是比 Δx 低阶的无穷小量

(C) $\Delta y-dy$ 是比 Δx 高阶的无穷小量　　(D) $\Delta y-dy$ 是与 Δx 同阶的无穷小量

(21) $f(x)$ 在点 $x=x_0$ 处可微，是 $f(x)$ 在点 $x=x_0$ 处连续的（　　）

(A) 充分且必要条件　　(B) 必要非充分条件

(C) 充分非必要条件　　(D) 既非充分也非必要条件

(22) 设周期函数 $f(x)$ 在 $(-\infty,+\infty)$ 内可导，周期为 4，又 $\lim\limits_{x\to 0}\frac{f(1)-f(1-x)}{2x}=-1$，则曲线 $y=f(x)$ 在点 $(5,f(5))$ 处的切线的斜率为（　　）

(A) $\frac{1}{2}$　　(B) 0　　(C) -1　　(D) -2

(23) 设函数 $f(x)$ 在 $x=0$ 处连续，且 $\lim\limits_{h\to 0}\frac{f(h^2)}{h^2}=1$，则（　　）

(A) $f(0)=0$ 且 $f'_-(0)$ 存在　　(B) $f(0)=1$ 且 $f'_-(0)$ 存在

(C) $f(0)=0$ 且 $f'_+(0)$ 存在　　(D) $f(0)=1$ 且 $f'_+(0)$ 存在

(24) 设函数 $f(x)=|x^2-1|\varphi(x)$，其中 $\varphi(x)$ 在 $x=1$ 处连续，则 $\varphi(1)=0$ 是 $f(x)$ 在 $x=1$ 处可导的（　　）

(A) 充分必要条件　　(B) 必要但非充分条件

(C) 充分但非必要条件　　(D) 既非充分也非必要条件

2. 填空题：

(1) 设方程 $x=y^y$ 确定 y 是 x 的函数，则 $dy=$________.

(2) 设 (x_0, y_0) 是抛物线 $y=ax^2+bx+c$ 上的一点，若在该点的切线过原点，则系数 a，b，c 应满足的关系是________.

(3) $y=\ln(x+\sqrt{1+x^2})$，则 $y''|_{x=\sqrt{3}}=$________.

(4) 设 $y=f(\ln x)e^{f(x)}$，其中 f 可微，则 $dy=$________.

(5) 设曲线 $f(x)=x^n$ 在点 $(1,1)$ 处的切线与 x 轴的交点为 $(\xi_n, 0)$，则 $\lim\limits_{n\to\infty}f(\xi_n)=$________.

(6) 设 $f(x)=\begin{cases} x^{\lambda}\cos\frac{1}{x}, & x\neq 0 \\ 0, & x=0 \end{cases}$，其导函数在 $x=0$ 处连续，λ 的取值范围是________.

(7) 已知曲线 $y=x^3-3a^2x+b$ 与 x 轴相切，则 b^2 可以通过 a 表示为 $b^2=$________.

(8) 设 $y=\arctan e^x-\ln\sqrt{\frac{e^{2x}}{e^{2x}+1}}$，则$\frac{dy}{dx}\bigg|_{x=1}=$________.

(9) 设函数 $f(x)$ 在 $x=2$ 的某邻域内可导，且 $f'(x)=e^{f(x)}$，$f(2)=1$，则 $f'''(2)=$________.

(10) 方程 $y-xe^y=1$ 确定 y 是 x 的函数，则 $y''|_{x=0}=$________.

(11) 设$\begin{cases}x=\ln(1+t^2)\\y=\arctan t\end{cases}$，则$\frac{d^2y}{dx^2}=$________.

第 4 章　中值定理与导数的应用

本章我们将应用导数来求极限（洛必达法则），并利用导数研究函数以及曲线的一些性质．为此，要先介绍三个微分学的中值定理，它们是导数应用的理论基础．

§4.1　微分中值定理

一、罗尔定理

定理 4.1（罗尔定理）　设函数 $f(x)$ 满足条件：

(1) 在 $[a, b]$ 上连续；

(2) 在 (a, b) 内可导；

(3) $f(a)=f(b)$.

则在开区间 (a, b) 内至少存在一点 ξ，使 $f'(\xi)=0$.

***证明：** $f(x)$ 在 $[a, b]$ 上连续，它在 $[a, b]$ 上必有最大值 M 与最小值 m.

(1) 若 $M=m$，则 $f(x)\equiv$常数，结论显然成立.

(2) 若 $M\neq m$，不妨设 $M\neq f(a)(M\neq f(b))$，$\therefore \exists\xi\in(a, b)$，使 $f(\xi)=M$.

故 $f(\xi+\Delta x)\leqslant f(\xi)\Rightarrow f(\xi+\Delta x)-f(\xi)\leqslant 0$.

$$\therefore \frac{f(\xi+\Delta x)-f(\xi)}{\Delta x}\begin{cases}\leqslant 0, & \Delta x>0;\\ \geqslant 0, & \Delta x<0.\end{cases}$$

又由于 $f'(\xi)$ 存在，$\therefore f'_+(\xi)=f'_-(\xi)=f'(\xi)$. 而

$$f'_+(\xi)=\lim_{\Delta x\to 0^+}\frac{f(\xi+\Delta x)-f(\xi)}{\Delta x}\leqslant 0,$$

$$f'_-(\xi)=\lim_{\Delta x\to 0^-}\frac{f(\xi+\Delta x)-f(\xi)}{\Delta x}\geqslant 0.$$

$\therefore 0\leqslant f'_-(\xi)=f'(\xi)=f'_+(\xi)\leqslant 0\Rightarrow f'(\xi)=0$.

注： 罗尔定理的三个条件都成立为其结论成立的充分非必要条件，即罗尔定理的三个条件都成立，则其结论必成立；而当罗尔定理的三个条件中有一个或几个不成立时，其结论可能成立也可能不成立.

罗尔定理的几何意义：若连续曲线 $y=f(x)$ 在 $A(a, f(a))$，$B(b, f(b))$ 两点间的每一点都有切线（且不垂直于 x 轴），又 A，B 点纵坐标相等，则曲线在 A，B 间至少存在一点 $P(\xi, f(\xi))$ 使得该曲线在 P 点的切线平行于 x 轴. 如图 4.1：

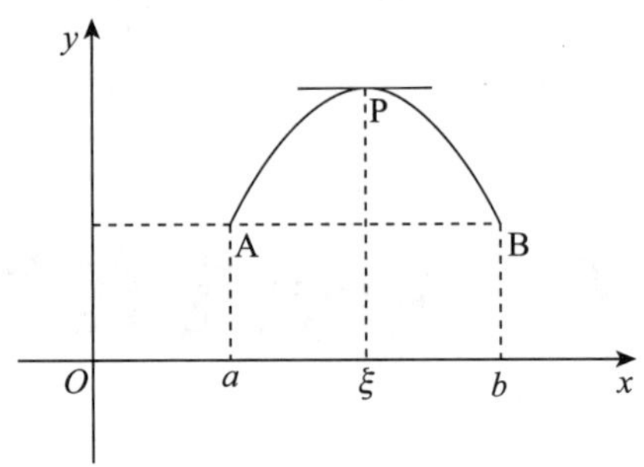

图 4.1

例 1 下列函数在给定区间上是否满足罗尔定理条件？若满足，求出定理中的 ξ 值.

(1) $f(x)=|x|$，$[-1, 1]$；

(2) $f(x)=\dfrac{1}{1+x^2}$，$[-1, 1]$；

(3) $f(x)=\dfrac{1}{x}$，$[1, 2]$；

(4) $f(x)=x^3-3x$，$[0, \sqrt{3}]$.

解：(1) $\because f(x)=|x|$ 在 $x=0$ 处不可导，$\therefore$不满足罗尔定理条件.

(2) 显然 $f(x)$ 在 $[-1, 1]$ 上连续，在 $(-1, 1)$ 内可导，且 $f(1)=f(-1)=\dfrac{1}{2}$，$\therefore f(x)$ 在 $[-1, 1]$ 上满足罗尔定理条件.

$$f'(\xi)=-\frac{2x}{(1+x^2)^2}\bigg|_{x=\xi}=-\frac{2\xi}{(1+\xi^2)^2}=0.$$

$\therefore$定理中的 $\xi=0$.

(3) $\because f(1)=1\neq\dfrac{1}{2}=f(2)$，$\therefore$不满足罗尔定理条件.

(4) 显然 $f(x)$ 在 $[0, \sqrt{3}]$ 上连续，在 $(0, \sqrt{3})$ 内可导，且 $f(0)=f(\sqrt{3})=0$，$\therefore f(x)$在 $[0, \sqrt{3}]$ 上满足罗尔定理条件.

$f'(\xi)=(3x^2-3)\,|_{x=\xi}=3\xi^2-3=0\Rightarrow\xi=\pm1$.

注意到 $\xi=-1\notin(0, \sqrt{3})$，应舍去. $\therefore$只取 $\xi=1$.

二、拉格朗日中值定理

定理 4.2（拉格朗日中值定理） 设函数 $f(x)$ 满足条件：

(1) 在 $[a, b]$ 上连续；

(2) 在 (a, b) 内可导.

则在开区间 (a, b) 内至少存在一点 ξ，使$\dfrac{f(b)-f(a)}{b-a}=f'(\xi)$.

证明：设 $F(x)=f(x)-\left[f(a)+\frac{f(b)-f(a)}{b-a}(x-a)\right]$.

则 $F(a)=F(b)=0$，$F(x)$ 在 $[a, b]$ 上连续，在 (a, b) 内可导．由罗尔定理，至少存在一点 $\xi\in(a, b)$，使

$$F'(\xi)=\left[f'(x)-\frac{f(b)-f(a)}{b-a}\right]\Bigg|_{x=\xi}=f'(\xi)-\frac{f(b)-f(a)}{b-a}=0,$$

即 $\frac{f(b)-f(a)}{b-a}=f'(\xi)$.

拉格朗日中值定理的几何意义：若连续曲线 $y=f(x)$ 在 $A(a, f(a))$，$B(b, f(b))$ 两点间的每一点都有切线（且不垂直于 x 轴），则曲线在 A，B 间至少存在一点 $P(\xi, f(\xi))$，使得该曲线在 P 点的切线与割线 $\overline{AB}$ 平行．如图 4.2：

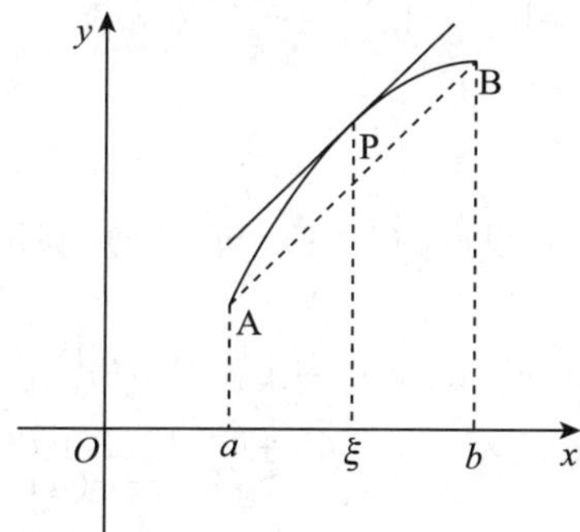

图 4.2

拉格朗日中值定理的结论，下面几种形式也是常用的：

①$f(b)-f(a)=f'(\xi)(b-a)$ $(a<\xi<b)$；

②$f(x+\Delta x)-f(x)=f'(\xi)\Delta x$（$\xi$ 介于 x 与 $x+\Delta x$ 间）；

③$f(x+\Delta x)-f(x)=f'(x+\theta\Delta x)\Delta x$ $(0<\theta<1)$.

该定理还有两个常用的推论：

推论 1　若在某一区间内恒有 $f'(x)=0$，则在该区间内 $f(x)$ 必为常数.

推论 2　若两个函数 $f(x)$ 与 $g(x)$ 在 (a, b) 内满足 $f'(x)=g'(x)$，则在 (a, b) 内 $f(x)=g(x)+C$（其中 C 为某常数).

例 2　函数 $f(x)=x^3-x$ 在 $[0, 2]$ 上是否满足拉格朗日中值定理条件？若满足，求出定理中的 ξ 值.

解：显然 $f(x)$ 在 $[0, 2]$ 上连续，在 $(0, 2)$ 内可导，$\therefore f(x)$ 在 $[0, 2]$ 上满足拉格朗日中值定理条件.

$$f'(\xi)=(3x^2-1)\mid_{x=\xi}=3\xi^2-1,\ \frac{f(2)-f(0)}{2-0}=3.$$

由定理结论得

$$\frac{f(2)-f(0)}{2-0}=f'(\xi)\Rightarrow 3\xi^2-1=3\Rightarrow\xi=\pm\frac{2\sqrt{3}}{3}.$$

又 $\xi=-\frac{2\sqrt{3}}{3}\notin(0, 2)$，舍去．$\therefore$ 只取 $\xi=\frac{2\sqrt{3}}{3}$.

*例3 证明不等式 $\ln\left(1+\frac{1}{x}\right)>\frac{1}{1+x}(x>0)$.

证明： 设 $f(x)=\ln x$，在 $[x, x+1]$ 上应用拉格朗日中值定理有

$\ln\left(1+\frac{1}{x}\right)=\ln(1+x)-\ln x=\frac{1}{\xi}$，$0<x<\xi<x+1$.

$\therefore \ln\left(1+\frac{1}{x}\right)=\frac{1}{\xi}>\frac{1}{1+x}(x>0)$.

*例4 已知 $0<a<b$，证明至少存在一点 $\xi\in(a, b)$，使 $\ln^2 b-\ln^2 a=\frac{2\ln\xi}{\xi}(b-a)$.

证明： 令 $f(x)=\ln^2 x$，则 $f'(x)=\frac{2\ln x}{x}$，且 $f(x)$ 在 $[a, b]$ 上连续，在 (a, b) 内可导. 由拉格朗日中值定理，至少存在一点 $\xi\in(a, b)$，使得

$$f(b)-f(a)=f'(\xi)(b-a)\Rightarrow \ln^2 b-\ln^2 a=\frac{2\ln\xi}{\xi}(b-a).$$

*三、柯西中值定理

定理 4.3（柯西中值定理） 设函数 $f(x)$ 与 $g(x)$ 满足条件：

(1) 在 $[a, b]$ 上连续；

(2) 在 (a, b) 内可导，且在 (a, b) 内 $g'(x)\neq 0$.

则在开区间 (a, b) 内至少存在一点 ξ，使 $\frac{f(b)-f(a)}{g(b)-g(a)}=\frac{f'(\xi)}{g'(\xi)}$.

证明： 由于在 (a, b) 内 $g'(x)\neq 0$，易证 $g(b)\neq g(a)$（想想为什么?），即 $g(b)-g(a)\neq 0$.

故可令 $F(x)=f(x)-\left[f(a)+\frac{f(b)-f(a)}{g(b)-g(a)}(g(x)-g(a))\right]$.

则 $F(a)=F(b)=0$，$F(x)$ 在 $[a, b]$ 上连续，在 (a, b) 内可导. 由罗尔定理，至少存在一点 $\xi\in(a, b)$，使

$$F'(\xi)=\left[f'(x)-\frac{f(b)-f(a)}{g(b)-g(a)}g'(x)\right]\Bigg|_{x=\xi}=0,$$

即 $\frac{f(b)-f(a)}{g(b)-g(a)}=\frac{f'(\xi)}{g'(\xi)}$.

例3 设函数 $f(x)$ 在 $[a, b]$ 上连续，在 (a, b) 内可导，其中 $0<a<b$.

求证：至少存在一点 $\xi\in(a, b)$，使 $\frac{f(b)-f(a)}{b^2-a^2}=\frac{f'(\xi)}{2\xi}$.

证明： 令 $g(x)=x^2$，则 $f(x)$ 与 $g(x)$ 在 $[a, b]$ 上连续，在 (a, b) 内可导，且 $g'(x)=2x\neq 0\ \forall x\in(a, b)$）. 由柯西中值定理，至少存在一点 $\xi\in(a, b)$，使得

$$\frac{f(b)-f(a)}{g(b)-g(a)}=\frac{f'(\xi)}{g'(\xi)}\Rightarrow\frac{f(b)-f(a)}{b^2-a^2}=\frac{f'(\xi)}{2\xi}.$$

§4.2 洛必达法则

一、$\frac{0}{0}$ 型未定式

定义 4.1 若极限 $\lim\frac{\alpha(x)}{\beta(x)}$ 满足条件：$\lim\alpha(x)=\lim\beta(x)=0$.

则称该极限为 $\frac{0}{0}$ 型未定式.

$\frac{0}{0}$ 型未定式是非常重要的一种极限，求该类型的极限，一般常用到定理 4.4（洛必达法则）.

定理 4.4（洛必达法则）　若函数 $f(x)$ 与 $g(x)$ 满足条件：

(1) $\lim\limits_{x\to a}f(x)=\lim\limits_{x\to a}g(x)=0$；

(2) 在点 a 的某去心邻域内 $f(x)$ 与 $g(x)$ 可导，且 $g'(x)\neq 0$；

(3) $\lim\limits_{x\to a}\frac{f'(x)}{g'(x)}$ 存在（或为 ∞）.

则 $\lim\limits_{x\to a}\frac{f(x)}{g(x)}=\lim\limits_{x\to a}\frac{f'(x)}{g'(x)}$.

* **证明：** 补充定义 $f(a)=g(a)=0$，由条件（1）可知补充定义后，$f(x)$ 与 $g(x)$ 在点 a 处连续. 在 $[a, x]$ 或 $[x, a]$ 上，对 $f(x)$ 与 $g(x)$ 应用柯西中值定理 $\frac{f(x)}{g(x)}=\frac{f(x)-f(a)}{g(x)-g(a)}=\frac{f'(\xi)}{g'(\xi)}$，$\xi$ 介于 a 与 x 之间.

又当 $x\to a$ 时，$\xi\to a$.

$\therefore \lim\limits_{x\to a}\frac{f(x)}{g(x)}=\lim\limits_{x\to a}\frac{f'(\xi)}{g'(\xi)}=\lim\limits_{\xi\to a}\frac{f'(\xi)}{g'(\xi)}=\lim\limits_{x\to a}\frac{f'(x)}{g'(x)}$.

注： ①极限过程改为 $x\to a^+$，$x\to a^-$，$x\to\infty$，$x\to+\infty$，$x\to-\infty$ 有类似结论.

②若 $\lim\limits_{x\to a}\frac{f'(x)}{g'(x)}$ 仍满足洛必达法则的条件，可连续运用该法则，即 $\lim\limits_{x\to a}\frac{f'(x)}{g'(x)}=\lim\limits_{x\to a}\frac{f''(x)}{g''(x)}$.

③若 $\lim\limits_{x\to a}\frac{f'(x)}{g'(x)}$ 不存在（不含 ∞），不能断言 $\lim\limits_{x\to a}\frac{f(x)}{g(x)}$ 不存在.

④在实际计算中，常把该法则与等价变形、重要极限及等价无穷小代换等其他求极限的重要方法一起使用.

例 1　求 $\lim\limits_{x\to 1}\frac{x^2-1}{x^2-3x+2}$.

解： $\lim\limits_{x\to 1}\frac{x^2-1}{x^2-3x+2}=\lim\limits_{x\to 1}\frac{2x}{2x-3}=-2$.

例 2　求 $\lim\limits_{x\to 0}\frac{\sqrt[n]{1+x}-1}{x}$（$n$ 为正整数）.

解： $\lim\limits_{x\to 0}\frac{\sqrt[n]{1+x}-1}{x}=\lim\limits_{x\to 0}\frac{\frac{1}{n}(1+x)^{\frac{1}{n}-1}}{1}=\frac{1}{n}$.

例 3　求 $\lim\limits_{x\to 0}\frac{e^x-1-x}{x^2}$.

解： $\lim\limits_{x\to 0}\frac{e^x-1-x}{x^2}=\lim\limits_{x\to 0}\frac{e^x-1}{2x}=\lim\limits_{x\to 0}\frac{x}{2x}=\frac{1}{2}$.

其中第二个等号利用了等价无穷小公式：$e^x-1\sim x(x\to 0)$.

例 4　求 $\lim\limits_{x\to 0}\frac{x-\ln(1+x)}{e^{x^2}-1}$.

解：$\lim\limits_{x\to0}\dfrac{x-\ln(1+x)}{e^{x^2}-1}=\lim\limits_{x\to0}\dfrac{x-\ln(1+x)}{x^2}=\lim\limits_{x\to0}\dfrac{1-\dfrac{1}{1+x}}{2x}=\lim\limits_{x\to0}\dfrac{1}{2(1+x)}=\dfrac{1}{2}$.

其中第一个等号利用了等价无穷小公式：$e^{x^2}-1\sim x^2(x\to0)$.

例 5 求$\lim\limits_{x\to0}\dfrac{x-\sin x}{x^3}$.

解：$\lim\limits_{x\to0}\dfrac{x-\sin x}{x^3}=\lim\limits_{x\to0}\dfrac{1-\cos x}{3x^2}=\lim\limits_{x\to0}\dfrac{\dfrac{x^2}{2}}{3x^2}=\dfrac{1}{6}$.

其中第二个等号利用了等价无穷小公式：$1-\cos x\sim\dfrac{x^2}{2}(x\to0)$.

***例 6** 求$\lim\limits_{x\to0}\dfrac{x^2\cos\dfrac{1}{x}}{\ln(1+x)}$.

解：若用洛必达法则，分子与分母分别求导得$\lim\limits_{x\to0}\dfrac{2x\cos\dfrac{1}{x}+\sin\dfrac{1}{x}}{\dfrac{1}{1+x}}$，该极限为振荡不存在，故洛必达法则失效．事实上，可利用等价无穷小公式 $\ln(1+x)\sim x(x\to0)$，得

$$\lim_{x\to0}\frac{x^2\cos\dfrac{1}{x}}{\ln(1+x)}=\lim_{x\to0}\frac{x^2\cos\dfrac{1}{x}}{x}=\lim_{x\to0}x\cos\frac{1}{x}=0.$$

二、$\dfrac{\infty}{\infty}$型未定式

定义 4.2 若极限 $\lim\dfrac{\alpha(x)}{\beta(x)}$满足条件：

$\lim\alpha(x)=\infty$且 $\lim\beta(x)=\infty$

则称该极限为$\dfrac{\infty}{\infty}$型未定式.

定理 4.5（洛必达法则） 若函数 $f(x)$ 与 $g(x)$ 满足条件：

(1) $\lim\limits_{x\to a}f(x)=\infty$且$\lim\limits_{x\to a}g(x)=\infty$；

(2) 在点 a 的某去心邻域内 $f(x)$ 与 $g(x)$ 可导，且 $g'(x)\neq0$；

(3) $\lim\limits_{x\to a}\dfrac{f'(x)}{g'(x)}$存在（或为$\infty$）.

则$\lim\limits_{x\to a}\dfrac{f(x)}{g(x)}=\lim\limits_{x\to a}\dfrac{f'(x)}{g'(x)}$.

证明：略.

该定理也有类似于定理 4.4 的注释，定理 4.4 与定理 4.5 统称为洛必达法则.

例 7 求 $\lim\limits_{x\to+\infty}\dfrac{\ln x}{x}$.

解：$\lim\limits_{x\to+\infty}\dfrac{\ln x}{x}=\lim\limits_{x\to+\infty}\dfrac{1}{x}=0$.

***例 8** 求 $\lim\limits_{x\to+\infty}\dfrac{e^x}{x^n}$（$n$ 为正整数）.

解：$\lim\limits_{x\to+\infty}\frac{e^x}{x^n}=\lim\limits_{x\to+\infty}\frac{e^x}{nx^{n-1}}=\lim\limits_{x\to+\infty}\frac{e^x}{n(n-1)x^{n-2}}=\cdots=\lim\limits_{x\to+\infty}\frac{e^x}{n!}=+\infty$.

例 9　求 $\lim\limits_{x\to+\infty}\frac{\ln(x+e^x)}{x}$.

解：$\lim\limits_{x\to+\infty}\frac{\ln(x+e^x)}{x}=\lim\limits_{x\to+\infty}\frac{1+e^x}{x+e^x}=\lim\limits_{x\to+\infty}\frac{e^x}{1+e^x}=1$.

三、其他形式的未定式

对 $0\cdot\infty$，$\infty-\infty$，1^∞，0^0，∞^0 等其他形式的未定式，求解的思路都是先化为 $\frac{0}{0}$ 或 $\frac{\infty}{\infty}$ 型未定式，再用洛必达法则求极限.

例 10　求 $\lim\limits_{x\to0^+}x\ln x$.

解：$\lim\limits_{x\to0^+}x\ln x=\lim\limits_{x\to0^+}\frac{\ln x}{\frac{1}{x}}=\lim\limits_{x\to0^+}\frac{\frac{1}{x}}{-\frac{1}{x^2}}=-\lim\limits_{x\to0^+}x=0$.

例 11　求 $\lim\limits_{x\to1}(1-x^2)\tan\left(\frac{\pi}{2}x\right)$.

解：$\lim\limits_{x\to1}(1-x^2)\tan\left(\frac{\pi}{2}x\right)=\lim\limits_{x\to1}\frac{1-x^2}{\cot\left(\frac{\pi}{2}x\right)}=\lim\limits_{x\to1}\left[\frac{-2x}{-\frac{\pi}{2}}\sin^2\left(\frac{\pi}{2}x\right)\right]=\frac{4}{\pi}$.

例 12　求 $\lim\limits_{x\to0}\left(\frac{1}{x}-\frac{1}{e^x-1}\right)$.

解：$\lim\limits_{x\to0}\left(\frac{1}{x}-\frac{1}{e^x-1}\right)=\lim\limits_{x\to0}\frac{e^x-1-x}{x(e^x-1)}=\lim\limits_{x\to0}\frac{e^x-1-x}{x^2}=\lim\limits_{x\to0}\frac{e^x-1}{2x}=\lim\limits_{x\to0}\frac{x}{2x}=\frac{1}{2}$.

例 13　求 $\lim\limits_{x\to0}\left[\frac{1}{x}-\left(\frac{1}{x}-2\right)e^x\right]$.

解：$\lim\limits_{x\to0}\left[\frac{1}{x}-\left(\frac{1}{x}-2\right)e^x\right]=\lim\limits_{x\to0}\frac{1-(1-2x)e^x}{x}=\lim\limits_{x\to0}e^x(1+2x)=1$.

例 14　求 $\lim\limits_{x\to1}x^{\frac{1}{x-1}}$.

解：$\lim\limits_{x\to1}x^{\frac{1}{x-1}}=\lim\limits_{x\to1}e^{\frac{\ln x}{x-1}}=e^{\lim\limits_{x\to1}\frac{\ln x}{x-1}}$，

而 $\lim\limits_{x\to1}\frac{\ln x}{x-1}=\lim\limits_{x\to1}\frac{1}{x}=1$.

$\therefore\lim\limits_{x\to1}x^{\frac{1}{x-1}}=e^1=e$.

* **例 15**　求 $\lim\limits_{x\to0}(\sin x+\cos x)^{\frac{1}{x}}$.

解：$\lim\limits_{x\to0}(\sin x+\cos x)^{\frac{1}{x}}=\lim\limits_{x\to0}e^{\frac{\ln(\sin x+\cos x)}{x}}=e^{\lim\limits_{x\to0}\frac{\ln(\sin x+\cos x)}{x}}$，

而 $\lim\limits_{x\to0}\frac{\ln(\sin x+\cos x)}{x}=\lim\limits_{x\to0}\frac{\cos x-\sin x}{\sin x+\cos x}=1$.

故 $\lim\limits_{x\to0}(\sin x+\cos x)^{\frac{1}{x}}=e^1=e$.

例 16 求 $\lim\limits_{x\to 0^+} x^x$.

解： $\lim\limits_{x\to 0^+} x^x = \lim\limits_{x\to 0^+} e^{\ln x^x} = \lim\limits_{x\to 0^+} e^{x\ln x} = e^{\lim\limits_{x\to 0^+} x\ln x}$

由例 10 知，$\lim\limits_{x\to 0^+} x\ln x = 0$，故 $\lim\limits_{x\to 0^+} x^x = e^0 = 1$.

§4.3 函数的单调性

在第一章时，我们讲了函数单调性的定义，那时我们判断函数的单调性通常是用图像结合定义来进行，这种方法适用范围较小. 学习导数后，我们知道导数描述了函数的变化快慢程度，在几何上，表示切线的斜率. 由图 4.3 不难看出导数与函数单调性的关系，即定理 4.6.

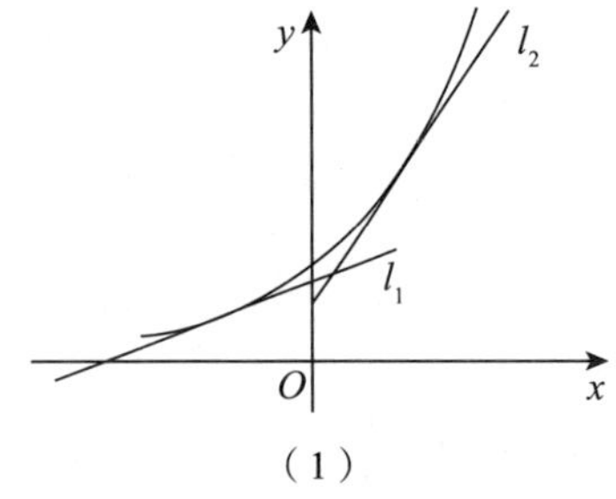

(1)

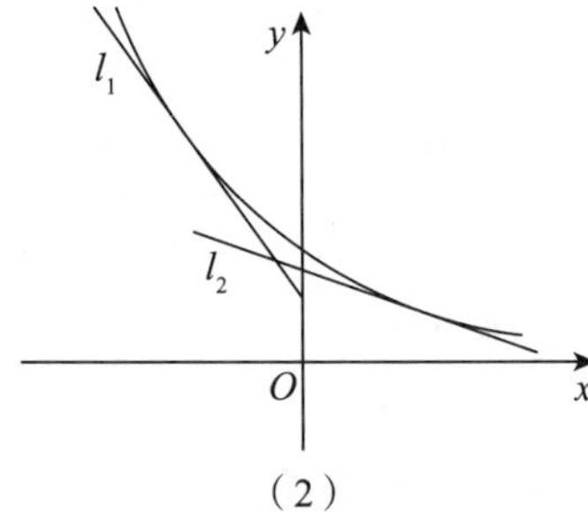

(2)

图 4.3

定理 4.6 设函数 $f(x)$ 在区间 (a, b) 内可导，那么

(1) 若 $x\in(a, b)$ 时，恒有 $f'(x)>0$，则 $f(x)$ 在 (a, b) 内单调增加；

(2) 若 $x\in(a, b)$ 时，恒有 $f'(x)<0$，则 $f(x)$ 在 (a, b) 内单调减少.

证明： 对 $\forall x_1, x_2\in(a, b)$，设 $x_1<x_2$，由拉格朗日中值定理可得：

$f(x_2)-f(x_1)=f'(\xi)(x_2-x_1)$，$x_1<\xi<x_2$

(1) 若 $f'(x)>0$，则 $f'(\xi)>0$，进一步有 $f(x_2)-f(x_1)>0$ 或 $f(x_1)<f(x_2)$，即 $f(x)$在 (a, b) 内单调增加；

(2) 若 $f'(x)<0$，则 $f'(\xi)<0$，进一步有 $f(x_2)-f(x_1)<0$ 或 $f(x_1)>f(x_2)$，即 $f(x)$在 (a, b) 内单调减少.

注： (1) 定理的逆命题不成立即由 $f(x)$ 在 (a, b) 内单调增加（减少）不能得出在 (a, b) 内 $f'(x)>0(f'(x)<0)$，如：$y=x^3$ 在 $(-\infty, +\infty)$ 单调增加，但 $y'=3x^2\geqslant 0$.

(2) 如果在区间 (a, b) 内 $f'(x)\geqslant 0(f'(x)\leqslant 0)$，但等号只在有限个点处成立，则函数 $f(x)$ 在 (a, b) 内仍单调增加（或单调减少）.

例 1 (1) 求函数 $y=x^3-3x^2-9x+14$ 的单调区间.

解： 函数 $y=x^3-3x^2-9x+14$ 的定义域是 $(-\infty, +\infty)$，

$y'=3x^2-6x-9=3(x^2-2x-3)=3(x-3)(x+1)$.

令 $y'>0$，可得 $x\in(-\infty, -1)\cup(3, +\infty)$.

令 $y'<0$，可得 $x\in(-1, 3)$.

因此函数 $y=x^3-3x^2-9x+14$ 在 $(-\infty, -1)\uparrow$，$(-1, 3)\downarrow$，$(3, +\infty)\uparrow$.

(2) 求 $y=(3-x)^3\sqrt[3]{x^2}$ 的单调区间.

解：函数 $y=(3-x)^3\sqrt[3]{x^2}$ 的定义域是 $(-\infty, +\infty)$，

$$y'=-3(3-x)^2x^{\frac{2}{3}}+\frac{2}{3}(3-x)^3x^{-\frac{1}{3}}=\frac{-3(3-x)^2x+\frac{2}{3}(3-x)^3}{\sqrt[3]{x}}=\frac{(3-x)^2(6-11x)}{3\sqrt[3]{x}}.$$

令 $y'>0$，即 $\frac{(3-x)^2(6-11x)}{3\sqrt[3]{x}}>0$，可得 $x\in\left(0, \frac{6}{11}\right)$.

令 $y'<0$，即 $\frac{(3-x)^2(6-11x)}{3\sqrt[3]{x}}<0$，可得 $x\in(-\infty, 0)\cup\left(\frac{6}{11}, +\infty\right)$.

因此函数 y 在 $(-\infty, 0)\downarrow$，$\left(0, \frac{6}{11}\right)\uparrow$，$\left(\frac{6}{11}, +\infty\right)\downarrow$.

***例 2**　证明当 $x>0$ 时，$e^x>1+x$.

证明：作函数 $f(x)=e^x-1-x$，欲证原命题即证当 $x>0$ 时，$f(x)>0$.

因为 $f'(x)=e^x-1>0$ $(x>0)$ 所以 $f(x)$ 在 $(0, +\infty)$ 单调增加.

又当 $x=0$ 时，$f(0)=0$.

所以 $f(x)>0$ $(x>0)$ 即 $x>0$ 时，$e^x>1+x$，证毕.

***例 3**　证明方程 $x-\frac{1}{2}\sin x=0$ 只有一个根.

证明：将 0 代入方程易知 0 是方程的一个根，下证唯一性.

作 $f(x)=x-\frac{1}{2}\sin x$，则 $f'(x)=1-\frac{1}{2}\cos x>0$ 即 $f(x)$ 是单调函数.

单调函数若有零点，则零点唯一，即证得方程 $x-\frac{1}{2}\sin x=0$ 只有一个根 $x=0$.

§4.4　函数的极值与最值

一、极值

定义 4.3　设函数 $f(x)$ 在 x_0 的某邻域 $(x_0-\delta, x_0+\delta)$ 内有定义，

若 $\forall x\in(x_0-\delta, x_0)\cup(x_0, x_0+\delta)$，总有 $f(x)<f(x_0)$，则称 $f(x_0)$ 为函数 $f(x)$ 的极大值，x_0 称为函数 $f(x)$ 的极大值点；

若 $\forall x\in(x_0-\delta, x_0)\cup(x_0, x_0+\delta)$，总有 $f(x)>f(x_0)$，则称 $f(x_0)$ 为函数 $f(x)$ 的极小值，x_0 称为函数 $f(x)$ 的极小值点.

极大值与极小值统称为极值，极大值点与极小值点统称为极值点. 极值是一个局部概念，它是与极值点邻近的所有点的函数值相比较而言，并不意味着它在函数的整个定义域内最大或最小.

如图 4.4.

由极值的定义易知，x_1，x_3 是极大值点，x_2 是极小值点，a，x_4，x_5，b 不是极值点. 观察极值点处的导数可得结论：极值点处的导数要么为 0，要么不存在，但反之不成立，

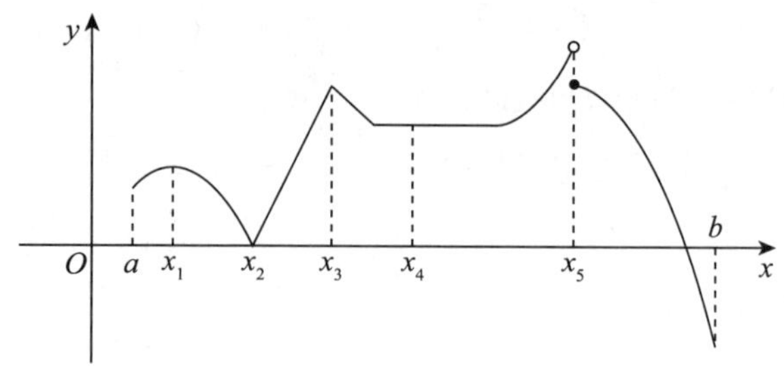

图 4.4

即导数为 0 的点、不可导的点不一定是极值点（导数为 0 的点称为驻点）.

定理 4.7（极值存在的必要条件） 若函数 $f(x)$ 在点 x_0 处有极值且 $f'(x_0)$ 存在，则 $f'(x_0)=0$.

证明：不妨设 $f(x_0)$ 是极大值，由导数的定义可得：

$$f'_+(x_0)=\lim_{x\to x_0^+}\frac{f(x)-f(x_0)}{x-x_0}\leqslant 0,$$

$$f'_-(x_0)=\lim_{x\to x_0^-}\frac{f(x)-f(x_0)}{x-x_0}\geqslant 0.$$

因此 $f'(x_0)=0$，证毕. 同理可证极小值的情形.

定理 4.8（极值存在的充分条件 Ⅰ） 设函数 $f(x)$ 在点 x_0 的某邻域 $(x_0-\delta,\ x_0+\delta)$ 内连续并且可导（$f'(x_0)$ 可不存在）.

(1) 若当 $x\in(x_0-\delta,\ x_0)$ 时，$f'(x)>0$；当 $x\in(x_0,\ x_0+\delta)$ 时，$f'(x)<0$，则函数 $f(x)$ 在 x_0 处取得极大值 $f(x_0)$.

(2) 若当 $x\in(x_0-\delta,\ x_0)$ 时，$f'(x)<0$；当 $x\in(x_0,\ x_0+\delta)$ 时，$f'(x)>0$，则函数 $f(x)$ 在 x_0 处取得极小值 $f(x_0)$.

(3) 若当 $x\in(x_0-\delta,\ x_0)$ 和 $x\in(x_0,\ x_0+\delta)$ 时，$f'(x)$ 不变号，则 $f(x)$ 在点 x_0 处无极值.

证明：(1) 任取 $x_1\in(x_0-\delta,\ x_0)$，由拉格朗日定理可得：

$f(x_1)-f(x_0)=f'(\xi_1)(x_1-x_0)(x_1<\xi_1<x_0)$.

因为 $x\in(x_0-\delta,\ x_0)$ 时，$f'(x)>0$，又 $x_1<x_0$，所以 $f(x_1)-f(x_0)=f'(\xi_1)(x_1-x_0)<0$

即 $f(x_1)<f(x_0)$.

任取 $x_2\in(x_0,\ x_0+\delta)$，同理可得 $f(x_2)-f(x_0)=f'(\xi_2)(x_2-x_0)$.

因为 $x_2\in(x_0,\ x_0+\delta)$，$f'(x)<0$，又 $x_2>x_0$，所以 $f(x_2)-f(x_0)=f'(\xi_2)(x_2-x_0)<0$

即 $f(x_2)<f(x_0)$.

因此 $\forall x\in(x_0-\delta,\ x_0)\cup(x_0,\ x_0+\delta)$ 有 $f(x)<f(x_0)$，故 $f(x_0)$ 为极大值.

证毕. 同理可证 (2) (3).

注：该定理也可直接利用定理 4.6 证明.

通过以上分析可得求函数 $f(x)$ 极值的步骤：

(1) 求出 $f(x)$ 的定义域与其导数 $f'(x)$；

(2) 求出函数 $f(x)$ 的驻点和不可导点；

(3) 判断所求点是否是极值点（利用定理 4.8）；

(4) 将极值点代入函数 $f(x)$ 求出相应极值.

例 1　求函数 $f(x)=(x-1)^2(x+1)^3$ 的极值.

解：$f(x)$ 的定义域为 R.

$f'(x)=2(x-1)(x+1)^3+3(x-1)^2(x+1)^2=(x-1)(x+1)^2(5x-1)$.

令 $f'(x)=0$ 可解得驻点为 $x_1=1$，$x_2=-1$，$x_3=\frac{1}{5}$，无不可导点. 列表如下：

x	$(-\infty, -1)$	-1	$\left(-1, \frac{1}{5}\right)$	$\frac{1}{5}$	$\left(\frac{1}{5}, 1\right)$	1	$(1, +\infty)$
$f'(x)$	$+$	0	$+$	0	$-$	0	$+$
$f(x)$	递增	非极值	递增	$\frac{3\,456}{3\,125}$极大值	递减	0 极小值	递增

由此可知，极大值为 $f\left(\frac{1}{5}\right)=\frac{3\,456}{3\,125}$，极小值为 $f(1)=0$.

例 2　求函数 $y=(x-5)\sqrt[3]{x^2}$ 的极值和单调区间.

解：$y=(x-5)\sqrt[3]{x^2}$ 的定义域是 $(-\infty, +\infty)$.

$y'=x^{\frac{2}{3}}+\frac{2}{3}(x-5)x^{-\frac{1}{3}}=\frac{5(x-2)}{3\sqrt[3]{x}}$.

令 $y'=0$ 可解得驻点为 $x_1=2$，且有不可导点 $x_2=0$.

x	$(-\infty, 0)$	0	$(0, 2)$	2	$(2, +\infty)$
$f'(x)$	$+$	不存在	$-$	0	$+$
$f(x)$	递增	0 极大值	递减	$-3\sqrt[3]{4}$极小值	递增

由此可知，极大值为 $y\mid_{x=0}=0$，极小值为 $y\mid_{x=2}=-3\sqrt[3]{4}$.

函数在 $(-\infty, 0)$ ↑，$(0, 2)$ ↓，$(2, +\infty)$ ↑.

定理 4.9（极值存在的充分条件Ⅱ）　设 $f'(x_0)=0$，$f''(x_0)$ 存在且不为零，则

(1) 若 $f''(x_0)>0$，则 $f(x_0)$ 为 $f(x)$ 的极小值；

(2) 若 $f''(x_0)<0$，则 $f(x_0)$ 为 $f(x)$ 的极大值.

注：当 $f''(x_0)=f'(x_0)=0$ 时，$f(x_0)$ 可能为 $f(x)$ 的极值，也可能不是极值.

例 3　求函数 $f(x)=x^3-3x$ 的极值.

解：$f'(x)=3x^2-3=3(x-1)(x+1)$.

令 $f'(x)=0$ 解得驻点为 $x_1=-1$，$x_2=1$，且无不可导点.

$f''(x)=6x$.

因为 $f''(-1)=-6<0$，所以 $f(-1)=2$ 为极大值.

因为 $f''(1)=6>0$，所以 $f(1)=-2$ 为极小值.

二、最值

与极值不同，最值是整体概念，最大值是指所有函数值中的最大者，最小值则指所有

函数值中的最小者. 对闭区间上的连续函数而言，易知最值要么在驻点或不可导点处取得，要么在区间端点处取得，因此可得求连续函数 $f(x)$ 在闭区间 $[a, b]$ 上最值的一般求法：

(1) 求 $f'(x)$；

(2) 令 $f'(x)=0$ 求出驻点，且求出不可导点；

(3) 计算函数 $f(x)$ 在 $[a, b]$ 上的驻点、不可导点处的函数值，并计算 $f(a)$ 与 $f(b)$；

(4) 比较上述值，找出最大值与最小值.

例 4 求函数 $f(x)=x^3-3x-3$ 在区间 $[-3, 2]$ 上的最值.

解： $f'(x)=3x^2-3=3(x-1)(x+1)$.

令 $f'(x)=0$ 解得驻点为 $x_1=-1$，$x_2=1$，无不可导点.

$f(-1)=-1$，$f(1)=-5$，$f(-3)=-21$，$f(2)=-1$.

因此在区间 $[-3, 2]$ 上，$f_{\max}=f(-1)=f(2)=-1$，$f_{\min}=f(-3)=-21$.

例 5 求函数 $f(x)=x-\frac{3}{2}x^{\frac{2}{3}}$ 在区间 $\left[-1, \frac{27}{8}\right]$ 上的最大值与最小值.

解： $f'(x)=1-x^{-\frac{1}{3}}=\frac{\sqrt[3]{x}-1}{\sqrt[3]{x}}$.

令 $f'(x)=0$ 解得驻点为 $x_1=1$，且有不可导点 $x_2=0$.

$f(1)=-\frac{1}{2}$，$f(0)=0$，$f(-1)=-\frac{5}{2}$，$f\left(\frac{27}{8}\right)=0$.

因此在区间 $\left[-1, \frac{27}{8}\right]$ 上，$f_{\max}=f(0)=f\left(\frac{27}{8}\right)=0$，$f_{\min}=f(-1)=-\frac{5}{2}$.

* **例 6** 将边长为 a 的一块正方形铁皮，四角各截去一个大小相同的小正方形，然后将四边折起做成一个无盖的方盒，问截掉的小正方形边长多大时，所得方盒的容积最大？

解： 设小正方形的边长为 x，则盒底的边长为 $a-2x$，盒高为 x，如图 4.5 所示：

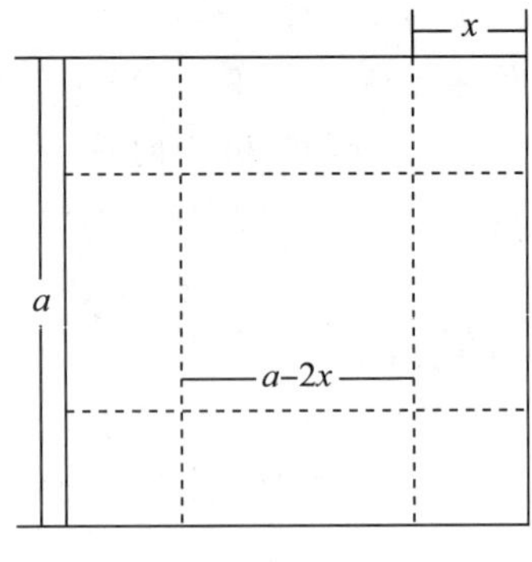

图 4.5

因此方盒的容积为：

$V=(a-2x)^2x$，$x\in\left(0, \frac{a}{2}\right)$.

$V'=(a-2x)(a-6x)$.

令 $V'=0$ 解得 $x_1=\frac{a}{6}$ 或 $x_2=\frac{a}{2}$（舍去）.

对 $x_1=\frac{a}{6}$ 进行检验，当 $x\in\left(0,\ \frac{a}{6}\right)$ 时，$V'>0$；当 $x\in\left(\frac{a}{6},\ \frac{a}{2}\right)$ 时，$V'<0$，所以 V 在 $x_1=\frac{a}{6}$ 处取得极大值，这个极大值就是函数 V 的最大值，由此可知，当截去的小正方形的边长等于所给正方形铁皮边长的 $\frac{1}{6}$ 时，所做的方盒容积最大.

§4.5　曲线的凹向与拐点

在研究函数图形的变化状况时，知道它的上升和下降规律很有好处，但还不能完全反映它的变化规律．如图 4.6 所示函数 $y=f(x)$ 的图形在区间 $(a,\ b)$ 内虽然一直是上升的，但却有不同的弯曲方向，从左向右，曲线先是向下弯曲，通过 P 点后，向上弯曲，因此，研究函数图形时，考察它的弯曲方向以及扭转弯曲方向的点是很有必要的．从图 4.6 可看出，曲线向上弯曲的弧段位于这段弧上任意一点切线的上方，曲线向下弯曲的弧段位于这段弧上任意一点的切线的下方.

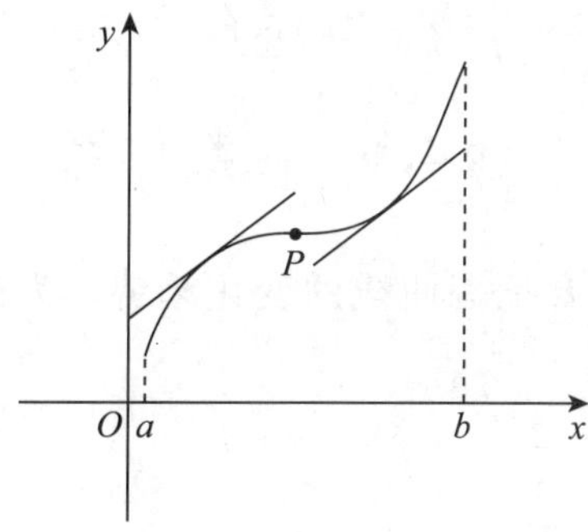

图 4.6

据此，给出如下定义：

定义 4.4　如果在某区间内，曲线总是位于其上任意一点切线的上方，则称曲线在这个区间内是上凹的；若在某区间内，曲线总是位于其上任意一点切线的下方，则称曲线在这个区间内是下凹的.

定理 4.10　设函数 $f(x)$ 在区间 $(a,\ b)$ 内具有二阶导数，那么

(1) 若 $x\in(a,\ b)$ 时，恒有 $f''(x)>0$，则曲线 $y=f(x)$ 在 $(a,\ b)$ 内上凹；

(2) 若 $x\in(a,\ b)$ 时，恒有 $f''(x)<0$，则曲线 $y=f(x)$ 在 $(a,\ b)$ 内下凹.

定义 4.5　曲线上凹与下凹的分界点称为曲线的拐点.

拐点是上凹、下凹的分界点，在拐点处 $f''(x)=0$ 或 $f''(x)$ 不存在.

例 1　求 $y=x^4-2x^3+1$ 的凹向与拐点.

解： $y'=4x^3-6x^2$.

$y''=12x^2-12x=12x(x-1)$.

令 $y''=0$，解得二阶导数为零的点 $x_1=0$，$x_2=1$，无二阶不可导点．列表如下：

x	$(-\infty, 0)$	0	$(0, 1)$	1	$(1, +\infty)$
y''	+	0	−	0	+
y	上凹	1 拐点	下凹	0 拐点	上凹

因此，函数 $y=x^4-2x^3+1$ 的上凹区间为 $(-\infty, 0)$，$(1, +\infty)$；下凹区间为 $(0, 1)$. $(0, 1)$、$(1, 0)$ 是拐点.

例 2 求曲线 $y=(x-2)^{\frac{5}{3}}$ 的凹向与拐点.

解： $y'=\frac{5}{3}(x-2)^{\frac{2}{3}}$.

$y''=\frac{10}{9}(x-2)^{-\frac{1}{3}}=\frac{10}{9(x-2)^{\frac{1}{3}}}$.

令 $y''=0$，无二阶导数为零的点，但有二阶不可导点 $x=2$. 列表如下：

x	$(-\infty, 2)$	2	$(2, +\infty)$
y''	−	不存在	+
y	下凹	0 拐点	上凹

因此曲线 $y=(x-2)^{\frac{5}{3}}$ 在 $(2, +\infty)$ 上凹，在 $(-\infty, 2)$ 下凹，$(2, 0)$ 为拐点.

＊§4.6 函数作图

研究函数的图像时，一定要把握曲线的变化趋势，为此我们给出渐近线的定义与求法.

一、渐近线

定义 4.6 若曲线上的一点沿着曲线趋于无穷远时，该点与某条直线的距离趋于 0，则称此直线为曲线的渐近线.

1. 水平渐近线

如果曲线 $y=f(x)$ 的定义域是无限区间，且有 $\lim\limits_{x\to-\infty} f(x)=b$ 或 $\lim\limits_{x\to+\infty} f(x)=b$，则称直线 $y=b$ 为曲线 $y=f(x)$ 的水平渐近线. 如 $y=\arctan x$ 有两条水平渐近线 $y=\pm\frac{\pi}{2}$.

例 1 求曲线 $y=\frac{1}{x-1}$ 的水平渐近线.

解： 因为 $\lim\limits_{x\to\infty}\frac{1}{x-1}=0$，所以 $y=0$ 是 $y=\frac{1}{x-1}$ 的水平渐近线.

2. 垂直渐近线

若曲线 $y=f(x)$ 有 $\lim\limits_{x\to c^-} f(x)=\infty$ 或 $\lim\limits_{x\to c^+} f(x)=\infty$，则称直线 $x=c$ 是曲线 $y=f(x)$ 的垂直渐近线. 如 $x=0$ 是曲线 $y=\frac{1}{x}$ 的垂直渐近线

例 2 求曲线 $y=\frac{1}{x-1}$ 的垂直渐近线.

解：因为$\lim\limits_{x\to 1}\frac{1}{x-1}=\infty$，所以 $x=1$ 是曲线 $y=\frac{1}{x-1}$的垂直渐近线.

3. 斜渐近线

若$\lim\limits_{x\to\infty}[f(x)-(kx+b)]=0$，则称 $y=kx+b$ 是曲线 $y=f(x)$ 的斜渐近线（$k\neq 0$）.

如何求出 k，b 呢？

由$\lim\limits_{x\to\infty}[f(x)-(kx+b)]=0$，可得$\lim\limits_{x\to\infty}x\left[\frac{f(x)}{x}-k-\frac{b}{x}\right]=0$.

因为 x 是无穷大量，极限$\lim\limits_{x\to\infty}x\left[\frac{f(x)}{x}-k-\frac{b}{x}\right]=0$，所以有$\lim\limits_{x\to\infty}\left(\frac{f(x)}{x}-k-\frac{b}{x}\right)=0$.

由极限的运算法则可得：$k=\lim\limits_{x\to\infty}\frac{f(x)}{x}$，$b=\lim\limits_{x\to\infty}[f(x)-kx]$.

例 3　求曲线 $y=\frac{x^2}{x+1}$的渐近线.

解：(1) 因为$\lim\limits_{x\to\infty}\frac{x^2}{x+1}=\infty$，所以曲线 $y=\frac{x^2}{x+1}$无水平渐近线.

(2) 因为 $\lim\limits_{x\to -1}\frac{x^2}{x+1}=\infty$，所以曲线 $y=\frac{x^2}{x+1}$的垂直渐近线为：$x=-1$.

(3) 因为$\lim\limits_{x\to\infty}\frac{f(x)}{x}=\lim\limits_{x\to\infty}\frac{x}{x+1}=1=k$，

$\lim\limits_{x\to\infty}[f(x)-kx]=\lim\limits_{x\to\infty}\left(\frac{x^2}{x+1}-x\right)=\lim\limits_{x\to\infty}\frac{-x}{x+1}=-1=b$.

所以曲线 $y=\frac{x^2}{x+1}$的斜渐近线为：$y=x-1$.

二、函数作图

作出函数 $y=f(x)$ 图像的步骤如下：

(1) 求出 $y=f(x)$ 的定义域；

(2) 讨论 $y=f(x)$ 的奇偶性；

(3) 通过 $f'(x)$ 求出 $f(x)$ 的单调区间、极值；

(4) 通过 $f''(x)$ 求出 $f(x)$ 的上凹、下凹区间与拐点；

(5) 求出渐近线；

(6) 描点作图.

例 4　作出函数 $y=\frac{4(x+1)}{x^2}-2$ 的图像.

解：(1) 函数的定义域为：$(-\infty,0)\cup(0,+\infty)$.

(2) 该函数是非奇非偶函数.

(3) $y'=\frac{-4(x+2)}{x^3}$.

函数在 $(-\infty,-2)\downarrow$，$(-2,0)\uparrow$，$(0,+\infty)\downarrow$，-2 为极小值点，极小值为-3.

(4) $y''=\frac{8(x+3)}{x^4}$.

函数在 $(-\infty,-3)$ 下凹，在 $(-3,0)$，$(0,+\infty)$ 上凹，

综合（3）（4）可得：$(-\infty, -3)\downarrow$ 下凹，$(-3, -2)\downarrow$ 上凹，$(-2, 0)\uparrow$ 上凹，$(0, +\infty)\downarrow$ 上凹.

（5）因为$\lim\limits_{x\to\infty}\left(\frac{4(x+1)}{x^2}-2\right)=-2$，所以函数 $y=\frac{4(x+1)}{x^2}-2$ 的水平渐近线为：$y=-2$.

因为$\lim\limits_{x\to 0}\left(\frac{4(x+1)}{x^2}-2\right)=\infty$，所以函数 $y=\frac{4(x+1)}{x^2}-2$ 的垂直渐近线为：$x=0$.

因为$\lim\limits_{x\to\infty}\frac{f(x)}{x}=\lim\limits_{x\to\infty}\left(\frac{4(x+1)}{x^3}-\frac{2}{x}\right)=0$，所以函数 $y=\frac{4(x+1)}{x^2}-2$ 无斜渐近线.

（6）描点 $(-1, -2)$，$(-2, 3)$，$(1, 6)$，$(2, 1)$，$\left(3, -\frac{2}{9}\right)$最后作出图 4.7 如下：

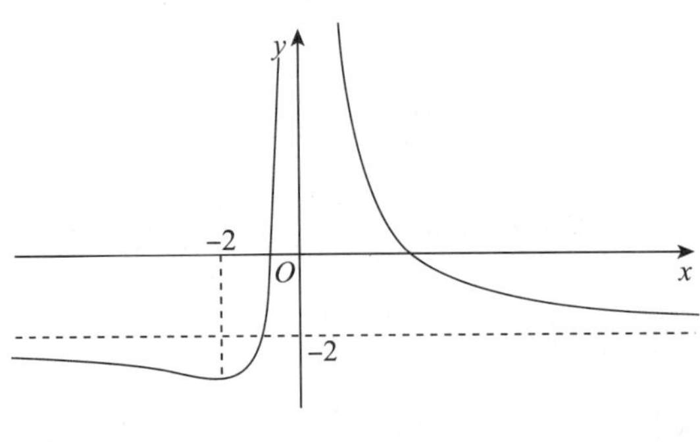

图 4.7

习题四

（A）

1. 函数 $y=\ln\sin x$ 在区间$\left[\frac{\pi}{6}, \frac{5\pi}{6}\right]$上是否满足罗尔定理条件？若满足，求出定理中的 ξ 值.

2. 函数 $y=4x^3-5x^2+x-2$ 在区间 $[0, 1]$ 上是否满足拉格朗日中值定理条件？若满足，求出定理中的 ξ 值.

3. 若函数 $f(x)$ 在 (a, b) 内具有二阶导数，且 $f(x_1)=f(x_2)=f(x_3)$，其中 $a<x_1<x_2<x_3<b$，证明：在 (x_1, x_3) 内至少存在一点 ξ，使得 $f''(\xi)=0$.

4. 用洛必达法则求下列极限：

（1）$\lim\limits_{x\to 0}\frac{\ln(1+x)}{x}$　　（2）$\lim\limits_{x\to 0}\frac{e^x-e^{-x}}{\sin x}$

（3）$\lim\limits_{x\to a}\frac{\sin x-\sin a}{x-a}$　　（4）$\lim\limits_{x\to\pi}\frac{\sin 3x}{\tan 5x}$

（5）$\lim\limits_{x\to\frac{\pi}{2}}\frac{\ln\sin x}{(\pi-2x)^2}$　　（6）$\lim\limits_{x\to a}\frac{x^m-a^m}{x^n-a^n}$

（7）$\lim\limits_{x\to 0^+}\frac{\ln\tan 7x}{\ln\tan 2x}$　　（8）$\lim\limits_{x\to\frac{\pi}{2}}\frac{\tan x}{\tan 3x}$

(9) $\lim\limits_{x\to+\infty}\dfrac{\ln\left(1+\dfrac{1}{x}\right)}{\text{arccot}x}$　　(10) $\lim\limits_{x\to0}\dfrac{\ln(1+x^2)}{\sec x-\cos x}$

(11) $\lim\limits_{x\to0}x\cot2x$　　(12) $\lim\limits_{x\to0}x^2e^{\frac{1}{x^2}}$

(13) $\lim\limits_{x\to1}\left(\dfrac{2}{x^2-1}-\dfrac{1}{x-1}\right)$　　(14) $\lim\limits_{x\to0}\dfrac{2^x-2^{\sin x}}{x^3}$

(15) $\lim\limits_{x\to0^+}x^{\sin x}$　　(16) $\lim\limits_{x\to0}\dfrac{\ln(2^x+3^x)-\ln2}{x}$

(17) $\lim\limits_{x\to\infty}x\left[\left(1+\dfrac{1}{x}\right)^x-e\right]$　　(18) $\lim\limits_{x\to0}\left(\dfrac{2^x+3^x+4^x}{3}\right)^{\frac{1}{x}}$

*5. 验证极限$\lim\limits_{x\to\infty}\dfrac{x+\cos x}{x}$存在，但不能用洛必达法则得出.

6. 求极限：

(1) $\lim\limits_{x\to0}\dfrac{\sqrt{1+x^3}-1}{1-\cos\sqrt{x-\sin x}}$　　(2) $\lim\limits_{x\to0}\dfrac{\sqrt{1+\tan x}-\sqrt{1+\sin x}}{x\ln(1+x)-x^2}$

7. 设函数 $f(x)=\begin{cases}\dfrac{\ln(1+kx)}{x}, & x\neq0\\ -1, & x=0\end{cases}$，若 $f(x)$ 在点 $x=0$ 处可导，求 k 与 $f'(0)$ 的值.

8. 设函数 $f(x)=\begin{cases}\dfrac{1-\cos x}{x^2}, & x>0\\ k, & x=0\\ \dfrac{1}{x}-\dfrac{1}{e^x-1}, & x<0\end{cases}$，当 k 为何值时，$f(x)$ 在点 $x=0$ 处连续.

9. 求下列函数的单调区间：

(1) $y=3x^2+6x+5$　　(2) $y=x^3+x$

(3) $y=x^4-2x^2+2$　　(4) $y=x-e^x$

(5) $y=\dfrac{x^2}{1+x}$　　(6) $y=2x^2-\ln x$

(7) $y=(x-1)(x+1)^3$　　(8) $y=2x+\dfrac{8}{x}\,(x>0)$

10. 证明函数 $y=x-\ln(1+x^2)$ 单调增加.

11. 求下列函数的极值：

(1) $y=x^3-3x^2+7$　　(2) $y=\dfrac{2x}{1+x^2}$

(3) $y=\sqrt{2+x-x^2}$　　(4) $y=x^2e^{-x}$

(5) $y=(x+1)^{\frac{2}{3}}(x-5)^2$　　(6) $y=3-\sqrt[3]{(x-2)^2}$

(7) $y=(x-1)\sqrt[3]{x^2}$　　(8) $y=\dfrac{x^3}{(x-1)^2}$

12. 求下列函数在给定区间上的最大值和最小值：

(1) $y=x^4-2x^2+5$，$[-2,\ 2]$

(2) $y=\ln(1+x^2)$，$[-1, 2]$

(3) $y=\frac{x^2}{1+x}$，$\left[-\frac{1}{2}, 1\right]$

(4) $y=x+\sqrt{x}$，$[0, 4]$

13. 已知函数 $f(x)=ax^3-6ax^2+b$，$(a>0)$，在区间 $[-1, 2]$ 上的最大值为 3，最小值为 -29，求 a，b 的值.

14. 欲做一个容积为 300 m^2 的无盖圆柱形蓄水池，已知池底单位造价为周围单位造价的两倍，问蓄水池的尺寸应怎样设计才能使总造价最低?

15. 确定下列曲线的凹向及拐点：

(1) $y=x^2-x^3$　　(2) $y=x^2+\ln x$

(3) $y=\ln(1+x^2)$　　(4) $y=x+\frac{1}{x}$

(5) $y=xe^{-x}$　　(6) $y=\frac{2x}{1+x^2}$

16. 若曲线 $y=ax^3+bx^2+cx+d$ 在点 $x=0$ 处有极值 $y=0$，点 $(1, 1)$ 为拐点，求 a，b，c，d 的值.

17. 求曲线 $y=\frac{x}{e^x}$ 在拐点处的切线方程.

*18. 求下列曲线的渐近线：

(1) $y=e^x$　　(2) $y=\frac{x^3}{(x-1)^2}$

(3) $y=\frac{x^2-3x+2}{x^2+1}$　　(4) $y=\frac{x}{2}+\arctan x$

(5) $y=\sqrt{x^2-2x}$　　(6) $y=\frac{e^x}{1+x}$

*19. 函数作图：

(1) $y=3x-x^3$　　(2) $y=x-\ln x$

*20. 某厂每批生产某种商品 x 单位的费用为 $C(x)=5x+200$，得到的收益是 $R(x)=10x-0.01x^2$，问每批生产多少单位时才能使利润最大?

(B)

1. 单项选择题：

(1) 下列函数在给定区间上满足罗尔定理的是（　　）

(A) $y=x^2-5x+6$，$[2, 3]$　　(B) $y=\frac{1}{\sqrt{(x-1)^2}}$，$[0, 2]$

(C) $y=xe^{-x}$，$[0, 1]$　　(D) $y=\begin{cases} x+1, & x<5 \\ 1, & x\geqslant 5 \end{cases}$，$[0, 5]$

(2) 函数 $f(x)=x-\frac{3}{2}x^{\frac{1}{3}}$ 在下列区间上不满足拉格朗日定理条件的是（　　）

(A) $[0, 1]$　　(B) $[-1, 1]$　　(C) $\left[0, \frac{27}{8}\right]$　　(D) $[-1, 0]$

(3) 设 $f(x)=2^x+3^x-2$，则当 $x\to0$ 时（　　）

(A) $f(x)$ 与 x 是等价无穷小量　　(B) $f(x)$ 与 x 是同阶无穷小量

(C) $f(x)$ 是比 x 高阶的无穷小量　　(D) $f(x)$ 是比 x 低阶的无穷小量

(4) 函数 $f(x)=e^x+e^{-x}$ 在区间 $(-1, 1)$ 内（　　）

(A) 单调增加　　(B) 单调减少　　(C) 不增不减　　(D) 有增有减

(5) 函数 $f(x)=ax^2+b$ 在区间 $(0, +\infty)$ 内单调增加，则 a，b 应满足（　　）

(A) $a>0$，$b=0$　　(B) $a>0$，b 为任意实数

(C) $a<0$，$b\neq0$　　(D) $a<0$，b 为任意实数

(6) $f'(x_0)=0$，$f''(x_0)>0$ 是函数在 $x=x_0$ 点处取得极小值的一个（　　）

(A) 充分必要条件　　(B) 充分非必要条件

(C) 必要非充分条件　　(D) 既非必要也非充分条件

(7) 函数 $y=x^3+12x+1$ 在定义域内（　　）

(A) 单调增加　　(B) 单调减少　　(C) 图形上凹　　(D) 图形下凹

(8) 设函数 $y=x^3+ax^2+bx+c$，且 $f(0)=f'(0)=0$，则下列结论不正确的是（　　）

(A) $b=c=0$　　(B) 当 $a>0$ 时，$f(0)$ 为极小值

(C) 当 $a<0$ 时，$f(0)$ 为极大值　　(D) 当 $a\neq0$ 时，$(0, f(0))$ 为拐点

(9) 设 $f(x)$ 的导数在 $x=a$ 处连续，又 $\lim\limits_{x\to a}\dfrac{f'(x)}{x-a}=1$，则（　　）

(A) $x=a$ 是 $f(x)$ 的极小值点

(B) $x=a$ 是 $f(x)$ 的极大值点

(C) $(a, f(a))$ 是曲线 $y=f(x)$ 的拐点

(D) $x=a$ 不是的极值点，$(a, f(a))$ 也不是曲线 $y=f(x)$ 的拐点

(10) 设 $f'(x_0)=f''(x_0)=0$，$f'''(x_0)>0$，则下列选项正确的（　　）

(A) $f'(x_0)$ 是 $f'(x)$ 的极大值

(B) $f(x_0)$ 是 $f(x)$ 极大值

(C) $f(x_0)$ 是 $f(x)$ 的极小值

(D) $(x_0, f(x_0))$ 是曲线 $y=f(x)$ 的拐点

2. 填空题：

(1) 设 $f(x)=\begin{cases}x^{2x}, & x>0\\ x+2, & x\leqslant0\end{cases}$，则 $f(x)$ 的极大值是________.

*(2) 曲线 $y=3x+\dfrac{\ln x}{2x}+1$ 的斜渐近线方程为________.

(3) 曲线 $y=\dfrac{9}{14}x^{\frac{1}{3}}(x^2-7)$，$(-\infty<x<+\infty)$ 的拐点是________.

(4) 已知点 $(1, 3)$ 是曲线 $y=ax^3+bx^2$ 的拐点，则常数 $a=$______，$b=$______.

(5) 函数 $f(x)=x^{\frac{2}{3}}-(x^2-1)^{\frac{1}{3}}$ 在区间 $[0, 2]$ 上的最大值是________，最小值是________.

第 5 章　不定积分

在前面两章中，我们学习了导数、微分及其应用. 并知道给定一个函数，如何求它的导数（或微分）. 但是，在科学技术和经济学许多问题中，常常需要解决相反的问题，就是要由一个函数的已知导数（或微分），求出这个函数. 这就是不定积分问题. 本章将介绍不定积分的概念、性质与基本积分法.

§5.1　不定积分的概念与简单性质

先看两个例题：

例 1　如果已知物体的运动方程为 $S=f(t)$，则此物体的速度是距离 S 对时间 t 的导（函）数. 反过来，如果已知物体运动的速度 V 是时间 t 的函数 $V=V(t)$，求物体的运动方程 $S=f(t)$，使它的导数 $f'(t)$ 等于已知函数 $V(t)$. 这就是一个与微分学中求导数相反的问题.

例 2　如果已知某产品的产量 P 是时间 t 的函数 $P=P(t)$，则该产量 P 的变化率是产量对时间 t 的导数 $P'=P'(t)$. 反过来，如果已知某产量的变化率是时间 t 的函数 $P'(t)$. 求该产品的产量函数 $P(t)$，也是一个与微分学中求导数相反的问题.

类似的问题还可以提出很多，从数学角度看，这类问题都是已知一个函数的导数或微分，要求原来的函数，这正是微分法的反问题. 为了讨论这类问题，我们先给出原函数的概念.

定义 5.1　设 $f(x)$ 是定义在某区间上的已知函数，如果存在一个函数 $F(x)$，对于该区间上的任意一点，都有 $F'(x)=f(x)$ 或 $dF(x)=f(x)dx$，则称 $F(x)$ 为 $f(x)$ 在该区间上的一个原函数.

例 3　$F(x)=x^3$ 是 $f(x)=3x^2$ 的一个原函数，这是因为 $(x^3)'=3x^2$. 同理 x^3-1，$x^3-\sqrt{2}$都是 $f(x)=3x^2$ 的原函数.

例 4　$F(x)=\sin x$ 是 $\cos x$ 的一个原函数，这是因为 $(\sin x)'=\cos x$. 同理 $\sin x+1$，$\sin x+\frac{1}{2}$也都是 $\cos x$ 的原函数.

从上面的两个例子可以看到，已知函数的原函数不止一个．那么，原函数有多少？如何表示一个函数的全部原函数呢？

一般来说，如果 $F(x)$ 是 $f(x)$ 的一个原函数，那么 $F(x)+C$（C 为任意常数）也是 $f(x)$ 的原函数，这是因为

$[F(x)+C]'=F'(x)=f(x)$

于是，如果 $f(x)$ 有原函数，那么它就有无穷多个原函数．现在我们自然要问 $F(x)+C$ 是不是 $f(x)$ 的所有原函数呢？回答是肯定的．简单说明如下：

事实上，假如 $G(x)$ 是 $f(x)$ 的另外一个原函数，那么 $G'(x)=F'(x)=f(x)$.

因此，$[G(x)-F(x)]'=G'(x)-F'(x)=0$.

由拉格朗日中值定理的推论可知 $G(x)-F(x)=C$.

即 $G(x)=F(x)+C$（C 为任意常数）.

这表明，如果 $F(x)$，$G(x)$ 都是 $f(x)$ 的原函数，则它们至多相差一个常数．因此，如果 $F(x)$ 是 $f(x)$ 的一个原函数，则 $f(x)$ 的全部原函数可以表示为 $F(x)+C$（C 为任意常数）.

定义 5.2　函数 $f(x)$ 的原函数的全体称为 $f(x)$ 的不定积分．记作 $\int f(x)dx$.

如果 $F(x)$ 是 $f(x)$ 的一个原函数，则由定义有 $\int f(x)dx = F(x)+C$.

其中 $\int$ 称为积分号，x 称为积分变量，$f(x)$ 称为被积函数，$f(x)\,dx$ 称为被积表达式，C 称为积分常数.

由此可见，求已知函数 $f(x)$ 的不定积分，只需求出它的一个原函数 $F(x)$，然后再加上任意常数 C 就行了.

例 5　求 $\int x^5 dx$.

解：因为 $\left(\frac{1}{6}x^6\right)'=x^5$

即 $\frac{1}{6}x^6$ 是 x^5 的一个原函数，所以 $\int x^5 dx = \frac{1}{6}x^6 + C$.

例 6　求 $\int \frac{1}{x}dx$.

解：当 $x>0$ 时，$(\ln x)'=\frac{1}{x}$.

又当 $x<0$ 即 $-x>0$ 时，$[\ln(-x)]'=\frac{1}{-x}\cdot(-1)=\frac{1}{x}$.

故 $\ln x$ 为 $\frac{1}{x}$ 在（0，$+\infty$）上的一个原函数，$\ln(-x)$ 为 $\frac{1}{x}$ 在（$-\infty$，0）上的一个原函数，故当 $x\neq 0$ 时，$\ln|x|$ 为 $\frac{1}{x}$ 的一个原函数．因此 $\int \frac{1}{x}dx = \ln|x|+C$.

例 7　求 $\int \frac{1}{1+x^2}dx$.

解：因为 $(\arctan x)'=\frac{1}{1+x^2}$.

即 $\arctan x$ 是$\dfrac{1}{1+x^2}$的一个原函数，所以 $\displaystyle\int \frac{1}{1+x^2}dx = \arctan x + C.$

由不定积分的定义，可以得以下关系式

(1) $\left[\int f(x)dx\right]' = f(x)$ (5.1)

或 $d\left[\int f(x)dx\right] = f(x)dx$ (5.1′)

(2) $\int F'(x)dx = F(x) + C$ (5.2)

或 $\int dF(x) = F(x) + C$ (5.2′)

式（5.1）表明对某区间内的一个函数先进行不定积分运算，然后进行求导运算，则还原为原来的函数；式（5.2）表明对某区间内的一个原函数先进行求导运算，然后进行不定积分运算，则成为原来的函数加上一个常数 C. 因此式（5.1）、（5.2）表明求不定积分与求导数（或微分）是互逆运算.

还要指出，由于不定积分的结果含有任意常数 C，所以不定积分表示原函数的全体，有无穷多个，每给定一个 C 都有一个确定的函数，从几何角度看，相应的就有一条确定的曲线，称为 $f(x)$ 的积分曲线. 因为 C 可以取任意值，因此 $f(x)$ 的不定积分表示 $f(x)$ 的一簇积分曲线. 我们以不定积分 $\int 3x^2dx = x^3 + C$ 为例，举例说明它的几何意义.

以不同的 C 值，作出 $y=x^3+C$ 的图形，例如，取 $C=0$，则 $y=x^3$ 是通过原点的一条曲线；取 $C=1$，则 $y=x^3+1$ 是通过点（0，1）的一条曲线……这样可以画出无穷多条曲线，这样就构成一簇曲线（图 5.1），其中任一曲线都可由 $y=x^3$ 向上（或向下）平行移动得到，并且这簇曲线就是 $f(x)=3x^2$ 的积分曲线簇，其中每条曲线均是 $f(x)=3x^2$ 的积分曲线.

由不定积分的定义，不难得到不定积分的两个简单性质：

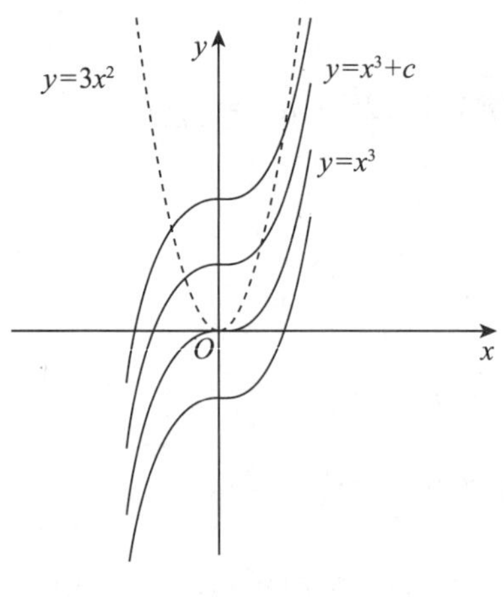

图 5.1

(1) $\int af(x)dx = a\int f(x)dx$（$a$ 是非零常数），即常数因子可提到积分号前.

(2) $\int[f(x)\pm g(x)]dx=\int f(x)dx\pm\int g(x)dx$，即两个函数的代数和的不定积分等于两个函数不定积分的代数和，这个性质可以推广到任意有限多个函数的代数和的情况.

由于求不定积分运算是求导数或微分运算的逆运算，因此利用导数的基本公式与不定积分的意义，可得下面的基本积分公式：

1. $\int 0dx=C$

2. $\int x^{\alpha}dx=\frac{x^{\alpha+1}}{\alpha+1}+C(\alpha\neq-1)$

3. $\int\frac{1}{x}dx=\ln|x|+C$

4. $\int e^{x}dx=e^{x}+C$

5. $\int a^{x}dx=\frac{a^{x}}{\ln a}+C$

6. $\int\cos xdx=\sin x+C$

7. $\int\sin xdx=-\cos x+C$

8. $\int\sec^{2}xdx=\tan x+C$

9. $\int\csc^{2}xdx=-\cot x+C$

10. $\int\frac{1}{1+x^{2}}dx=\arctan x+C$

11. $\int\frac{1}{\sqrt{1-x^{2}}}dx=\arcsin x+C$

12. $\int\sec x\tan xdx=\sec x+C$

13. $\int\csc x\cot xdx=-\csc x+C$

上面的基本积分公式，以后要反复运用，必须熟记. 只用到上面不定积分的简单性质及基本积分公式求积分的方法称为直接积分法.

例 8　求 $\int(4x^{3}-6x^{2}+1)dx$.

解：原式 $=\int 4x^{3}dx-\int 6x^{2}dx+\int dx=(x^{4}+C_{1})-(2x^{3}+C_{2})+(x+C_{3})$

$=x^{4}-2x^{3}+x+C.$

注意：这里三个积分常数都是任意的，故可合并写成一个积分常数. 所以对一个不定积分，当算式中积分号全部消失时，只要在所得式子后写上一个积分常数即可，以后遇到这种情况不再说明.

例 9　求 $\int(e^{x}-3\sin x+2\sqrt{x})dx$.

解：原式 $=\int e^{x}dx-3\int\sin xdx+2\int\sqrt{x}dx=e^{x}+3\cos x+\frac{4}{3}x^{\frac{3}{2}}+C.$

例 10 求$\int \frac{1+x+x^2}{x(1+x^2)}dx$.

解: 原式$=\int \frac{x+(1+x^2)}{x(1+x^2)}dx=\int\left(\frac{1}{1+x^2}+\frac{1}{x}\right)dx=\arctan x+\ln|x|+C$.

例 11 求$\int \sin^2\frac{x}{2}dx$.

解: 原式$=\int\frac{1-\cos x}{2}dx=\frac{1}{2}\int(1-\cos x)dx$

$$=\frac{1}{2}\int dx-\frac{1}{2}\int\cos x dx=\frac{1}{2}x-\frac{1}{2}\sin x+C.$$

例 12 求$\int(3^x+x^3)dx$.

解: 原式$=\int 3^x+dx+\int x^3dx=\frac{3^x}{\ln 3}+\frac{x^4}{4}+C$.

例 13 求$\int\tan^2 xdx$.

解: 原式$=\int(\sec^2x-1)dx=\int\sec^2xdx-\int dx=\tan x-x+C$.

例 14 某厂生产某种产品，每日生产的产品的总成本 y 的变化率 y'（即边际成本）是日产量 x 的函数 $y'=5x+4x^2$，已知固定成本为 500 元，求总成本与日产量的函数关系.

解: 依题意知总成本的变化率为 $y'=5x+4x^2$

故 $y=\int(5x+4x^2)dx=\frac{5}{2}x^2+\frac{4}{3}x^3+C$.

已知固定成本 500 元，即 $x=0$ 时 $y=500$，因此 $C=500$，从而 $y=\frac{5}{2}x^2+\frac{4}{3}x^3+500$.

所以，总成本 y 与日产量 x 的函数关系为 $y=\frac{5}{2}x^2+\frac{4}{3}x^3+500$.

例 15 某产品在时刻 t（单位：小时）的总产量的变化率为 $P'(t)=100+24\sqrt{t}$，求此产品的产量与 t 的函数关系 $P(t)$. 已知 $t=0$ 时，$P(0)=0$.

解: 由题意知 $P'(t)=100+24\sqrt{t}$.

故 $P(t)=\int P'(t)dt=\int(100+24\sqrt{t})dt=100t+16t^{\frac{3}{2}}+C$.

将 $t=0$，$P(t)=0$ 代入上式可得 $C=0$，从而 $P(t)=100t+16t^{\frac{3}{2}}$.

所以产量 P 与时间 t 的函数关系为 $P(t)=100t+16t^{\frac{3}{2}}$.

§5.2 换元积分法

利用积分的运算性质及基本积分公式，即直接积分法，可以求一些简单函数的不定积分. 对于某些较复杂的函数，只要稍作变形，还是可以用直接积分法求出其不定积分. 这节介绍一种最常用、最基本的积分法——换元积分法.

按其被积函数形式不同又可分为第一换元法与第二换元法.

一、第一换元法（又称凑微分法）

先看两个例子：

例 1　求 $\int \sin 2x dx$.

解：易见这个积分在基本积分公式表中是找不到的.

由于 $\sin 2x dx = \frac{1}{2}\sin 2x d(2x)$

所以 $\int \sin 2x dx = \int \frac{1}{2}\sin 2x d(2x) = \frac{1}{2}\int \sin 2x d(2x)$.

令 $u=2x$，则上面积分就变为 $\frac{1}{2}\int \sin 2x d(2x) = \frac{1}{2}\int \sin u du$.

这在基本积分表中可以找到，然后再代回原来变量 x，就得积分

$$\int \sin 2x dx = \frac{1}{2}\int \sin u du = -\frac{1}{2}\cos u + C = -\frac{1}{2}\cos 2x + C.$$

例 2　求 $\int x\sqrt{x^2-3}dx$.

解：按基本积分公式表第二个公式，可凑成 $\int x\sqrt{x^2-3}dx = \frac{1}{2}\int \sqrt{x^2-3}d(x^2-3)$.

再令 $x^2-3=u$，则上式就变为

$$\frac{1}{2}\int \sqrt{x^2-3}d(x^2-3) = \frac{1}{2}\int \sqrt{u}du = \frac{1}{3}u^{\frac{3}{2}} + C = \frac{1}{3}(x^2-3)^{\frac{3}{2}} + C.$$

上面两例所用的方法都是一样的，都是把积分改写后引进新的变量 $u=\varphi(x)$，这样把对 x 的积分就转化为对 u 的积分，如果这个对 u 的积分可以求出，最后再把 u 换成 $\varphi(x)$ 就得到原来要求的积分. 这种积分法实质上是把被积表达式凑成某一已知函数的积分形式，以便用基本积分公式求得积分，所以又叫凑微分法.

这种积分方法即第一换元法，用式子表为

$$\int f[\varphi(x)]\varphi'(x)dx = \int f[\varphi(x)]d\varphi(x) \overset{\varphi(x)=u}{=} \int f(u)du = F(u) + C \overset{u=\varphi(x)}{=} F[\varphi(x)] + C.$$

上述式子的正确性，只要注意到复合函数的求导法则即明. 第一换元法实质上是把复合函数微分法逆过来用的.

例 3　求 $\int \frac{\ln x}{x}dx$.

解：因为 $\frac{\ln x}{x}dx = \ln x d(\ln x)$.

令 $u=\ln x$，则 $\int \frac{\ln x}{x}dx = \int u du = \frac{1}{2}u^2 + C = \frac{1}{2}(\ln x)^2 + C$.

例 4　求 $\int xe^{x^2}dx$.

解：因为 $\int xe^{x^2}dx = \int \frac{1}{2}e^{x^2}d(x^2)$

令 $u=x^2$，则 $\int xe^{x^2}dx = \frac{1}{2}\int e^u du = \frac{1}{2}e^u + C = \frac{1}{2}e^{x^2} + C$.

例 5 求$\int \tan x dx$.

解：因为 $\tan x dx=\frac{\sin x}{\cos x}dx=-\frac{d\cos x}{\cos x}$.

令 $u=\cos x$，则$\int \tan x dx=-\int \frac{du}{u}=-\ln|u|+C=-\ln|\cos x|+C$.

当对求积分的步骤比较熟悉后，可不必写出变量 u 来，而直接计算下去.

例 6 求$\int \frac{dx}{x\ln\sqrt{x}}$.

解：原式$=\int \frac{dx}{\frac{1}{2}x\ln x}=2\int \frac{d(\ln x)}{\ln x}=2\ln|\ln x|+C$.

例 7 求$\int \frac{dx}{a^2-x^2}$.（$a>0$）

解：因为$\frac{1}{a^2-x^2}=\frac{1}{2a}\left(\frac{1}{a+x}+\frac{1}{a-x}\right)$，故

$$\begin{aligned}
\text{原式}&=\frac{1}{2a}\int\left(\frac{1}{a+x}+\frac{1}{a-x}\right)dx\\
&=\frac{1}{2a}\int \frac{1}{a+x}dx+\frac{1}{2a}\int \frac{1}{a-x}dx\\
&=\frac{1}{2a}\int \frac{d(a+x)}{a+x}+\frac{1}{2a}\int \frac{-d(a-x)}{a-x}\\
&=\frac{1}{2a}\int \frac{d(a+x)}{a+x}-\frac{1}{2a}\int \frac{d(a-x)}{a-x}\\
&=\frac{1}{2a}\ln|a+x|-\frac{1}{2a}\ln|a-x|+C\\
&=\frac{1}{2a}\ln\left|\frac{a+x}{a-x}\right|+C.
\end{aligned}$$

注：由上例易得$\int \frac{dx}{x^2-a^2}=\frac{1}{2a}\ln\left|\frac{x-a}{x+a}\right|+C$.

例 8 求$\int \sec x dx$.

解：

$$\begin{aligned}
\text{原式}&=\int \frac{\sec x(\tan x+\sec x)}{\sec x+\tan x}dx\\
&=\int \frac{\sec x\tan x+\sec^2 x}{\sec x+\tan x}dx\\
&=\int \frac{d(\sec x+\tan x)}{\sec x+\tan x}\\
&=\ln|\sec x+\tan x|+C.
\end{aligned}$$

亦可利用例 7 结果而求得例 8：

$$\int \sec x dx=\int \frac{dx}{\cos x}=\int \frac{\cos x}{\cos^2 x}dx=\int \frac{d\sin x}{1-\sin^2 x}=\frac{1}{2}\ln\left|\frac{1+\sin x}{1-\sin x}\right|+C.$$

由于

$$\frac{1+\sin x}{1-\sin x}=\frac{(1+\sin x)^2}{(1-\sin x)(1+\sin x)}=\frac{(1+\sin x)^2}{1-\sin^2 x}=\frac{(1+\sin x)^2}{\cos^2 x}=\left(\frac{1+\sin x}{\cos x}\right)^2$$

$$=\left(\frac{1}{\cos x}+\frac{\sin x}{\cos x}\right)^2=(\sec x+\tan x)^2$$

于是有

$$\int \sec x dx=\frac{1}{2}\ln\left|\frac{1+\sin x}{1-\sin x}\right|+C=\frac{1}{2}\ln(\sec x+\tan x)^2+C=\ln|\sec x+\tan x|+C.$$

类似地，读者不难求得

$$\int \csc x dx=\ln|\csc x-\cot x|+C.$$

例 9　求 $\int \sin 3x\cos 2x dx$.

解：原式 $=\frac{1}{2}\int 2\sin 3x\cos 2x dx$

$$=\frac{1}{2}\int(\sin 5x+\sin x)dx$$

$$=\frac{1}{2}\int \sin 5x dx+\frac{1}{2}\int \sin x dx$$

$$=\frac{1}{10}\int \sin 5x d(5x)+\frac{1}{2}\int \sin x dx$$

$$=-\frac{1}{10}\cos 5x-\frac{1}{2}\cos x+C.$$

从上面几个例子可以看出：上述的凑微分法都是针对给定的具体函数来求其不定积分的，如果我们仔细分析用凑微分法解决不定积分的例子，不难将常见实用的凑微分法的积分归纳如下：

设 $\int f(u)du=F(u)+C$，则

1. $\int f(ax+b)dx=\frac{1}{a}\int f(ax+b)d(ax+b)=\frac{1}{a}F(ax+b)+C(a\neq 0)$

2. $\int f(\ln x)\frac{dx}{x}=\int f(\ln x)d(\ln x)=F(\ln x)+C$

3. $\int f(x^\alpha)x^{\alpha-1}dx=\frac{1}{\alpha}\int f(x^\alpha)d(x^\alpha)=\frac{1}{\alpha}F(x^\alpha)+C(\alpha\neq 0)$

4. $\int e^x f(e^x)dx=\int f(e^x)d(e^x)=F(e^x)+C$

5. $\int f(\sin x)\cos x dx=\int f(\sin x)d(\sin x)=F(\sin x)+C$

6. $\int f(\cos x)\sin x dx=-\int f(\cos x)d(\cos x)=-F(\cos x)+C$

7. $\int \frac{f(\tan x)}{\cos^2 x}dx=\int f(\tan x)d(\tan x)=F(\tan x)+C$

8. $\int f(\arcsin x)\frac{dx}{\sqrt{1-x^2}}=\int f(\arcsin x)d(\arcsin x)=F(\arcsin x)+C$

9. $\int f(\arctan x)\dfrac{dx}{1+x^2}=\int f(\arctan x)d(\arctan x)=F(\arctan x)+C$

……

二、第二换元法

例 10 求$\int\dfrac{dx}{1+\sqrt{x}}$.

解： 对于此积分，很难用凑微分法来求出，但容易想到作变换$\sqrt{x}=u$即$x=u^2$（$u\geqslant 0$）. 使得被积函数有理化后有可能求出原函数.

因为$x=u^2$于是有$dx=2udu$，则

$$\begin{aligned}\int\frac{dx}{1+\sqrt{x}}&=2\int\frac{udu}{1+u}=2\int\frac{(1+u)-1}{1+u}du\\&=2\left[\int du-\int\frac{1}{1+u}du\right]\\&=2[u-\ln(1+u)]+C\\&=2[\sqrt{x}-\ln(1+\sqrt{x})]+C.\end{aligned}$$

例 11 求$\int\dfrac{dx}{(x+1)\sqrt{x+2}}$.

解： 令$\sqrt{x+2}=u$，得$x=u^2-2$，所以$dx=2udu$，代入得

$$\int\frac{dx}{(x+1)\sqrt{x+2}}=\int\frac{2udu}{u(u^2-1)}=2\int\frac{du}{u^2-1}=\ln\left|\frac{u-1}{u+1}\right|+C=\ln\left|\frac{\sqrt{x+2}-1}{\sqrt{x+2}+1}\right|+C.$$

上面两例（例 10，例 11）所用的方法叫第二换元法，它与凑微分法在形式上是不同的. 它不是引进新变量$u=\varphi(x)$改写积分，而是令$x=\varphi(u)$使得被积式简化. 这种换元法一般可写成

$$\int f(x)dx\overset{x=\varphi(u)}{=}\int f[\varphi(u)]\varphi'(u)du=G(u)+C\overset{u=\varphi^{-1}(x)}{=}G[\varphi^{-1}(x)]+C$$

其中$u=\varphi^{-1}(x)$是$x=\varphi(u)$的反函数.

上述式子的正确性，利用复合函数与反函数的求导公式，上式右端对x求导数，即可得证.

例 12 求$\int\sqrt{a^2-x^2}dx\,(a>0)$.

解： 为了消去根式，可作三角变换$x=a\sin u\left(-\dfrac{\pi}{2}<u<\dfrac{\pi}{2}\right)$

于是$u=\arcsin\dfrac{x}{a}$，$dx=a\cos udu$，$\sqrt{a^2-x^2}=\sqrt{a^2-a^2\sin^2u}=a\cos u$

从而有

$$\begin{aligned}\int\sqrt{a^2-x^2}dx&=\int a\cos u\cdot a\cos udu=a^2\int\cos^2udu\\&=a^2\int\frac{1+\cos 2u}{2}du=\frac{a^2}{2}\left[\int du+\int\cos 2udu\right]\end{aligned}$$

$$= \frac{1}{2}a^2\left[u + \frac{1}{2}\sin 2u\right] + C = \frac{1}{2}a^2[u + \sin u\cos u] + C$$

$$= \frac{1}{2}a^2\left[\arcsin\frac{x}{a} + \frac{x}{a}\,\frac{\sqrt{a^2-x^2}}{a}\right] + C \text{（见图 5.2）}$$

$$= \frac{1}{2}a^2\arcsin\frac{x}{a} + \frac{x}{2}\sqrt{a^2-x^2} + C.$$

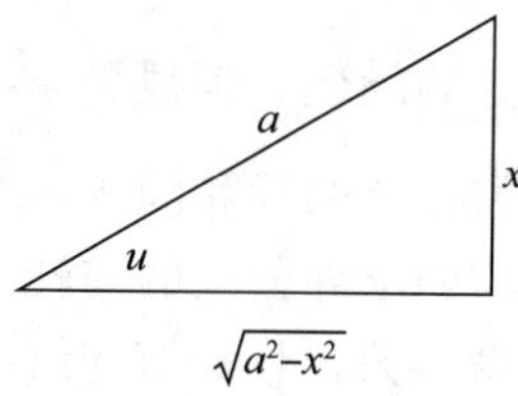

图 5.2

例 13 求 $\int\frac{dx}{\sqrt{x^2+a^2}}(a>0)$.

解： 令 $x=a\tan u\left(-\frac{\pi}{2}<u<\frac{\pi}{2}\right)$，于是 $u=\arctan\frac{x}{a}$，$dx=a\sec^2 u du$ 从而

$$\int\frac{dx}{\sqrt{x^2+a^2}} = \int\frac{1}{a\sec u}a\sec^2 u du = \int\sec u du = \ln|\sec u + \tan u| + C_1.$$

为了将变量 u 还原为 x，我们可以画一个三角形（如图 5.3）即像例 12 用图 5.2 一样，然后利用三角形的边角关系可得

$$\sec u = \frac{\sqrt{x^2+a^2}}{a}$$

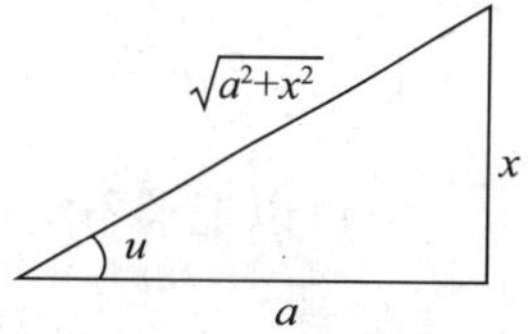

图 5.3

于是原积分可写成原积分变量 x 的函数：

$$\int\frac{dx}{\sqrt{x^2+a^2}} = \ln\left|\frac{\sqrt{x^2+a^2}}{a} + \frac{x}{a}\right| + C_1$$

$$= \ln\left|x + \sqrt{x^2+a^2}\right| + C.$$

其中 $C=C_1-\ln a$.

例 14 求 $\int\frac{dx}{\sqrt{x^2-a^2}}(a>0)$.

解： 当 $x>a$ 时，令 $x=a\sec u\left(0<u<\frac{\pi}{2}\right)$，则 $dx=a\sec u\tan u du$

$$\sqrt{x^2-a^2}=\sqrt{a^2\sec^2 u-a^2}=a\tan u$$

于是 $\int\frac{dx}{\sqrt{x^2-a^2}} = \int\frac{1}{a\tan u}a\sec u\tan u du = \int\sec u du$

$$= \ln|\sec u + \tan u| + C_1$$

$$= \ln\left|\frac{x}{a} + \frac{\sqrt{x^2-a^2}}{a}\right| + C_1 \text{（见图 5.4）}$$

$$= \ln\left|x + \sqrt{x^2-a^2}\right| + C.$$

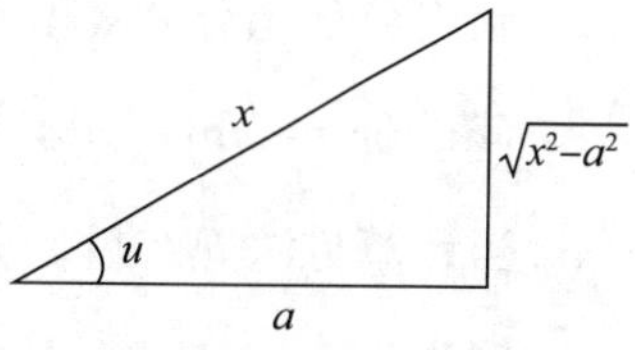

图 5.4

其中 $C=C_1-\ln a$.

当 $x<-a$ 时，易得以上结果仍成立.

对含有根式$\sqrt{a^2\pm x^2}$和$\sqrt{x^2-a^2}$的被积函数，常作类似的三角变换，去掉根式.

§5.3　分部积分法

换元积分法能处理一批不定积分的问题，但碰到求 $\int x\sin x dx$，$\int e^x\cos x dx$ 等一类不定积分就显得无能为力. 为了解决这类积分的计算问题，本节介绍另一种积分方法——分部积分法，它是微分法中两个函数乘积的求导公式的逆转.

设 $u=u(x)$，$v=v(x)$ 都是可微函数，且具有连续的导函数 $u'(x)$，$v'(x)$，根据乘积的微分公式，有

$$d[u(x)v(x)]=u(x)dv(x)+v(x)du(x)$$

移项得

$$u(x)dv(x)=d[u(x)v(v)]-v(x)du(x)$$

两边积分即得

$$\int u(x)dv(x)=u(x)v(x)-\int v(x)du(x) \tag{5.3}$$

式（5.3）称为不定积分的分部积分公式，有时简写成

$$\int udv=uv-\int vdu$$

它可以把求不定积分 $\int udv$ 的问题化为求不定积分 $\int vdu$ 的问题. 一般的，当 $\int udv$ 不易计算而 $\int vdu$ 比较易计算时，就可以使用这个公式.

例 1　求 $\int x\cos x dx$.

解： 令 $u=x$，$dv=\cos x dx$，于是 $du=dx$，$v=\sin x$.

按分部积分公式（5.3），有

$$\int x\cos x dx=x\sin x-\int \sin x dx=x\sin x+\cos x+C.$$

例 2　求 $\int \ln x dx$.

解： 令 $u=\ln x$，$dv=dx$，从而有 $du=\frac{1}{x}dx$，$v=x$.

利用分部积分公式得到

$$\int \ln x dx=x\ln x-\int x\cdot\frac{1}{x}dx=x\ln x-x+C=x(\ln x-1)+C.$$

当计算方法熟练后，分部积分法的替换过程可省略，并且分部积分公式可重复使用.

例 3　求 $\int x^2e^x dx$.

解： $\int x^2e^x dx=\int x^2d(e^x)$

$$= x^2e^x - 2\int xe^x dx$$

$$= x^2e^x - 2\int xd(e^x)$$

$$= x^2e^x - 2(xe^x - \int e^x dx)$$

$$= x^2e^x - 2xe^x + 2e^x + C$$

$$= (x^2 - 2x + 2)e^x + C.$$

例 4　求 $\int e^x \sin x dx$.

解: $\int e^x \sin x dx = \int \sin x d(e^x)$

$$= e^x \sin x - \int e^x \cos x dx$$

$$= e^x \sin x - \int \cos x d(e^x)$$

$$= e^x \sin x - e^x \cos x - \int e^x \sin x dx$$

把右端末项移到左端整理得

$$\int e^x \sin x dx = \frac{1}{2}e^x(\sin x - \cos x) + C.$$

积分常数 C 是在最后才写上去的.

例 5　求 $\int \arcsin x dx$.

解: $\int \arcsin x dx = x\arcsin x - \int \frac{x}{\sqrt{1-x^2}}dx$

$$= x\arcsin x + \frac{1}{2}\int \frac{d(1-x^2)}{\sqrt{1-x^2}}$$

$$= x\arcsin x + \sqrt{1-x^2} + C.$$

例 6　求 $\int \arctan x dx$.

解: $\int \arctan x dx = x\arctan x - \int \frac{x}{1+x^2}dx$

$$= x\arctan x - \frac{1}{2}\int \frac{d(1+x^2)}{1+x^2}$$

$$= x\arctan x - \frac{1}{2}\ln(1+x^2) + C.$$

例 7　求 $\int x^2 \cos 2x dx$.

解: $\int x^2 \cos 2x dx = \frac{1}{2}\int x^2 d\sin 2x$

$$= \frac{1}{2}x^2 \sin 2x - \int x \sin 2x dx$$

$$= \frac{1}{2}x^2 \sin 2x + \frac{1}{2}\int x d\cos 2x$$

$$= \frac{1}{2}x^2\sin 2x + \frac{1}{2}x\cos 2x - \frac{1}{2}\int \cos 2x dx$$

$$= \frac{1}{2}x^2\sin 2x + \frac{1}{2}x\cos 2x - \frac{1}{4}\sin 2x + C.$$

有时在求不定积分时，换元积分法与分部积分法会同时使用，上题就是一例.

例 8 求 $\int xe^{-x}dx$.

解: $\int xe^{-x}dx = -\int xd(e^{-x}) = -xe^{-x} + \int e^{-x}dx = -xe^{-x} - e^{-x} + C = -e^{-x}(1+x) + C.$

* §5.4 有理函数的积分

设 $P(x)$ 和 $Q(x)$ 是两个多项式，则 $\frac{P(x)}{Q(x)}$ 就是有理函数. 当 $Q(x)$ 的次数比 $P(x)$ 的次数高时，$\frac{P(x)}{Q(x)}$ 叫做有理真分式；否则，叫做有理假分式. 但任一有理假分式总可通过多项式的除法，将其化为多项式与有理真分式之和，即

$$\frac{P(x)}{Q(x)} = T(x) + \frac{H(x)}{Q(x)}$$

其中 $T(x)$ 是多项式，$\frac{H(x)}{Q(x)}$ 是有理真分式.

例如：(1) $\frac{x^3+1}{x^2+x+1} = x-1+\frac{2}{x^2+x+1}$;

(2) $\frac{x^5+1}{x^3+x+1} = x^2-1-\frac{x^2-x-2}{x^3+x+1}$;

(3) $\frac{x^2}{x-1} = x+1+\frac{1}{x-1}$.

多项式很容易积分，因此我们只需要讨论有理真分式的不定积分问题.

一、几类简单分式的不定积分

对于下列两类积分（其中 A 为常数），利用基本积分公式及换元积分法就可求得：

$$\int \frac{A}{x-a}dx = A\ln|x-a| + C$$

$$\int \frac{A}{(x-a)^n}dx = -\frac{A}{(n-1)(x-a)^{n-1}} + C(n \neq 1)$$

对于下列两类积分：

$$\int \frac{Mx+N}{x^2+px+q}dx, \int \frac{Mx+N}{(x^2+px+q)^n}dx.$$

其中，M，N，p，q 都是常数，且 $p^2-4q<0$（即 $x^2+px+q=0$ 没有实根），$n>1$.

我们仅通过下面例子来说明其求法：

例 1 求 $\int \frac{x+1}{x^2-2x+5}dx$.

解：由于 x^2-2x+5 不能分解因式，且 $x^2-2x+5=(x-1)^2+4$，令 $u=x-1$，则所求不定积分

$$\begin{aligned}\int\frac{x+1}{x^2-2x+5}dx &= \int\frac{u+2}{u^2+2^2}du \\ &= \int\frac{u}{u^2+4}du+2\int\frac{du}{u^2+2^2} \\ &= \frac{1}{2}\int\frac{d(u^2+4)}{u^2+4}+2\int\frac{du}{u^2+2^2} \\ &= \frac{1}{2}\ln(u^2+4)+\arctan\frac{u}{2}+C \\ &= \frac{1}{2}\ln(x^2-2x+5)+\arctan\frac{x-1}{2}+C.\end{aligned}$$

例 2　求 $\int\frac{dx}{(1+x^2)^2}$.

解：把被积函数改写成 $\frac{1}{(1+x^2)^2}=\frac{(1+x^2)-x^2}{(1+x^2)^2}=\frac{1}{1+x^2}-\frac{x^2}{(1+x^2)^2}$

于是原积分

$$\begin{aligned}\int\frac{dx}{(1+x^2)^2} &= \int\frac{dx}{1+x^2}-\int\frac{x^2}{(1+x^2)^2}dx \\ &= \arctan x+\frac{1}{2}\int xd\left(\frac{1}{1+x^2}\right) \\ &= \arctan x+\frac{1}{2}\frac{x}{1+x^2}-\frac{1}{2}\int\frac{dx}{1+x^2} \\ &= \arctan x+\frac{1}{2}\frac{x}{1+x^2}-\frac{1}{2}\arctan x+C \\ &= \frac{1}{2}\left(\frac{x}{1+x^2}+\arctan x\right)+C.\end{aligned}$$

例 3　求 $\int\frac{x}{(x^2-2x+2)^2}dx$.

解：令 $u=x-1$，则 $x=u+1$，$x^2-2x+2=x^2-2x+1+1=(x-1)^2+1$，则

$$\begin{aligned}\int\frac{x}{(x^2-2x+2)^2}dx &= \int\frac{u+1}{(1+u^2)^2}du \\ &= \int\frac{udu}{(1+u^2)^2}+\int\frac{du}{(1+u^2)^2} \\ &= \frac{1}{2}\int\frac{d(1+u^2)}{(1+u^2)^2}+\int\frac{du}{(1+u^2)^2}\ \text{（积分}\int\frac{du}{(1+u^2)^2}\text{用例 2 结果）} \\ &= -\frac{1}{2(1+u^2)}+\frac{1}{2}\left(\frac{u}{1+u^2}+\arctan u\right)+C \\ &= \frac{1}{2}\left(\frac{u-1}{1+u^2}+\arctan u\right)+C \\ &= \frac{1}{2}\left[\frac{x-2}{x^2-2x+2}+\arctan(x-1)\right]+C.\end{aligned}$$

二、真分式的部分分式法

真分式的不定积分通常的求法是：先把真分式分解为前述四类简单部分分式的和，然后再仿上述方法求积分. 把真分式分解为简单部分分式的和的方法，称为部分分式法.

在本章§5.2例7中，我们把真分式$\frac{1}{a^2-x^2}$分解为部分分式的和

$$\frac{1}{a^2-x^2}=\frac{1}{2a}\left(\frac{1}{a+x}+\frac{1}{a-x}\right)$$

然后再逐项求不定积分.

对于一般的真分式，应如何分解为部分分式，这里不作一般介绍，而用下面的几个例子来说明：

例4 求$\int\frac{2x-1}{x^2-5x+6}dx$.

解：因为$x^2-5x+6=(x-2)(x-3)$，从而真分式$\frac{2x-1}{x^2-5x+6}$可以写成

$$\frac{2x-1}{x^2-5x+6}=\frac{A}{x-3}+\frac{B}{x-2}$$

其中，A，B为待定常数. 去分母，两端同乘以$(x-3)(x-2)$，得

$$2x-1=A(x-2)+B(x-3)$$

即$2x-1=(A+B)x-(2A+3B)$

比较两端同次幂的系数，得$\begin{cases}A+B=2\\2A+3B=1\end{cases}$

解方程组便得$A=5$，$B=-3$，所以$\frac{2x-1}{x^2-5x+6}=\frac{5}{x-3}-\frac{3}{x-2}$

从而

$$\begin{aligned}\int\frac{2x-1}{x^2-5x+6}dx&=\int\left(\frac{5}{x-3}-\frac{3}{x-2}\right)dx\\&=5\ln|x-3|-3\ln|x-2|+C\\&=\ln\left|\frac{(x-3)^5}{(x-2)^3}\right|+C.\end{aligned}$$

例5 求$\int\frac{dx}{x^3-x^2}$.

解：由于真分式$\frac{1}{x^3-x^2}$可以写成

$$\frac{1}{x^3-x^2}=\frac{A}{x-1}+\frac{Bx+C}{x^2}=\frac{A}{x-1}+\frac{B}{x}+\frac{C}{x^2},$$

其中，A，B，C是待定常数. 去分母，两端同乘以x^3-x^2得

$$1=Ax^2+B(x-1)x+C(x-1)$$

即$1=(A+B)x^2+(C-B)x-C$

比较两端同次幂的系数得：$\begin{cases}A+B=0\\C-B=0\\-C=1\end{cases}$

解方程组得 $A=1$，$B=-1$，$C=-1$，所以

$$\frac{1}{x^3-x^2}=\frac{1}{x-1}-\frac{1}{x}-\frac{1}{x^2}$$

于是 $\int\frac{dx}{x^3-x^2}=\int\left(\frac{1}{x-1}-\frac{1}{x}-\frac{1}{x^2}\right)dx=\ln\left|\frac{x-1}{x}\right|+\frac{1}{x}+C.$

习题五

(A)

1. 求下列不定积分：

(1) $\int\sqrt{x\sqrt{x\sqrt{x}}}dx$　　(2) $\int(\sqrt{x}+1)(\sqrt{x^3}+1)dx$

(3) $\int\frac{(t+1)^2}{t^2}dt$　　(4) $\int\frac{(1+x)}{\sqrt{x}}dx$

(5) $\int\frac{x^2}{1+x^2}dx$　　(6) $\int\frac{3x^4+3x^2+2}{x^2+1}dx$

(7) $\int\frac{x^2+\sqrt{x^3}+3}{\sqrt[3]{x}}dx$　　(8) $\int e^x\left(1+\frac{e^{-x}}{\sqrt{x}}\right)dx$

(9) $\int 5^x e^x dx$　　(10) $\int\frac{2\cdot 3^x+5\cdot 2^x}{3^x}dx$

(11) $\int\frac{1}{x^2(1+x^2)}dx$　　(12) $\int\frac{e^{2x}-1}{e^x-1}dx$

(13) $\int\cos^2\frac{x}{2}dx$　　(14) $\int\frac{\cos 2x}{\sin x+\cos x}dx$

(15) $\int\frac{\cos 2x}{\sin^2 x\cos^2 x}dx$　　(16) $\int\frac{1}{1+\cos 2x}dx$

2. 求下列不定积分：

(1) $\int\frac{1}{3+2x}dx$　　(2) $\int\frac{1}{\sqrt[3]{2-3x}}dx$

(3) $\int\frac{\sin\sqrt{t}}{\sqrt{t}}dt$　　(4) $\int x\sin x^2 dx$

(5) $\int xe^{-x^2}dx$　　(6) $\int\frac{x}{\sqrt{2-3x^2}}dx$

(7) $\int\frac{3x^3}{1+x^4}dx$　　(8) $\int\tan^8 x\sec^2 x dx$

(9) $\int\frac{1}{\sin x\cos x}dx$　　(10) $\int\cos^2(wt+p)\sin(wt+p)dt$

(11) $\int\frac{\sin x}{\cos^5 x}dx$　　(12) $\int\cos^3 x dx$

(13) $\int\sin 2x\cos 3x dx$　　(14) $\int\cos x\cos\frac{x}{2}dx$

(15) $\int \sin 4x \sin 8x dx$

(16) $\int \frac{\sin x - \cos x}{\sqrt[3]{\sin x + \cos x}} dx$

(17) $\int \frac{1+x}{\sqrt{9-4x^2}} dx$

(18) $\int \frac{x^3}{1+x^2} dx$

(19) $\int \frac{1}{3x^2-1} dx$

(20) $\int \frac{1}{(x+1)(x+2)} dx$

(21) $\int \tan \sqrt{1+x^2} \frac{x}{\sqrt{1+x^2}} dx$

(22) $\int \frac{\arctan \sqrt{x}}{\sqrt{x}(1+x)} dx$

(23) $\int \frac{10^{\arccos x}}{\sqrt{1-x^2}} dx$

(24) $\int \frac{1}{(\arcsin x)^2} \cdot \frac{dx}{\sqrt{1-x^2}}$

(25) $\int \frac{\ln \tan x}{\cos x \sin x} dx$

(26) $\int \frac{1+\ln x}{(x \ln x)^2} dx$

(27) $\int \frac{x^2 dx}{\sqrt{4-x^2}}$

(28) $\int \frac{dx}{x\sqrt{x^2-1}} (x>1)$

(29) $\int \frac{dx}{\sqrt{(x^2+1)^3}}$

(30) $\int \frac{\sqrt{x^2-4}}{x} dx$

(31) $\int \frac{dx}{1+\sqrt{1-x}}$

(32) $\int \frac{dx}{x+\sqrt{1-x^2}}$

(33) $\int \frac{dx}{1+\sqrt{2x}}$

(34) $\int \frac{dx}{1+\sqrt[3]{x+1}}$

(35) $\int \frac{\sqrt{1+x}-1}{\sqrt{1+x}+1} dx$

(36) $\int \frac{dx}{\sqrt{x}+\sqrt[4]{x}}$

(37) $\int \frac{1}{x} \sqrt{\frac{1-x}{1+x}} dx$

(38) $\int \frac{dx}{\sqrt[3]{(x+1)^2(x-1)^4}}$

(39) $\int \sin^2(wt+p) dt$

(40) $\int \tan^3 t \sec t dt$

3. 求下列不定积分：

(1) $\int x \sin x dx$

(2) $\int \ln x dx$

(3) $\int \arccos x dx$

(4) $\int x e^{-x} dx$

(5) $\int x^3 \ln x dx$

(6) $\int x \cos \frac{x}{3} dx$

(7) $\int x \tan^2 x dx$

(8) $\int x^2 \sin x dx$

(9) $\int x^2 \arctan x dx$

(10) $\int x \sin x \cos x dx$

(11) $\int x \cos^2 \frac{x}{2} dx$

(12) $\int (x^2+1) \sin 2x dx$

(13) $\int x \ln(x+1) dx$

(14) $\int \frac{\ln^2 x}{x^2} dx$

(15) $\int (\arcsin x)^2 dx$

(16) $\int e^{\sqrt[3]{x}} dx$

(17) $\int e^x \cos x dx$

(18) $\int e^{-x}\cos^2 x dx$

*4. 计算下列积分：

(1) $\int \frac{x^3}{x+2}dx$

(2) $\int \frac{3x+1}{x^2+3x-10}dx$

(3) $\int \frac{x^5+x^4-8}{x^3-x}dx$

(4) $\int \frac{6}{x^3+1}dx$

(5) $\int \frac{(1-x)dx}{(x+1)(x^2+1)}$

(6) $\int \frac{x^2+1}{(x+1)^2(x-1)}dx$

(7) $\int \frac{2dx}{(x+1)(x+2)(x+3)}$

(8) $\int \frac{dx}{x^4+1}$

(B)

1. 单项选择题：

(1) 设 $f(x)$ 可导且 $f'(x)$ 是连续函数，则（　　）成立.

(A) $\int f'(x)dx = f(x)$

(B) $d\int f(x)dx = f(x)$

(C) $\int df(x) = f(x)$

(D) $(\int f(x)dx)' = f(x)$

(2) 若 $\int f(x)dx = F(x)+C$，则 $\int \sin x f(-\cos x)dx =$（　　）

(A) $F(\cos x)+C$

(B) $-F(\cos x)+C$

(C) $F(-\cos x)+C$

(D) $\frac{F(-x)}{x}+C$

(3) 设 $\int f(x)dx = 3e^{\frac{x}{3}}+C$，则 $f(x)=$（　　）

(A) $e^{\frac{x}{3}}$　　(B) $9e^{\frac{x}{3}}$　　(C) $3e^{\frac{x}{3}}$　　(D) $e^{\frac{x}{3}}+C$

(4) 设 e^{2x} 是 $f(x)$ 的一个原函数，则 $\int xf(x)dx =$（　　）

(A) $\frac{e^{2x}}{2}(1-2x)+C$

(B) $\frac{e^{2x}}{2}(2x-1)+C$

(C) $e^{2x}(1-2x)+C$

(D) $e^{2x}(2x-1)+C$

2. 填空题：

(1) 设 $f(x)=k\tan 2x$ 的一个原函数为 $\frac{2}{3}\ln\cos 2x$，则 $k=$________.

(2) 设 $f'(x)=1$ 且 $f(0)=0$，则 $\int f(x)dx =$ ________.

(3) 设 $e^x+\sin x$ 是 $f(x)$ 的一个原函数，则 $f'(x)=$________.

(4) 不定积分 $\int \frac{1}{x^2}e^{\frac{1}{x}}dx =$________.

第 6 章　定积分

在积分学中要解决两个基本问题：第一是原函数的求法问题，前一章中，我们已经对它作了详细的讨论；第二是关于定积分问题，定积分的概念与导数的概念一样，也是由于实际问题的需要而引进的. 本章将介绍定积分的概念、性质、计算方法及其应用.

§6.1　定积分的概念

一、引出定积分概念的两个实例

（一）曲边梯形的面积

在直角坐标系中，由非负连续曲线 $y=f(x)$，直线 $x=a$，$x=b$ 及 x 轴所围成的图形 $AabB$，叫做曲边梯形，如图 6.1.

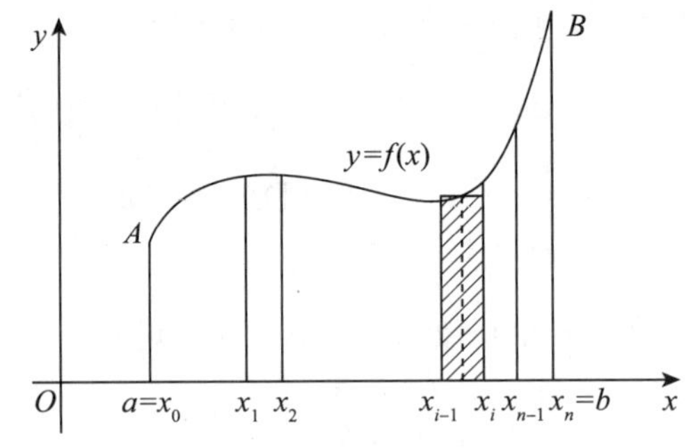

图 6.1

关于曲边梯形的面积，显然不能用初等数学的方法去解决，而要用极限方法去处理. 下面将求曲边梯形面积的具体方法叙述如下：

1. 分割

用分点 x_1，x_2，$\cdots x_{n-1}$插入区间 $[a, b]$，并且令 $x_0=a$，$x_n=b$，于是有

$a=x_0<x_1<x_2<\cdots<x_{n-1}<x_n=b$

这样，就将 $[a, b]$ 分成 n 个小区间

$[x_0, x_1]$，$[x_1, x_2]$，… $[x_{n-1}, x_n]$

这些小区间的长分别为

$\Delta x_1 = x_1 - x_0$，$\Delta x_2 = x_2 - x_1$，…$\Delta x_n = x_n - x_{n-1}$

过每个分点 x_i（$i=1, 2, \cdots n-1$）作 x 轴的垂线，把曲边梯形 $AabB$ 分成 n 个小曲边梯形（见图 6.1）. 用 S 表示曲边梯形 $AabB$ 的面积，ΔS_i 表示第 i 个小曲边梯形的面积，则有

$$S = \Delta S_1 + \Delta S_2 + \cdots + \Delta S_n = \sum_{i=1}^{n} \Delta S_i.$$

2. 求和

在每个小区间 $[x_{i-1}, x_i]$（$i=1, 2, \cdots, n$）内任取一点 $\xi_i(x_{i-1} \leqslant \xi_i \leqslant x_i)$，过 ξ_i 作 x 轴的垂线与曲边交于点（ξ_i，$f(\xi_i)$），以 Δx_i 为底、$f(\xi_i)$ 为高作矩形，则

$\Delta S_i \approx f(\xi_i)\Delta x_i$（$i=1, 2, \cdots, n$）

作和

$$S_n = f(\xi_1)\Delta x_1 + f(\xi_2)\Delta x_2 + \cdots + f(\xi_n)\Delta x_n = \sum_{i=1}^{n} f(\xi_i)\Delta x_i$$

显然，S_n 是 S 的一个近似值，即

$$S \approx S_n = \sum_{i=1}^{n} f(\xi_i)\Delta x_i.$$

3. 取极限

当 $[a, b]$ 分得越来越细，即 $\lambda = \max\limits_{1 \leqslant i \leqslant n}\{\Delta x_i\}$（表示所有小区间最大区间的长度）趋于零时，上述和式的极限就是曲边梯形 $AabB$ 的面积，即

$$S = \lim_{\lambda \to 0} \sum_{i=1}^{n} f(\xi_i)\Delta x_i.$$

（二）变速直线运动的路程

在变速直线运动中，已知速度 v 是时间 t 的函数 $v=v(t)$，设 $v(t)$ 是 t 的连续函数，求在时间间隔 $[a, b]$ 内所走过的路程.

对于匀速直线运动，因为 v 是常数，求路程的问题可以用初等方法解决，而变速运动就不能用初等方法解决了.

具体步骤如下：

1. 分割

用分点 t_1，t_2，…，t_{n-1} 插入时间间隔 $[a, b]$ 内，并且令 $t_0=a$，$t_n=b$，于是有

$a = t_0 < t_1 < t_2 < \cdots < t_{n-1} < t_n = b$

这样就将时间间隔 $[a, b]$ 分成 n 个小段：

$[t_0, t_1]$，$[t_1, t_2]$，…，$[t_{n-1}, t_n]$

第 i 段的长度 $\Delta t_i = t_i - t_{i-1}(1 \leqslant i \leqslant n)$.

2. 求和

在 $[t_{i-1}, t_i]$ 上任取一点 ξ_i，将时间间隔 $[t_{i-1}, t_i]$ 内的变速运动近似看成速度为 $v(\xi_i)$ 的匀速运动，则在时间间隔 $[t_{i-1}, t_i]$ 内走过的路程为

$\Delta S_i \approx v(\xi_i)\Delta t_i$（$i=1, 2, \cdots, n$）

作和，在时间间隔 $[a,b]$ 内走过的路程

$$S=\sum_{i=1}^{n}\Delta S_i\approx\sum_{i=1}^{n}v(\xi_i)\Delta t_i=S_n$$

则 S_n 是 S 的一个近似值.

3. 取极限

令 $\lambda=\max\limits_{1\leqslant i\leqslant n}\{\Delta t_i\}$，则当 $\lambda\to 0$（即分割越来越细）时，和式 S_n 的极限就是 $[a,b]$ 内走过的路程，即

$$S=\lim_{\lambda\to 0}\sum_{i=1}^{n}v(\xi_i)\Delta t_i.$$

二、定积分的定义

从上面的两个实例可以看到，一个来自几何，一个来自物理，具体含义各不相同，但从数学的角度看，解决的方法是相同的，都归结为求同一结构的和式的极限. 还有大量的实际问题的解决也是归结于这类极限（比如求非均匀变化的总产量等等）. 因此，需要对这种类型的极限问题进行一般性的研究.

如果撇开上面两个问题的几何意义与物理意义，单纯从数学结构上来考虑问题，而加以概括抽象出解决这类问题的一般思想，这就是我们要引进的一个新的概念——定积分的概念.

定义 6.1 设函数 $f(x)$ 在区间 $[a,b]$ 上有定义，用分点

$a=x_0<x_1<x_2<\cdots<x_{n-1}<x_n=b$

将区间 $[a,b]$ 分成 n 个小区间 $[x_{i-1},x_i]$ $(i=1,2,\cdots,n)$，其长度分别是

$\Delta x_i=x_i-x_{i-1}$ $(i=1,2,\cdots,n)$

记 $\lambda=\max\limits_{1\leqslant i\leqslant n}\{\Delta x_i\}$，在每个小区间 $[x_{i-1},x_i]$ $(i=1,2,\cdots,n)$ 上，任意取一点 $\xi_i(x_{i-1}\leqslant\xi_i\leqslant x_i)$，作和

$$\sigma_n=\sum_{i=1}^{n}f(\xi_i)\Delta(x_i)$$

称此和为 $f(x)$ 在 $[a,b]$ 上的一个积分和. 现令 $\lambda\to 0$，若积分和 σ_n 有极限 I，这个 I 与分割 $[a,b]$ 的方法以及 ξ_i 的取法无关，则称此极限值 I 为函数 $f(x)$ 在区间 $[a,b]$ 上的定积分，记作

$$I=\lim_{\lambda\to 0}\sum_{i=1}^{n}f(\xi_i)\Delta x_i=\int_a^b f(x)dx.$$

其中 $f(x)$ 称为被积函数，x 称为积分变量，$f(x)dx$ 称为被积表达式，$[a,b]$ 称为积分区间，b，a 分别称为积分上、下限，$\int$ 称为积分号.

符号 $\int_a^b f(x)dx$ 读做“$f(x)$ 从 a 到 b 的积分（值）”.

有了定积分的定义后，上面两个例子可用定积分表述如下：

曲边梯形的面积是曲边方程 $y=f(x)$ 在区间 $[a,b]$ 上的定积分，即

$$S=\int_a^b f(x)dx\,(f(x)\geqslant 0).$$

换言之，当 $f(x)\geqslant 0$ 时，积分 $S=\int_a^b f(x)dx$ 的几何意义是表示曲边方程为 $y=f(x)$ 的曲边梯形的面积；而当 $f(x)<0$ 时，积分 $S=\int_a^b f(x)\,dx$ 的几何意义是表示曲边方程为 $y=f(x)$ 的曲边梯形的面积的负值.

物体作变速直线运动所走过的路程是速度函数 $v=v(t)$ 在时间区间 $[a, b]$ 上的定积分，即

$$S=\int_a^b v(t)dt.$$

关于定积分的定义，我们给出如下几点注记：

(1) 当积分和的极限存在时，$\int_a^b f(x)\,dx$ 是一个确定的值，它只与被积函数 $f(x)$ 以及积分区间 $[a, b]$ 有关，而与积分变量用什么字母表示无关. 因此

$$\int_a^b f(x)dx,\int_a^b f(t)dt,\int_a^b f(u)du$$

表示同一积分值，即

$$\int_a^b f(x)dx=\int_a^b f(t)dt=\int_a^b f(u)du.$$

(2) 函数 $f(x)$ 有界是可积的必要条件，事实上，如果被积函数在积分区间上无界时，我们总可以选取 ξ_i，使积分和成为无限大，此时积分和的极限显然不存在，这说明无界函数是不可积的，由此可见函数 $f(x)$ 有界是可积的必要条件，关于函数的可积性，我们有这样两个结论：

(ⅰ) 有限区间上的连续函数是可积的.

(ⅱ) 有限区间上只有有限个间断点的有界函数也是可积的.

它们的证明超出本书所要求的范围，所以在这里就不叙述了.

(3) 在定积分的定义中，我们假定 $a<b$，如果 $b<a$，我们规定

$$\int_a^b f(x)dx=-\int_b^a f(x)dx$$

即定积分的上限与下限互换时，定积分变号.

还规定 $a=b$ 时

$$\int_a^a f(x)dx=0$$

三、用定义计算定积分的例子

例1 求抛物线 $y=x^2$，直线 $x=1$ 和 x 轴所围图形的面积.

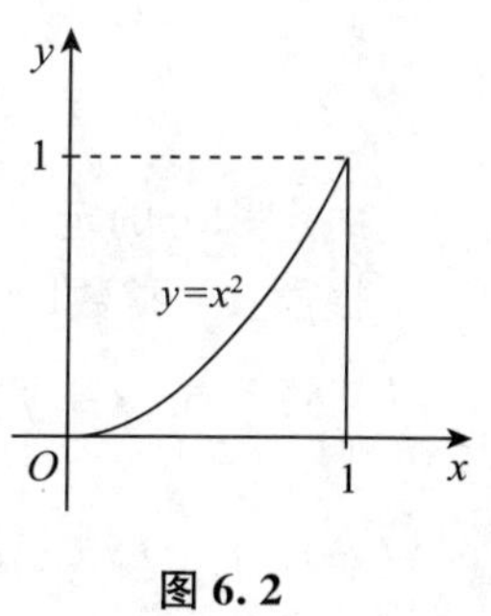

图6.2

解： 因为曲线 $y=x^2$ 与 x 轴交点是坐标原点，所以该平面图形的面积就是曲线 $y=x^2$ 在区间 $[0, 1]$ 上的定积分，即

$$S=\int_0^1 x^2dx$$

由于函数 $y=x^2$ 在区间 $[0, 1]$ 上连续，所以它在该区间上可积，由定积分的定义可知，对于可积函数来说，不论区间如何分割，ξ_i 如何选取，当 $\lambda\to 0$ 时，积分和 σ_n 总趋于同一极限值，因此，为

计算方便，通常采用等分法，且在 $[x_{i-1}, x_i]$ 中取区间的端点或中点作为 ξ_i.

将区间 $[0, 1]$ 分成 n 等份，分点是

$$0<\frac{1}{n}<\frac{2}{n}<\cdots<\frac{n-1}{n}<\frac{n}{n}=1$$

每一小区间的长度 $\Delta x_i=\frac{1}{n}$，在每一小区间 $\left[\frac{i-1}{n}, \frac{i}{n}\right]$（第 i 个小区间）上，取 $\xi_i=\frac{i-1}{n}$，于是积分和是

$$\begin{aligned}\sigma_n &= \sum_{i=1}^{n} f(\xi_i)\Delta x_i = \sum_{i=1}^{n}\left(\frac{i-1}{n}\right)^2\frac{1}{n}\\ &= \frac{1}{n^3}\sum_{i=1}^{n}(i-1)^2 = \frac{1}{n^3}[1^2+2^2+\cdots+(n-1)^2]\\ &= \frac{1}{n^3}\frac{n(n-1)(2n-1)}{6}\\ &= \frac{1}{6}\left(1-\frac{1}{n}\right)\left(2-\frac{1}{n}\right)\end{aligned}$$

令 $\lambda=\max\limits_{1\leqslant i\leqslant n}\{\Delta x_i\}=\frac{1}{n}\to 0$，则 $n\to\infty$，于是有

$$\int_0^1 x^2dx = \lim_{\lambda\to 0}\sum_{i=1}^{n}\xi_i^2\Delta x_i = \lim_{n\to\infty}\frac{1}{6}\left(1-\frac{1}{n}\right)\left(2-\frac{1}{n}\right)=\frac{1}{3}.$$

例 2 求积分 $\int_a^b dx$.

解：这里 $f(x)=1$，对 $[a, b]$ 作分割，分点是

$$a=x_0<x_1<\cdots<x_n=b$$

任取 $\xi_i\in[x_{i-1}, x_i](i=1, 2, \cdots n)$ 注意到 $f(\xi_i)=1$ 有

$$\sigma_n = \sum_{i=1}^{n} f(\xi_i)\Delta x_i = \sum_{i=1}^{n}\Delta x_i = b-a$$

令 $\lambda=\max\limits_{1\leqslant i\leqslant n}\{\Delta x_i\}$，则

$$\int_a^b dx = \lim_{\lambda\to 0}\sum_{i=1}^{n} f(\xi_i)\Delta x_i = \lim_{\lambda\to 0}(b-a) = b-a.$$

由上面两例可见，用定义直接求定积分，一般说来计算十分复杂. 因此，在 §6.3 中，我们将讨论定积分与不定积分（或原函数）之间的内在联系，从而给出利用原函数计算定积分的简便方法.

§6.2 定积分的基本性质

由定积分的定义或定积分的几何意义，容易得到如下基本性质：

性质 1 常数因子可以提到积分号外，即

$$\int_a^b kf(x)dx = k\int_a^b f(x)dx \ (k \text{ 为常数})$$

事实上 $\int_a^b kf(x)dx = \lim\limits_{\lambda\to 0}\sum\limits_{i=1}^{n} kf(\xi_i)\Delta x_i = k\lim\limits_{\lambda\to 0}\sum\limits_{i=1}^{n} f(\xi_i)\Delta x_i = k\int_a^b f(x)dx$

以下几条性质都可利用定义来证明，读者可自行补证.

性质2 代数和的积分等于积分的代数和，即

$$\int_a^b [f(x) \pm g(x)]dx = \int_a^b f(x)dx \pm \int_a^b g(x)dx.$$

这个性质可以推广到任意有限个函数和的情况.

性质3 若在区间 $[a, b]$ 上，恒有 $f(x) \leqslant g(x)$，则

$$\int_a^b f(x)dx \leqslant \int_a^b g(x)dx.$$

性质4（定积分的可加性） 若积分区间 $[a, b]$ 被点 c 分成两个小区间 $[a, c]$ 与 $[c, b]$，则

$$\int_a^b f(x)dx = \int_a^c f(x)dx + \int_c^b f(x)dx.$$

推论 当 c 不介于 a，b 之间时，上式亦成立.

事实上，若 $a<b<c$，则由上式有

$$\int_a^c f(x)dx = \int_a^b f(x)dx + \int_b^c f(x)dx = \int_a^b f(x)dx - \int_c^b f(x)dx$$

移项后，即得

$$\int_a^b f(x)dx = \int_a^c f(x)dx + \int_c^b f(x)dx$$

对情形 $c<a<b$，同理可证. 因此，对任意三个数 a，b，c 有

$$\int_a^b f(x)dx = \int_a^c f(x)dx + \int_c^b f(x)dx.$$

性质5 若 m 和 M 分别是 $f(x)$ 在区间 $[a, b]$ 上的最小值和最大值，则

$$m(b-a) \leqslant \int_a^b f(x)dx \leqslant M(b-a).$$

事实上，由于 $m \leqslant f(x) \leqslant M$，利用性质3即有

$$\int_a^b mdx \leqslant \int_a^b f(x)dx \leqslant \int_a^b Mdx$$

由§6.1例2和性质1易得

$$m(b-a) \leqslant \int_a^b f(x)dx \leqslant M(b-a).$$

性质6（定积分中值定理） 若 $f(x)$ 在区间 $[a, b]$ 上连续，则在 $[a, b]$ 上至少存在一点 ξ，使得下式成立：

$$\int_a^b f(x) = f(\xi)(b-a),\ \xi \in [a,b].$$

事实上，因为 $f(x)$ 在 $[a, b]$ 上连续，所以它在 $[a, b]$ 上必可达到最大值 M 与最小值 m，于是由性质5有

$$m(b-a) \leqslant \int_a^b f(x)dx \leqslant M(b-a)$$

即 $m \leqslant \dfrac{1}{b-a}\displaystyle\int_a^b f(x)dx \leqslant M.$

亦即数 $\dfrac{1}{b-a}\displaystyle\int_a^b f(x)dx$ 介于 $f(x)$ 的最大值 M 与最小值 m 之间，由连续函数的介值

定理，在 $[a, b]$ 上至少存在一点 $\xi\in[a, b]$，使 $f(x)$ 在 ξ 处的值等于这个数值，即

$$f(\xi)=\frac{1}{b-a}\int_a^b f(x)dx$$

即 $\int_a^b f(x)dx=f(\xi)(b-a)$.

积分中值定理的几何意义是：以区间 $[a, b]$ 为底，以曲线 $y=f(x)$ 为曲边的曲边梯形的面积，等于底边相同而高为 $f(\xi)$ 的一个矩形的面积（见图 6.3）.

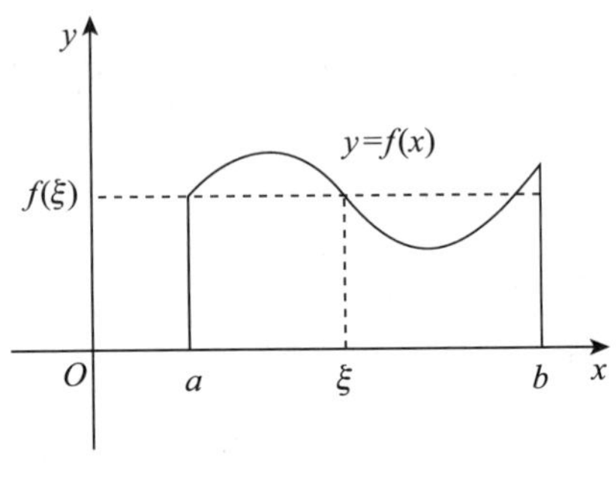

图 6.3

通常我们称 $\frac{1}{b-a}\int_a^b f(x)\,dx$ 为函数 $f(x)$ 在 $[a, b]$ 上的积分平均值.

§6.3 微积分基本定理

用定积分的定义来求函数的定积分，一般说来，是很麻烦、很困难的，甚至是不可能的，§6.1 中的例子亦说明了这一点．为了能使定积分更好地解决理论与实践所提出的问题，必须建立新的计算方法. 下面就来介绍微积分基本定理——利用原函数来计算定积分.

一、积分上限函数及其导数

我们曾说过，定积分 $\int_a^b f(x)dx$ 是一个数，这个数只与被积函数 $f(x)$ 和积分区间 $[a, b]$ 有关，而与积分变量 x 无关.

如果函数 $f(x)$ 在区间 $[a, b]$ 可积，根据积分的可加性，$\forall x\in[a, b]$，函数 $f(x)$ 在区间 $[a, x]$ 也可积. 将积分变量 x 换成 t，$\forall x\in[a, b]$ 对应唯一的定积分 $\int_a^x f(t)dt$，根据函数的定义，它是定义在区间 $[a, b]$ 上的函数. 设

$$F(x)=\int_a^x f(t)dt, a\leqslant x\leqslant b.$$

$F(x)$ 称为积分上限函数（也称变上限积分）.

定理 6.1 若函数 $f(x)$ 在区间 $[a, b]$ 上连续，则积分上限函数

$$F(x)=\int_a^x f(t)dt$$

在 $[a, b]$ 上可导，且 $F'(x)=f(x)$，即积分上限函数 $F(x)$ 是被积函数 $f(x)$ 的原函数.

证明： 根据导数的定义，只需证明，$\forall x\in[a, b]$，有 $F'(x)=\lim\limits_{\Delta x\to 0}\dfrac{F(x+\Delta x)-F(x)}{\Delta x}=f(x)$.

对任意一个 $x\in[a, b]$，取 $x+\Delta x\in[a, b]$ 有

$$
\begin{aligned}
F(x+\Delta x)-F(x) &= \int_a^{x+\Delta x} f(t)dt-\int_a^x f(t)dt \\
&= \int_a^x f(t)dt+\int_x^{x+\Delta x} f(t)dt-\int_a^x f(t)dt \\
&= \int_x^{x+\Delta x} f(t)dt
\end{aligned}
$$

根据§6.2 性质 6 有

$F(x+\Delta x)-F(x)=f(\xi_x)\Delta x$，$\xi_x$ 在 x 与 $x+\Delta x$ 之间或 $\dfrac{F(x+\Delta x)-F(x)}{\Delta x}=f(\xi_x)$.

当 $\Delta x\to 0$ 时 $\xi_x\to x$，已知函数 $f(x)$ 在 x 连续，有

$$F'(x)=\lim_{\Delta x\to 0}\frac{F(x+\Delta x)-F(x)}{\Delta x}=\lim_{\xi_x\to x}f(\xi_x)=f(x).$$

注： 第五章不定积分曾提出，什么样的函数存在原函数？定理 6.1 告诉我们：连续函数一定存在原函数，积分上限函数就是它的一个原函数．值得注意的是，积分上限函数不一定是初等函数.

二、牛顿——莱布尼兹公式

下面我们利用定理 6.1 来证明一个重要定理，它给出了用原函数（或不定积分）计算定积分的公式——牛顿—莱布尼兹公式.

定理 6.2 若 $f(x)$ 在区间 $[a, b]$ 上连续，且 $F(x)$ 是 $f(x)$ 的一个原函数，则

$$\int_a^b f(x)dx = F(b)-F(a). \tag{1}$$

证明： 已知 $F(x)$ 是 $f(x)$ 的一个原函数，即 $\forall x\in[a, b]$，有

$$F'(x) = f(x)$$

根据定理 6.1，积分上限函数 $\int_a^x f(t)dt$ 也是 $f(x)$ 的原函数，即

$$\left(\int_a^x f(t)dt\right)' = f(x)$$

再根据定理 4.2 推论，有

$$\int_a^x f(t)dt = F(x)+C$$

其中 C 是常数，为了确定常数 C，令 $x=a$，有

$0 = \int_a^a f(t)dt = F(a)+C$ 或 $C =-F(a)$

于是

$$\int_a^x f(t)dt = F(x)-F(a)$$

当 $x=b$ 时，有

$$\int_a^b f(t)dt = F(b) - F(a)$$

(1) 式称为牛顿—莱布尼兹公式（微积分基本定理），简称牛—莱公式. 有时将 $F(b)-F(a)$，表示为 $F(x)|_a^b$，即 (1) 式可写为

$$\int_a^b f(t)dt = F(x)|_a^b = F(b) - F(a).$$

注：定理 6.2 指出：计算连续函数 $f(x)$ 的定积分，如果它存在初等函数的原函数，只需求出 $f(x)$ 的一个原函数，然后按照公式 (1) 计算即可. 一般来说，按照定积分定义，即分割、求和、取极限的步骤计算定积分要进行极为繁琐的计算，没有实用价值，有了牛—莱公式之后，计算连续函数的定积分就转化为求被积函数的原函数（或不定积分）. 对相当多的初等函数来说，求原函数比计算积分和及其极限简单得多. 这样就把繁琐的计算大大简化，从而计算定积分成为简便易行的一种运算，提高了定积分的实用性.

例 1 求 $\int_0^1 x^2 dx$.

解：$\int_0^1 x^2 dx = \frac{1}{3}x^3\Big|_0^1 = \frac{1}{3}$.

例 2 求 $\int_a^b dx$.

解：$\int_a^b dx = x|_a^b = b-a$.

例 3 求 $\int_2^4 \frac{dx}{x}$.

解：$\int_2^4 \frac{dx}{x} = \ln x|_2^4 = \ln 4 - \ln 2 = 2\ln 2 - \ln 2 = \ln 2$.

例 4 求 $\int_0^{\frac{\pi}{2}} \sin^2 x\cos x dx$.

解：
$$\begin{aligned}\int_0^{\frac{\pi}{2}} \sin^2 x\cos x dx &= \int_0^{\frac{\pi}{2}} \sin^2 x d\sin x \\ &= \frac{1}{3}\sin^3 x\Big|_0^{\frac{\pi}{2}} \\ &= \frac{1}{3}\left(\sin^3\frac{\pi}{2} - \sin^3 0\right) \\ &= \frac{1}{3}.\end{aligned}$$

例 5 求 $\int_0^{\frac{\pi}{2}} (3x+\sin x)dx$.

解：
$$\begin{aligned}\int_0^{\frac{\pi}{2}} (3x+\sin x)dx &= 3\int_0^{\frac{\pi}{2}} x dx + \int_0^{\frac{\pi}{2}} \sin x dx \\ &= \frac{3}{2}x^2\Big|_0^{\frac{\pi}{2}} + (-\cos x)\Big|_0^{\frac{\pi}{2}} \\ &= \frac{3\pi^2}{8} + 1.\end{aligned}$$

例 6　求$\int_{-1}^{3}|2-x|dx$.

解：$|2-x|=\begin{cases}2-x, & x\leqslant 2\\ x-2, & x>2\end{cases}$

由定积分的可加性，有

$$\int_{-1}^{3}|2-x|dx=\int_{-1}^{2}(2-x)dx+\int_{2}^{3}(x-2)dx$$
$$=\left(2x-\frac{x^2}{2}\right)\Big|_{-1}^{2}+\left(\frac{x^2}{2}-2x\right)\Big|_{2}^{3}$$
$$=\frac{9}{2}+\frac{1}{2}=5.$$

注意：如果函数在所讨论区间上不满足可积条件，那么牛顿—莱布尼兹公式不能使用. 例如$\int_{-1}^{1}\frac{1}{x^2}dx$，如按牛顿—莱布尼兹公式计算则有

$$\int_{-1}^{1}\frac{1}{x^2}dx=-\frac{1}{x}\Big|_{-1}^{1}=-1-1=-2.$$

这个结果显然是错误的. 因为在［-1，1］上$\frac{1}{x^2}>0$，因此积分不会为负值. 产生错误的原因是函数$\frac{1}{x^2}$在［-1，1］上不连续，且无界，因此根本不可积.

§6.4　定积分的换元积分法与分部积分法

直接利用牛顿—莱布尼兹公式计算定积分时，必须先求出被积函数的原函数，然后将定积分的上、下限代入并相减，并得定积分的值. 但是在许多情况下这样的运算比较复杂，甚至有时原函数根本不能用积分法的一般法则求出，也就无法直接引用牛顿—莱布尼兹公式. 为了进一步解决定积分的计算问题，这节将介绍定积分的换元积分法与分部积分法.

一、换元积分法

定理 6.3　设函数 $f(x)$ 在［a，b］上连续，作变换 $x=\varphi(t)$，它满足下列条件：

(1) $\varphi(t)$ 在区间［α，β］上有连续的导数 $\varphi'(t)$；

(2) 当 t 从 α 变到 β 时，$\varphi(t)$ 从 $\varphi(\alpha)=a$ 单调地变到 $\varphi(\beta)=b$.

则有定积分换元公式

$$\int_{a}^{b}f(x)dx=\int_{\alpha}^{\beta}f[\varphi(t)]\varphi'(t)dt.$$

证明：设 $F(x)$ 是 $f(x)$ 的一个原函数，则 $F[\varphi(t)]$ 是 $f[\varphi(t)]\varphi'(t)$的一个原函数，因为

$$\frac{d}{dt}F[\varphi(t)]=\frac{d}{dx}F(x)\cdot\frac{dx}{dt}=F'(x)\varphi'(t)=f(x)\varphi'(t)=f[\varphi(t)]\varphi'(t)$$

于是由牛顿—莱布尼兹公式可知

$$\int_a^b f(x)dx = F(b) - F(a)$$

$$\int_\alpha^\beta f[\varphi(t)]\varphi'(t)dt = F[\varphi(\beta)] - F[\varphi(\alpha)] = F(b) - F(a)$$

综上可得

$$\int_a^b f(x)dx = \int_\alpha^\beta f[\varphi(t)]\varphi'(t)dt.$$

这个公式与不定积分的换元公式很类似，所不同的是运用不定积分的换元法，最后需将变量还原，而运用定积分换元法在变量变换的同时，需要将积分限作相应的改变，所以求得新被积函数的原函数后，就不必将变量换回到原来的变量，这样就简化了计算过程.

例 1 求 $\int_0^a \sqrt{a^2 - x^2}dx$.

解： 令 $x = a\sin t$，$dx = a\cos tdt$；$t = 0$ 时，$x = 0$；$t = \frac{\pi}{2}$ 时，$x = a$；且当 $t \in \left[0,\ \frac{\pi}{2}\right]$时，$x \in [0,\ a]$，所以

$$\int_0^a \sqrt{a^2 - x^2} = \int_0^{\frac{\pi}{2}} a\cos t \cdot a\cos tdt$$

$$= a^2\int_0^{\frac{\pi}{2}} \cos^2 tdt = a^2\int_0^{\frac{\pi}{2}} \frac{1 + \cos 2t}{2}dt$$

$$= \frac{a^2}{2}\left(t + \frac{\sin 2t}{2}\right)\Bigg|_0^{\frac{\pi}{2}} = \frac{1}{4}\pi a^2.$$

例 2 求 $\int_0^4 \frac{x+2}{\sqrt{2x+1}}dx$.

解： 令 $\sqrt{2x+1}=t$，则当 $x=0$ 时 $t=1$，当 $x=4$ 时 $t=3$；又因 $x=\frac{t^2-1}{2}$，所以 $dx=tdt$，于是

$$\int_0^4 \frac{x+2}{\sqrt{2x+1}}dx = \int_1^3 \frac{\frac{t^2-1}{2}+2}{t}tdt = \int_1^3 \frac{t^2+3}{2}dt = \frac{1}{2}\left(\frac{1}{3}t^3 + 3t\right)\Bigg|_1^3 = \frac{22}{3}.$$

例 3 求 $\int_0^{\frac{\pi}{2}} \sin t\cos tdt$.

解： 令 $u=\sin t$，则 $du=\cos tdt$；当 $t=0$ 时 $u=0$，当 $t=\frac{\pi}{2}$时 $u=1$，于是

$$\int_0^{\frac{\pi}{2}} \sin t\cos tdt = \int_0^1 udu = \frac{1}{2}u^2\Bigg|_0^1 = \frac{1}{2}.$$

例 4 证明：若函数 $f(x)$ 是偶函数，即 $f(-x)=f(x)$，则

$$\int_{-a}^a f(x)dx = 2\int_0^a f(x)dx.$$

若函数 $f(x)$ 是奇函数，即 $f(-x)=-f(x)$，则

$$\int_{-a}^a f(x)dx = 0.$$

证明： 由定积分性质，有

$\int_{-a}^{a} f(x)dx = \int_{-a}^{0} f(x)dx + \int_{0}^{a} f(x)dx.$

当 $f(x)$ 为偶函数，即 $f(-x)=f(x)$时，对右端第一个积分作变量变换 $x=-t$ 于是

$\int_{-a}^{0} f(x)dx = \int_{a}^{0} f(-t)d(-t) = -\int_{a}^{0} f(-t)dt = -\int_{a}^{0} f(t)dt = \int_{0}^{a} f(t)dt.$

因此 $\int_{-a}^{a} f(x)dx = \int_{0}^{a} f(x)dx + \int_{0}^{a} f(x)dx = 2\int_{0}^{a} f(x)dx.$

当 $f(x)$ 为奇函数，即 $f(-x)=-f(x)$时，对于变换 $x=-t$ 有

$\int_{-a}^{0} f(x)dx = \int_{a}^{0} f(-t)d(-t) = -\int_{a}^{0} f(-t)dt = \int_{a}^{0} f(t)dt = -\int_{0}^{a} f(t)dt.$

从而有 $\int_{-a}^{a} f(x)dx = \int_{-a}^{0} f(x)dx + \int_{0}^{a} f(x)dx = -\int_{0}^{a} f(x)dx + \int_{0}^{a} f(x)dx = 0.$

二、分部积分法

设函数 $u(x)$ 和 $v(x)$ 在 $[a, b]$ 上有连续导数 $u'(x)$，$v'(x)$，则有定积分分部积分公式

$\int_{a}^{b} u(x)dv(x) = u(x)v(x)\big|_{a}^{b} - \int_{a}^{b} v(x)du(x).$

事实上，由微分公式，我们有

$[u(x)v(x)]' = u'(x)v(x) + u(x)v'(x)$

两端从 a 到 b 积分，得

$\int_{a}^{b} [u(x)v(x)]'dx = \int_{a}^{b} u'(x)v(x)dx + \int_{a}^{b} u(x)v'(x)dx = \int_{a}^{b} u(x)dv(x) + \int_{a}^{b} v(x)du(x)$

即 $u(x)v(x)\big|_{a}^{b} = \int_{a}^{b} u(x)dv(x) + \int_{a}^{b} v(x)du(x).$

移项得 $\int_{a}^{b} u(x)dv(x) = u(x)v(x)\big|_{a}^{b} - \int_{a}^{b} v(x)du(x).$

例 5　求 $\int_{0}^{1} xe^{x}dx.$

解: $\int_{0}^{1} xe^{x}dx = \int_{0}^{1} xde^{x} = xe^{x}\big|_{0}^{1} - \int_{0}^{1} e^{x}dx = e - e^{x}\big|_{0}^{1} = 1.$

例 6　求 $\int_{1}^{5} \ln x dx.$

解: $\int_{1}^{5} \ln x dx = x\ln x\big|_{1}^{5} - \int_{1}^{5} xd\ln x = x\ln x\big|_{1}^{5} - \int_{1}^{5} dx = x\ln x\big|_{1}^{5} - x\big|_{1}^{5} = 5\ln 5 - 4.$

* **例 7**　求定积分 $I_n = \int_{0}^{\frac{\pi}{2}} \sin^n x dx = \int_{0}^{\frac{\pi}{2}} \cos^n x dx,\ n = 1,2,3,\cdots$

解: (一) 先证 $\int_{0}^{\frac{\pi}{2}} \sin^n x dx = \int_{0}^{\frac{\pi}{2}} \cos^n x dx.$

令 $x = \frac{\pi}{2} - t, t = \frac{\pi}{2} - x, dx = -dt$，当 $x = \frac{\pi}{2}$ 时，$t = 0, x = 0$ 时 $t = \frac{\pi}{2}.$

于是 $\int_{0}^{\frac{\pi}{2}} \sin^n x dx = \int_{\frac{\pi}{2}}^{0} -\sin^n\left(\frac{\pi}{2} - t\right)dt = \int_{0}^{\frac{\pi}{2}} \cos^n t dt = \int_{0}^{\frac{\pi}{2}} \cos^n x dx.$

(二) 现在仅对 $\int_{0}^{\frac{\pi}{2}} \sin^n x dx$，求出其递推公式

$$I_1=\int_0^{\frac{\pi}{2}}\sin x dx=-\cos x\Big|_0^{\frac{\pi}{2}}=1$$

$$I_2=\int_0^{\frac{\pi}{2}}\sin^2 x dx=\int_0^{\frac{\pi}{2}}\frac{1-\cos 2x}{2}dx=\frac{\pi}{4},\cdots$$

$$\begin{aligned}I_n&=\int_0^{\frac{\pi}{2}}\sin^n x dx=\int_0^{\frac{\pi}{2}}\sin^{n-1}x d(-\cos x)\\&=-\cos x\cdot\sin^{n-1}x\Big|_0^{\frac{\pi}{2}}+\int_0^{\frac{\pi}{2}}\cos x d\sin^{n-1}x\\&=(n-1)\int_0^{\frac{\pi}{2}}\cos x\cdot\sin^{n-2}x\cdot\cos x dx\\&=-(n-1)\int_0^{\frac{\pi}{2}}(\sin^2 x-1)\sin^{n-2}x dx\\&=-(n-1)\int_0^{\frac{\pi}{2}}(\sin^n x-\sin^{n-2}x)dx\\&=(n-1)I_{n-2}-(n-1)I_n\end{aligned}$$

$\therefore I_n=(n-1)I_{n-2}-(n-1)I_n$

$nI_n=(n-1)I_{n-2}$

所以 $I_n=\frac{n-1}{n}I_{n-2}$.

当分别令 $n=2m$（偶数）和 $n=2m-1$（奇数）最终可求得

$$I_n=\int_0^{\frac{\pi}{2}}\sin^n x dx=\int_0^{\frac{\pi}{2}}\cos^n x dx=\begin{cases}\frac{n-1}{n}\cdot\frac{n-3}{n-2}\cdots\frac{3}{4}\cdot\frac{1}{2}\cdot\frac{\pi}{2},n\text{ 为偶数}\\\frac{n-1}{n}\cdot\frac{n-3}{n-2}\cdots\frac{4}{5}\cdot\frac{2}{3}\cdot 1,n\text{ 为奇数}\end{cases}.$$

如 $\int_0^{\frac{\pi}{2}}\sin^3 x dx=\frac{2}{3}\cdot 1=\frac{2}{3}$

$\int_0^{\frac{\pi}{2}}\cos^4 x dx=\frac{3}{4}\cdot\frac{1}{2}\cdot\frac{\pi}{2}=\frac{3}{16}\pi$.

注：例 7 的结果称为“瓦里斯公式”.

§6.5 定积分的应用

前面我们讨论了定积分的概念、性质与计算方法，这一节我们将集中地应用定积分的知识分析和解决某些实际问题.

一、平面图形的面积

设函数 $y=f(x)$ 在区间 $[a,b]$ 上连续，且 $f(x)\geqslant 0$，如图 6.4，则由定积分的几何意义可知，曲线 $y=f(x)$ 与直线 $x=a$，$x=b$ 及 x 轴围成的曲边梯形的面积是

$$S=\int_a^b f(x)dx=\int_a^b y dx$$

若在 $[a,b]$ 上 $f(x)\leqslant 0$，见图 6.5，则由于积分和 $S_n=\sum_{i=1}^{n}f(\xi_i)\Delta x_i$ 中每个 $f(\xi_i)<0$，

因而 $S_n<0$，进而 $\int_a^b f(x)dx \leqslant 0$. 由于图形的面积应是非负值，因此 $\int_a^b f(x)dx$ 的值不是图 6.5 中曲边梯形的面积，但其绝对值显然是该曲边梯形的面积，即有

$$S = \left|\int_a^b f(x)dx\right| = -\int_a^b f(x)dx$$

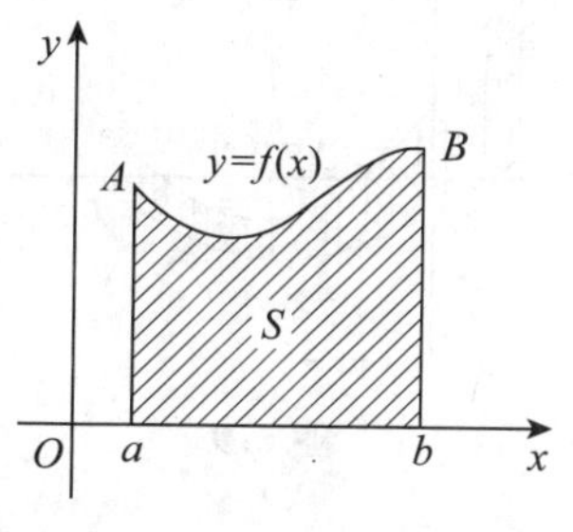

图 6.4

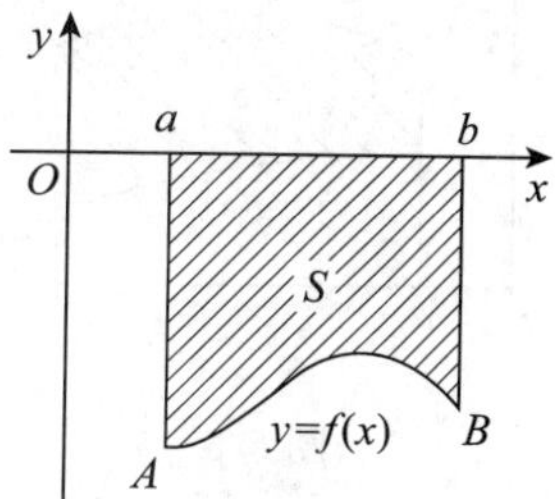

图 6.5

对于在 $[a, b]$ 上函数 $y=f(x)$ 时正时负，见图 6.6，曲边梯形面积 S 可以表为

$$S = \int_a^{c_1} f(x)dx - \int_{c_1}^{c_2} f(x)dx + \int_{c_2}^{b} f(x)dx = \int_a^b |f(x)| dx = S_1 + S_2 + S_3$$

而积分 $\int_a^b f(x)dx$ 的值表示位于 x 轴上方图形的面积与位于 x 轴下方图形的面积之差.

当曲边梯形由曲线 $x=\varphi(y)$，直线 $y=c$，$y=d$ 及 y 轴围成时，有类似结论. 例如，当 $\varphi(y)\geqslant 0$ 时（如图 6.7），面积为

$$S = \int_c^d \varphi(y)dy$$

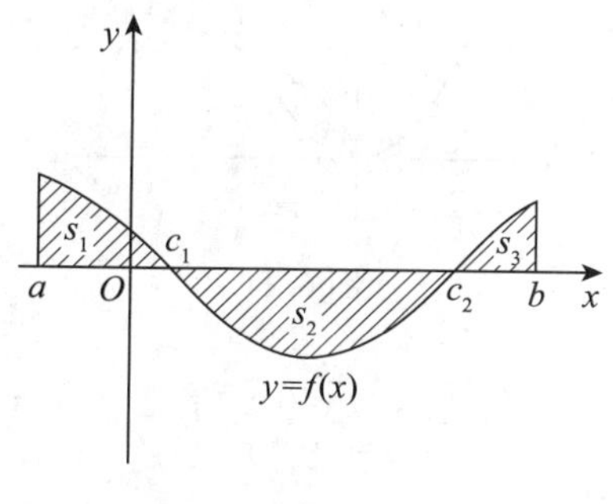

图 6.6

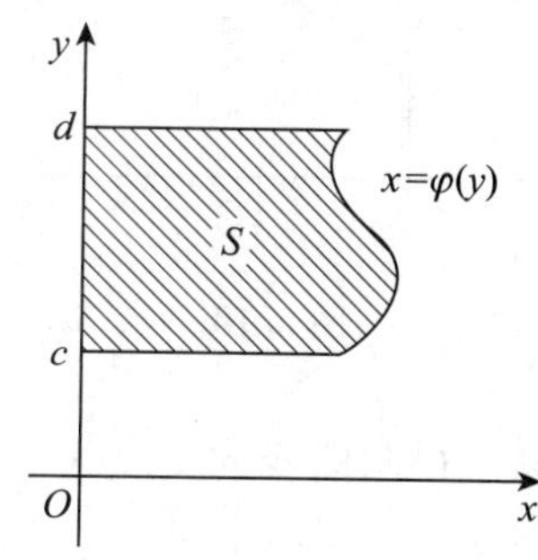

图 6.7

若在 $[a, b]$ 上总有 $f(x)\geqslant g(x)\geqslant 0$，由两条曲线 $y=f(x)$，$y=g(x)$ 及两条直线 $x=a$，$x=b$ 所围成的图形（见图 6.8）面积为

$$S = \int_a^b f(x)dx - \int_a^b g(x)dx = \int_a^b [f(x) - g(x)]dx$$

上面公式对于图 6.9 所示情况（即 $f(x)\geqslant g(x)$）也成立. 事实上，如果在 $[a, b]$ 上函数值不是全正，可将 x 轴往下平移一段，使得整个曲线都位于 x 轴上方，这时两个函数同时增加一个常数 C，它们之差

$$[f(x)+C]-[g(x)+C]=f(x)-g(x)$$

不变，从而得证.

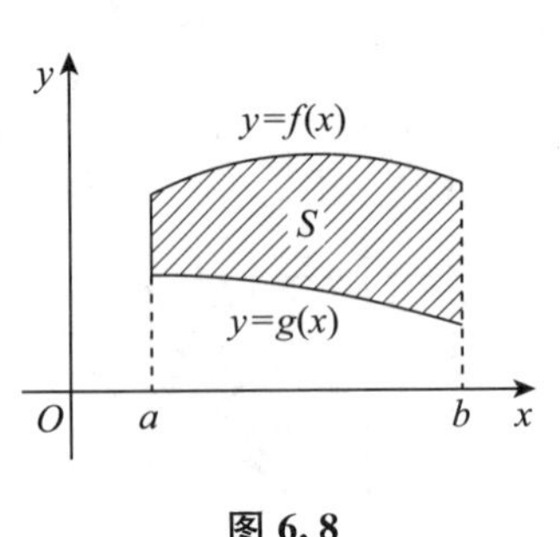

图 6.8

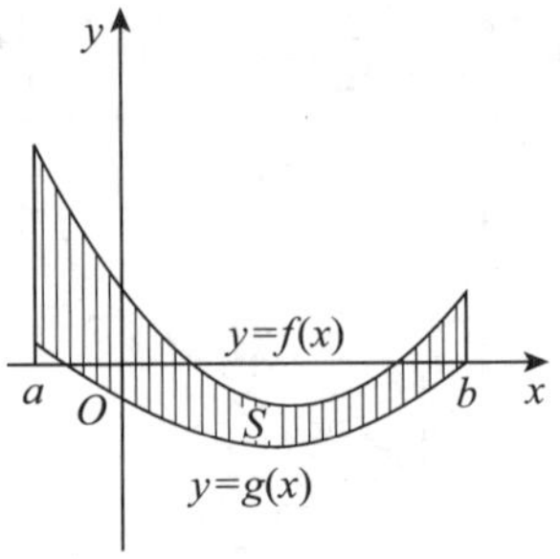

图 6.9

例 1 已知曲线 $y=x^2-2x+3$ 与直线 $y=x+3$ 相交于 $A(0, 3)$，$B(3, 6)$ 两点，求此曲线与直线围成图形的面积.

解：依题意，画草图如图 6.10，易见所求面积 S 是直线 $y=x+3$ 和抛物线 $y=x^2-2x+3$ 分别与直线 $x=0$，$x=3$ 所围成图形的面积之差，即

$$S=\int_0^3[x+3-(x^2-2x+3)]dx=\int_0^3(-x^2+3x)dx=\left(-\frac{1}{3}x^3+\frac{3}{2}x^2\right)\Big|_0^3=\frac{9}{2}.$$

例 2 求由曲线 $y=\sqrt{x}$ 与 $y=x^2$ 所围成图形的面积 S（图 6.11）.

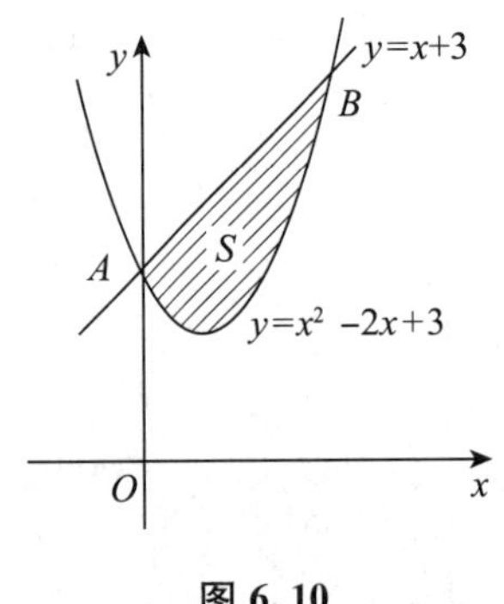

图 6.10

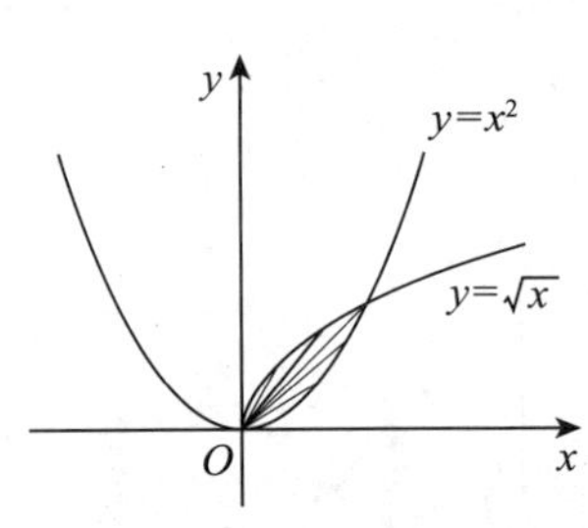

图 6.11

解：易求得两曲线的交点为 $O(0, 0)$，$A(1, 1)$，且在 $[0, 1]$ 上恒有 $x^2\leqslant\sqrt{x}$，于是所求面积 S 为

$$S=\int_0^1(\sqrt{x}-x^2)dx=\left(\frac{2}{3}x^{\frac{3}{2}}-\frac{1}{3}x^3\right)\Big|_0^1=\frac{1}{3}.$$

例 3 求抛物线 $y^2=2x$ 与直线 $y=x-4$ 所围成图形的面积 S（图 6.12）.

解：易求得抛物线 $y^2=2x$ 与直线 $y=x-4$ 的交点为 $A(2, -2)$，$B(8, 4)$，将 y 轴看作曲边梯形的底，于是所求面积 S 是直线 $y=x-4$ 和抛物线 $x=\frac{1}{2}y^2$ 分别与直线 $y=-2$，$y=4$ 所围成图形的面积之差，即

$$S=\int_{-2}^4\left(y+4-\frac{1}{2}y^2\right)dy=\left(\frac{1}{2}y^2+4y-\frac{1}{6}y^3\right)\Big|_{-2}^4=18.$$

例 4　求椭圆$\frac{x^2}{a^2}+\frac{y^2}{b^2}=1$的面积 S（图 6.13）.

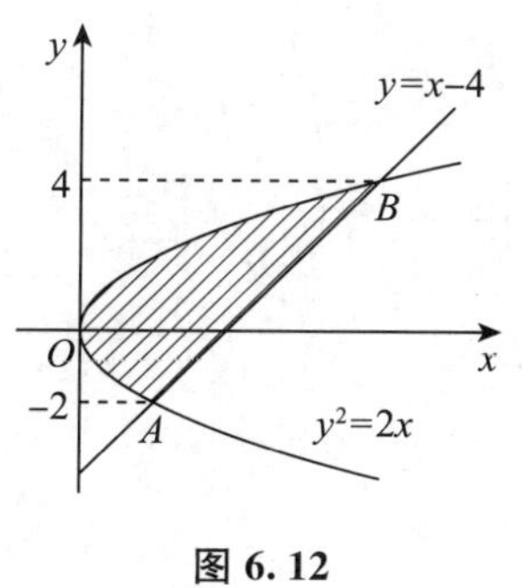

图 6.12

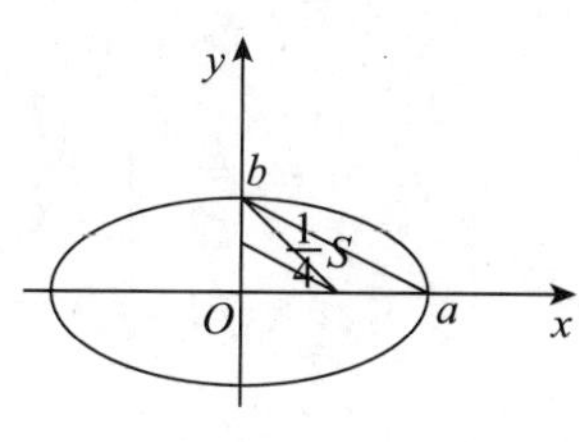

图 6.13

解：由于椭圆关于坐标轴是对称的，所以整个椭圆的面积 S 是第一象限部分面积的 4 倍，即

$$S=4\int_0^a ydx.$$

为避免由椭圆方程中解出 y，再代入到积分中的复杂计算，我们利用椭圆的参数方程

$$\begin{cases}x=a\cos t\\ y=b\sin t\end{cases}$$

应用定积分换元法，令 $x=a\cos t$，则 $y=b\sin t$，$dx=-a\sin tdt$. 当 x 由 0 变到 a 时，t 由$\frac{\pi}{2}$变到 0，所以

$$\begin{aligned}S&=4\int_0^a ydx=4\int_{\frac{\pi}{2}}^0 b\sin t(-a\sin tdt)\\&=4ab\int_{\frac{\pi}{2}}^0(-\sin^2 t)dt\\&=4ab\int_0^{\frac{\pi}{2}}\sin^2 tdt\text{（或直接用“瓦里斯”公式）}\\&=4ab\int_0^{\frac{\pi}{2}}\frac{1-\cos 2t}{2}dt\\&=4ab\left(\frac{t}{2}-\frac{\sin 2t}{4}\right)\Big|_0^{\frac{\pi}{2}}=\pi ab.\end{aligned}$$

当 $a=b$ 时，椭圆蜕变为圆（以 a 为半径），其面积 $S=\pi a^2$.

二、旋转体和已知平行截面面积的立体的体积

设旋转体是曲线 $y=f(x)$，直线 $x=a$，$x=b$ 及 x 轴所围成的曲边梯形绕 x 轴旋转而成的（图 6.14）.

显然，任何一个与 x 轴垂直的平面同旋转体必然相交成一个圆. 我们用垂直于 x 轴且间距为 $\Delta x=\frac{b-a}{n}$的平面将旋转体分成 n 块，那么其中一块的体积

$$\Delta V\approx\pi[f(x)]^2\Delta x$$

令 $\Delta x\to 0$，就得到旋转体的体积：

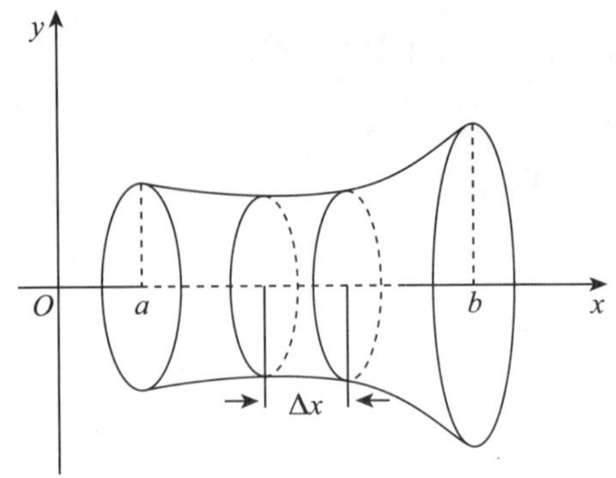

图 6.14

$$V=\int_a^b \pi[f(x)]^2dx \text{（或} V_x=\int_a^b \pi[f(x)]^2dx=\pi\int_a^b y^2dx\text{）} \quad (1)$$

类似地，可得由 $x=\varphi(y)$，$y=c$，$y=d$ 及 y 轴所围成曲边梯形绕 y 轴旋转而成的体积：

$$V=\pi\int_c^d [\varphi(y)]^2dy \text{（或} V_y=\pi\int_c^d [\varphi(y)]^2dy=\pi\int_c^d x^2dy\text{）} \quad (2)$$

平行截面为已知的立体的体积可用类似的方法求出（此类方法一般称为“微元法”）.

设一空间物体，它被垂直于某直线（设为 x 轴）的截面所截的面积 $S(x)$ 是 x 的连续函数，且此物体位置在 $x=a$ 与 $x=b$（$a<b$）之间，则可求出此物体的体积为

$$V=\int_a^b S(x)dx \quad (3)$$

回忆公式（1）中的被积函数 $\pi[f(x)]^2$，正是所截得的圆的面积，它就是公式（3）中的 $S(x)$，因此旋转体是平行截面面积已知立体的一种特例．我们把公式（1）、（2）、（3）统一起来，就是：平行截面面积的积分等于体积.

例 5 求椭圆 $\frac{x^2}{a^2}+\frac{y^2}{b^2}=1$ 绕 x 轴旋转而产生的旋转体体积.

解： 如图 6.15，所求旋转体体积可看作上半椭圆 $y=\frac{b}{a}\sqrt{a^2-x^2}$ 绕 x 轴旋转而成，因此

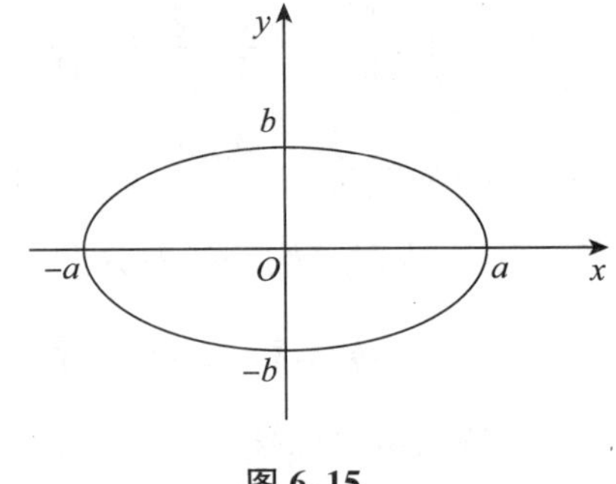

图 6.15

$$\begin{aligned}V_x&=\int_{-a}^a \pi y^2dx\\&=\int_{-a}^a \pi\left(\frac{b}{a}\sqrt{a^2-x^2}\right)^2dx\\&=2\int_0^a \pi\left(\frac{b}{a}\sqrt{a^2-x^2}\right)^2dx\\&=2\pi\frac{b^2}{a^2}\int_0^a (a^2-x^2)dx\\&=\frac{2b^2\pi}{a^2}\left(a^2x-\frac{1}{3}x^3\right)\Big|_0^a=\frac{4}{3}\pi ab^2\end{aligned}$$

特别地，当 $a=b=R$ 时，就得到（半径为 R）球体的体积 $V=\frac{4}{3}\pi R^3$.

例 6　求曲线 $y=\sqrt{x}$ 与直线 $x=1$，$x=4$，$y=0$ 围成的图形，分别绕 x 轴及 y 轴旋转一周所得旋转体的体积.

解：依题意画出草图如图 6.16

$$V=\pi\int_1^4(\sqrt{x})^2dx$$

$$=\pi\int_1^4 xdx$$

$$=\pi\cdot\frac{1}{2}x^2\Big|_1^4=\frac{15}{2}\pi.$$

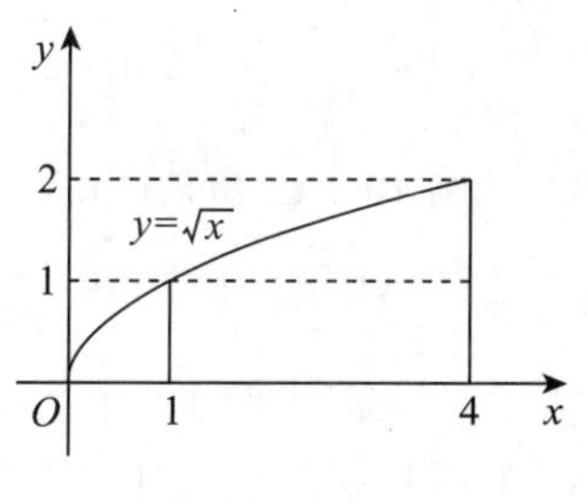

图 6.16

$$V_y=\pi\int_0^1(4^2-1^2)dy+\pi\int_1^2[4^2-(y^2)^2]dy$$

$$=\pi\int_0^1 15dy+\pi\int_1^2(16-y^4)dy$$

$$=\pi\left[15y\Big|_0^1+16y\Big|_1^2-\frac{1}{5}y^5\Big|_1^2\right]=24.8\pi.$$

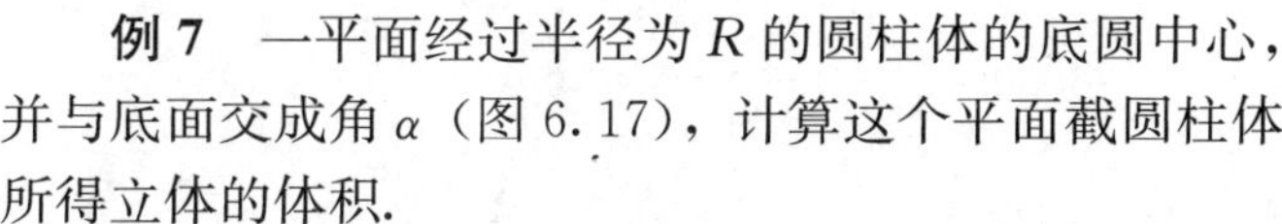

例 7　一平面经过半径为 R 的圆柱体的底圆中心，并与底面交成角 α（图 6.17），计算这个平面截圆柱体所得立体的体积.

解：建立如图所示的坐标系，取底直径为 x 轴，x 的变化区间为 $[-R,R]$，在 $[-R,R]$ 上任取一个 x，作与 x 轴垂直的平面，截得一直角三角形，它的两条直角边分别为 y 和 $y\tan\alpha$，面积为

$$S(x)=\frac{1}{2}y^2\tan\alpha=\frac{1}{2}(R^2-x^2)\tan\alpha$$

（注：底圆方程为 $x^2+y^2=R^2$）

体积

$$V=\frac{1}{2}\int_{-R}^{R}(R^2-x^2)\tan\alpha dx=\frac{2}{3}R^2\tan\alpha.$$

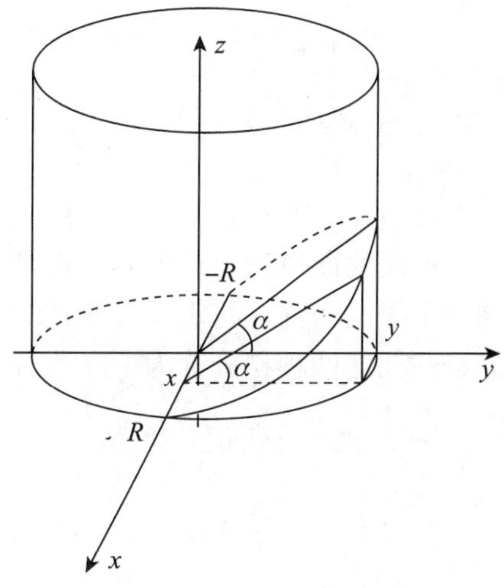

图 6.17

*三、定积分在经济中的应用

例 8　设某产品在时刻 t 总产量的变化率为 $f(t)=100+12t-0.6t^2$（单位：小时），求从 $t=2$ 到 $t=4$ 这两小时的总产量.

解：因为总产量 $p(t)$ 是它的变化率的原函数，所以从 $t=2$ 到 $t=4$ 这两个小时的总产量为

$$\int_2^4 f(t)dt=\int_2^4(100+12t-0.6t^2)dt$$

$$=(100t+6t^2-0.2t^3)\Big|_2^4$$

$$=100(4-2)+6(4^2-2^2)-0.2(4^3-2^3)$$

$$=100\times2+6\times12-0.2\times56$$

$$=260.8\text{（单位）}.$$

例 9　某厂日产 q 吨产品的总成本 $C=C(q)$（元），已知边际成本为 $C'(q)=5+\dfrac{25}{\sqrt{q}}$，

求日产量从 64 吨增加到 100 吨时的总成本.

解: 总成本是边际成本的原函数，因此所求总成本 C 为

$$C(q)=\int_{64}^{100}\left(5+\frac{25}{\sqrt{q}}\right)dq=(5q+50\sqrt{q})\Big|_{64}^{100}=280\ (\text{元}).$$

例 10 已知某产品生产 x 个单位时，总收益 R 的变化率（边际收益）为

$$R'=R'(x)=200-\frac{x}{100},\ x\geqslant 0$$

(1) 求生产了 50 个单位时的总收益；

(2) 如果已经生产 100 个单位，求再生产 100 个单位的总收益.

解: 因为总收益 $R(x)$ 是总收益 $R(x)$ 的变化率的原函数，所以生产了 50 个单位时的总收益为

$$\int_0^{50}R'(x)dx=\int_0^{50}\left(200-\frac{x}{100}\right)dx=\left(200x-\frac{x^2}{200}\right)\Bigg|_0^{50}=9\ 987.5$$

如果已经生产了 100 个单位，再生产 100 个单位的总收益为

$$\int_{100}^{200}R'(x)dx=\int_{100}^{200}\left(200-\frac{x}{100}\right)dx=\left(200x-\frac{x^2}{200}\right)\Bigg|_{100}^{200}=19\ 850.$$

* §6.6 广义积分

前面我们讨论定积分时，都是以积分区间有限与被积函数有界为前提的. 本节要去掉这两个限制条件，将定积分概念作一些推广，讨论积分区间为无限或被积函数无界的积分，并把这两种积分称为广义积分.

一、无限区间上的积分

定义 6.2 设函数 $f(x)$ 在 $[a,+\infty)$ 上连续，若极限 $\lim\limits_{b\to+\infty}\int_a^b f(x)dx\ (a<b)$ 存在，则称此极限为 $f(x)$ 在 $[a,+\infty)$ 上的广义积分（或无穷限积分）. 记作

$$\int_a^{+\infty}f(x)dx=\lim_{b\to+\infty}\int_a^b f(x)dx$$

这时又称广义积分 $\int_a^{+\infty}f(x)dx$ 收敛. 若上述极限不存在，则广义积分 $\int_a^{+\infty}f(x)dx$ 发散.

类似的，可以定义 $f(x)$ 在 $(-\infty,b]$ 及 $(-\infty,+\infty)$ 上的广义积分

$$\int_{-\infty}^{b}f(x)dx=\lim_{a\to-\infty}\int_a^b f(x)dx$$

$$\int_{-\infty}^{+\infty}f(x)dx=\int_{-\infty}^{c}f(x)dx+\int_c^{+\infty}f(x)dx$$

其中 $c\in(-\infty,+\infty)$.

广义积分 $\int_{-\infty}^{+\infty}f(x)dx$ 收敛的充要条件是 $\int_{-\infty}^{c}f(x)dx$ 与 $\int_c^{+\infty}f(x)dx$ 都收敛.

例 1 求广义积分 $\int_0^{+\infty}xe^{-x^2}dx$.

解：$\int_0^{+\infty} xe^{-x^2}dx = \lim\limits_{b\to+\infty}\int_0^b xe^{-x^2}dx$

$$= \lim_{b\to+\infty}\left[-\frac{1}{2}\int_0^b e^{-x^2}d(-x^2)\right]$$

$$= -\frac{1}{2}\lim_{b\to+\infty}(e^{-x^2})\big|_0^b$$

$$= -\frac{1}{2}\lim_{b\to+\infty}(e^{-b^2}-e^0) = -\frac{1}{2}(0-1) = \frac{1}{2}.$$

为了书写方便，我们常用 $F(x)\big|_a^{+\infty}$ 表示

$\lim\limits_{b\to+\infty}(F(x)\big|_a^b) = \lim\limits_{b\to+\infty}[F(b)-F(a)]$.

例 2　计算 $\int_1^{+\infty}\frac{dx}{x^\alpha}$.

解：(1) 当 $\alpha\neq1$ 时

$$\int_1^{+\infty}\frac{dx}{x^\alpha} = \frac{x^{1-\alpha}}{1-\alpha}\bigg|_1^{+\infty}$$

但 $\lim\limits_{x\to+\infty}x^{1-\alpha}$ 当 $\alpha>1$ 时为零，$\alpha<1$ 时为 $+\infty$，因此

$$\int_1^{+\infty}\frac{dx}{x^\alpha} = \begin{cases}\frac{1}{\alpha-1}, \alpha>1\\ +\infty, \alpha<1\end{cases}$$

(2) 当 $\alpha=1$ 时有

$$\int_1^{+\infty}\frac{dx}{x^\alpha} = \ln x\big|_1^{+\infty} = +\infty$$

综上所述，广义积分 $\int_1^{+\infty}\frac{dx}{x^\alpha}$，当 $\alpha>1$ 时收敛，$\alpha\leqslant1$ 时发散.

例 3　计算 $\int_{-\infty}^{+\infty}\frac{dx}{1+x^2}$.

解：$\int_{-\infty}^{+\infty}\frac{dx}{1+x^2} = \int_{-\infty}^0\frac{dx}{1+x^2} + \int_0^{+\infty}\frac{dx}{1+x^2}$，而

$$\int_{-\infty}^0\frac{dx}{1+x^2} = \arctan x\big|_{-\infty}^0 = 0-\left(-\frac{\pi}{2}\right) = \frac{\pi}{2}$$

$$\int_0^{+\infty}\frac{dx}{1+x^2} = \arctan x\big|_0^{+\infty} = \frac{\pi}{2}-0 = \frac{\pi}{2}$$

故 $\int_{-\infty}^{+\infty}\frac{dx}{1+x^2} = \frac{\pi}{2}+\frac{\pi}{2} = \pi$.

例 4　设 $\Gamma(\alpha) = \int_0^{+\infty}x^{\alpha-1}e^{-x}dx\ (\alpha>0)$，由此积分确定的函数为 Γ 函数. 试计算 $\Gamma(n+1)$ 的值.

解：$\Gamma(n+1) = \int_0^{+\infty}x^ne^{-x}dx = -\int_0^{+\infty}x^nde^{-x}$

$$= -x^ne^{-x}\big|_0^{+\infty} + \int_0^{+\infty}nx^{n-1}e^{-x}dx$$

$$= n\int_0^{+\infty}x^{n-1}e^{-x}dx = n\Gamma(n)$$

由此递推公式可得

$\Gamma(n+1)=n\Gamma(n)=n(n-1)\Gamma(n-1)=\cdots=n!\Gamma(1)$

$\Gamma(1)=\int_0^{+\infty}e^{-x}dx=-e^{-x}\big|_0^{+\infty}=1$

$\Gamma(n+1)=n!\Gamma(1)=n!.$

二、无界函数的积分

定义 6.3 设 $f(x)$ 在 $[a,b)$ 内连续，且当 $x\to b^-$ 时 $f(x)\to\infty$，如果极限 $\lim\limits_{c\to b^-}\int_a^c f(x)dx$ 存在，则此极限称为无界函数 $f(x)$ 在 $[a,b]$ 上的广义积分，记为 $\int_a^b f(x)dx=\lim\limits_{c\to b^-}\int_a^c f(x)dx$，这时又称广义积分 $\int_a^b f(x)dx$ 收敛. 如果上述极限不存在，则广义积分发散.

类似的，可以定义 $f(x)$ 在 $(a,b]$ 内连续，而当 $x\to a^+$ 时，$f(x)\to\infty$，以及 $f(x)$ 在 $[a,b]$ 上除 c_0 点外连续，而当 $x\to c_0$ 时 $f(x)\to\infty$，的广义积分：

$$\int_a^b f(x)dx=\lim_{c\to a^+}\int_c^b f(x)dx$$

$$\int_a^b f(x)dx=\int_a^{c_0}f(x)dx+\int_{c_0}^b f(x)dx$$

对于 $x\to c_0$ 时 $f(x)\to\infty$ 的广义积分 $\int_a^b f(x)dx$ 收敛的充要条件是 $\int_a^{c_0}f(x)dx$ 与 $\int_{c_0}^b f(x)dx$ 都收敛.

例 5 计算 $\int_0^1\frac{dx}{\sqrt{1-x^2}}$.

解：由于 $\lim\limits_{x\to1^-}\frac{1}{\sqrt{1-x^2}}=\infty$，因此按定义

$$\int_0^1\frac{dx}{\sqrt{1-x^2}}=\lim_{c\to1^-}\int_0^c\frac{dx}{\sqrt{1-x^2}}=\lim_{c\to1^-}\arcsin x\big|_0^c=\lim_{c\to1^-}\arcsin c=\arcsin1=\frac{\pi}{2}.$$

例 6 计算 $\int_{-1}^1\frac{dx}{x^2}$.

解：因为 $\lim\limits_{x\to0}\frac{1}{x^2}=\infty$ 所以按定义，有

$$\int_{-1}^1\frac{dx}{x^2}=\int_{-1}^0\frac{dx}{x^2}+\int_0^1\frac{dx}{x^2}$$

而 $\int_{-1}^0\frac{dx}{x^2}=\lim\limits_{c\to0^-}\int_{-1}^c\frac{dx}{x^2}=\lim\limits_{c\to0^-}\frac{1}{x}\Big|_{-1}^c=\lim\limits_{c\to0^-}\left(\frac{1}{c}+1\right)=+\infty$

故 $\int_{-1}^1\frac{dx}{x^2}$ 发散.

习题六

(A)

1. 利用定积分的定义计算下列定积分：

(1) $\int_{-1}^{2} 2x dx$　　(2) $\int_{0}^{1} e^x dx$

2. 利用定积分的几何意义，说明下列等式：

(1) $\int_{0}^{1} 2x dx = 1$　　(2) $\int_{0}^{1} \sqrt{1-x^2} dx = \frac{\pi}{4}$

(3) $\int_{-\pi}^{\pi} \sin x dx = 0$　　(4) $\int_{-\frac{\pi}{2}}^{\frac{\pi}{2}} \cos x dx = 2\int_{0}^{\frac{\pi}{2}} \cos x dx$

（提示：根据被积函数和积分限画出积分区域草图，再利用定积分几何意义说明，不需计算．）

3. 比较下列各题中的两个积分的大小：

(1) $I_1 = \int_{0}^{1} x^2 dx$，$I_2 = \int_{0}^{1} x^4 dx$；

(2) $I_1 = \int_{1}^{2} x^2 dx$，$I_2 = \int_{1}^{2} x^4 dx$；

(3) $I_1 = \int_{3}^{4} \ln x dx$，$I_2 = \int_{3}^{4} (\ln x)^3 dx$；

(4) $I_1 = \int_{0}^{1} e^x dx$，$I_2 = \int_{0}^{1} (1+x) dx$；

(5) $I_1 = \int_{0}^{1} x dx$，$I_2 = \int_{0}^{1} \ln(1+x) dx$.

4. 计算下列各导数：

(1) $\frac{d}{dx}\int_{0}^{x^3} \sqrt{1+t^2} dt$　　(2) $\frac{d}{dx}\int_{x^2}^{x^4} \frac{dt}{\sqrt{1+t^2}}$

(3) $\frac{d}{dx}\int_{\sin x}^{\cos x} \cos(\pi t^2) dt$

5. 计算下列各积分：

(1) $\int_{0}^{2\pi} |\sin x| dx$　　(2) $\int_{0}^{2} f(x) dx$，其中 $f(x)=\begin{cases} x, & x<1; \\ x^2, & x\geqslant 1. \end{cases}$

6. 求下列极限：

(1) $\lim\limits_{x\to 0} \frac{\int_{0}^{x} e^{t^2} dt}{x}$　　(2) $\lim\limits_{x\to 0} \frac{\left(\int_{0}^{x} \sin t^2 dt\right)^2}{\int_{0}^{x} t^2 \sin t^3 dt}$

7. 求由方程 $\int_{0}^{y} e^t dt + \int_{0}^{x} \cos t dt = 0$ 所确定的隐函数 $y=y(x)$ 的导数$\frac{dy}{dx}$.

8. 计算下列定积分：

(1) $\int_{\frac{\pi}{3}}^{\pi} \sin\left(x+\frac{\pi}{3}\right) dx$　　(2) $\int_{-2}^{1} \frac{dx}{(9+4x)^3}$

(3) $\int_{0}^{\frac{\pi}{2}} \sin\varphi \cos^2\varphi d\varphi$　　(4) $\int_{0}^{\pi} (1-\cos^2\theta) d\theta$

(5) $\int_{0}^{\sqrt{2}} x\sqrt{2-x^2} dx$　　(6) $\int_{0}^{1} x^2 \sqrt{1-x^2} dx$

(7) $\int_{-1}^{1} \frac{x dx}{\sqrt{5-4x}}$　　(8) $\int_{1}^{4} \frac{dx}{1+\sqrt{x}}$

(9) $\int_0^1 te^{-t^2}dt$

(10) $\int_1^2 \frac{dx}{x\sqrt{1+\ln x}}$

(11) $\int_{-2}^{-1} \frac{dx}{x^2+4x+5}$

(12) $\int_{-\frac{\pi}{2}}^{\frac{\pi}{2}} \cos x\cos 2x dx$

(13) $\int_{-\frac{\pi}{2}}^{\frac{\pi}{2}} \sqrt{\cos x-\cos^3 x}dx$

(14) $\int_0^{\pi} \sqrt{1+\cos 2x}dx$

9. 利用函数奇偶性计算下列积分：

(1) $\int_{-\frac{1}{2}}^{\frac{1}{2}} \frac{(\arcsin x)^2}{\sqrt{1-x^2}}dx$

(2) $\int_{-5}^{5} \frac{x^2\sin x^3}{x^4+2x^2+1}dx$

10. 证明下列各题（提示：利用换元，证左边等于右边）：

(1) $\int_0^1 x^m(1-x)^n dx = \int_n^1 x^n(1-x)^m dx$

(2) $\int_x^1 \frac{dt}{1+t^2} = \int_1^{\frac{1}{x}} \frac{dt}{1+t^2}(x>0)$

(3) $\int_0^{\pi}\cos^{10}xdx = 2\int_0^{\frac{\pi}{2}}\cos^{10}xdx$

11. 计算下列定积分：

(1) $\int_1^e x\ln xdx$

(2) $\int_0^{2\pi} x\sin xdx$

(3) $\int_0^{\frac{\pi}{3}} \frac{x}{\cos^2 x}dx$

(4) $\int_1^4 \frac{\ln x}{\sqrt{x}}dx$

(5) $\int_0^1 x\arctan xdx$

(6) $\int_0^{\frac{\pi}{2}} e^{2x}\cos xdx$

(7) $\int_1^e \sin(\ln x)dx$

(8) $\int_1^2 \ln(x+1)dx$

(9) $\int_0^{\pi^2} \sin\sqrt{x}dx$

(10) $\int_{\frac{1}{e}}^{e} |\ln x| dx$

12. 利用递推公式计算：

(1) $J_{100}=\int_0^{\pi} x\sin^{100}xdx$

(2) $J_{99}=\int_0^1 (1-x^2)^{\frac{99}{2}}dx$

（提示：类似于推导“瓦里斯公式”的方法）

13. 求由下列各曲线所围图形的面积：

(1) $y=\sqrt{x}$，$y=x$

(2) $y=e^x$，$x=0$，$y=e$

(3) $y=3-x^2$，$y=2x$

(4) $y=\frac{1}{2}x^2$，$y^2+x^2=8$（面积较大部分）

(5) $y=\frac{1}{x}$，$y=x$，$x=2$

(6) $y=e^x$，$y=e^{-x}$，$x=1$

(7) $y=\ln x$，$x=0$，$y=\ln a$，$y=\ln b$（$b>a>0$）

14. 求下列各题中的曲线所围平面图形绕指定轴旋转的旋转体体积：

(1) $y=x^3$，$y=0$，$x=2$，绕 x 轴，y 轴

(2) $y=x^2$，$x=y^2$，绕 y 轴

(3) $x^2+(y-5)^2=16$，绕 x 轴

(4) $x^2+y^2=a^2$，绕 $x=b$ $(b>a>0)$

15. 用平行截面面积已知的立体体积公式计算下列各题中立体的体积：

(1) 以半径为 R 的圆为底，平行且等于底圆直径的线段为顶，高为 H 的正劈椎体.

(2) 半径为 R 的球体中高为 $H(H<R)$ 的球缺.

(3) 底面为椭圆$\frac{x^2}{a^2}+\frac{y^2}{b^2}\leqslant 1$ 的椭圆柱体被通过 x 轴且与底面夹角 $\alpha(0<\alpha<\frac{\pi}{2})$ 的平面所截得劈行立体.

$*$16. 定积分的经济应用

(1) 已知边际成本 $C'(x)=7+\frac{25}{\sqrt{x}}$，固定成本为 1 000，求总成本函数.

(2) 已知边际成本 $C'(x)=100-2x$，当产量由 $x=20$ 增加到 $x=30$ 时，应追加的成本数.

(3) 已知边际成本 $C'(x)=30+4x$，边际收益为 $R'(x)=60-2x$，求最大利润（设固定成本为 0).

(4) 某地区居民购买冰箱的消费支出 $W(x)$ 的变化率是居民总收入 x 的函数，$W'(x)=\frac{1}{200\sqrt{x}}$，当居民收入由 4 亿元增加至 9 亿元时，购买冰箱的消费支出增加多少？

(5) 某公司按利率 10%（连续复利）贷款 100 万元购买某设备，该设备使用 10 年后报废，公司每年可收入 b 元.

①b 为何值时，公司不会亏本？

②当 $b=20$ 万元时，求内部利率（应满足的方程）

③当 $b=20$ 万元时，求收益的资本价值.

$*$17. 判别下列各广义积分的收敛性，如果收敛，计算广义积分的值：

(1) $\int_0^{+\infty} e^{-4x}dx$

(2) $\int_0^{+\infty} e^{-x}\sin x dx$

(3) $\int_{-\infty}^{+\infty} \frac{dx}{x^2+4x+5}$

(4) $\int_0^1 \frac{x}{\sqrt{1-x^2}}dx$

(5) $\int_0^2 \frac{dx}{(1-x)^3}$

(6) $\int_1^2 \frac{x}{\sqrt{x-1}}dx$

$*$18. 当 k 为何值时，广义积分 $\int_2^{+\infty} \frac{dx}{x(\ln x)^k}$ 收敛？当 k 为何值时，这广义积分发散？当 k 为何值时，这广义积分取得最小值？

$*$19. 用 Γ 函数表示下列积分，并计算积分值 $\left[\text{已知 } \Gamma\left(\frac{1}{2}\right)=\sqrt{\pi}\right]$：

(1) $\int_0^{+\infty} x^m e^{-x}dx$ (m 为自然数)

(2) $\int_0^{+\infty} \sqrt{x}e^{-x}dx$

(3) $\int_0^{+\infty} x^5 e^{-x^2}dx$

(B)

1. 单项选择题：

(1) 设 $I_1=\int_0^1 e^{-x^2}dx$，$I_2=\int_0^1 e^{-x}dx$ 则（　　）

(A) $I_1\geqslant I_2$　　(B) $I_1\leqslant I_2$　　(C) $I_2\geqslant I$　　(D) $I_1\leqslant 0$

(2) $\lim\limits_{x\to 0}\dfrac{4\int_0^x \frac{t}{1+e^{t^2}}dt}{x^2}=$（　　）

(A) 1　　(B) 2　　(C) 3　　(D) 4

(3) 设连续函数 $f(x)$ 的原函数是 $F(x)$，则 $f(x)$ 在 $[a,b]$ 上的积分平均值是（　　）

(A) $\dfrac{f(x)}{x}$　　(B) $\dfrac{F(x)}{x}$　　(C) $\dfrac{f(b)-f(a)}{b-a}$　　(D) $\dfrac{F(b)-F(a)}{b-a}$

(4) 设 $f(x)$ 为 $[-a,a]$ 上的连续函数，则定积分 $\int_{-a}^{a}f(-x)dx=$（　　）

(A) 0　　(B) $2\int_0^a f(x)dx$

(C) $\int_{-a}^{a}f(x)dx$　　(D) $-\int_{-a}^{a}f(x)dx$

(5) 曲线 $y=\sqrt{x}$ 与 $y=x$ 所围成的图形的面积是（　　）

(A) $\dfrac{1}{2}$　　(B) $\dfrac{1}{4}$　　(C) $\dfrac{1}{3}$　　(D) $\dfrac{1}{6}$

(6) 函数 $f(x)=\int_0^x(2\cos t+\cos 3t)dt$ 在 $x=\dfrac{\pi}{3}$ 处必（　　）

(A) 取极小值　　(B) 取极大值

(C) 在其某邻域内单增　　(D) 在其某邻域内单减

2. 填空题：

(1) $\int_{-1}^{1}e^{|x|}dx=$____________.

(2) $\int_a^x f'(2t)dt=$____________.

(3) $\int_{-a}^{a}x[f(x)+f(-x)]dx=$____________.

(4) 设 $f(x)=\begin{cases}x^2, & 0\leqslant x<1\\ x, & 1\leqslant x\leqslant 2\end{cases}$，则 $\varphi(x)=\int_0^x f(t)dt$ 在 $[0,2]$ 上的表达式为______.

(5) 设 y 是 x 的函数，有 $\int_0^y e^t dt+\int_0^x \cos t dt=0$，则 $\dfrac{dy}{dx}=$____________.

*(6) 若广义积分 $\int_0^{+\infty}\dfrac{k}{1+x^2}dx=1$，其中 k 为常数，则 $k=$____________.

第 7 章　多元函数微积分

本章将首先介绍一些空间解析几何的基本概念，为学习多元微积分做准备．在很多的实际问题中往往牵涉到多方面的因素，反映到数学上，就是一个变量依赖于多个变量的问题，这就提出了多元函数及其微积分的问题．多元函数就是自变量多于一个的函数，多元函数微积分学是一元函数微积分学的推广和发展．从一元函数发展到二元函数，有些地方是有重大差别的，而从二元到三元以至更多元函数，就没有什么本质的差别，可以类推．本章中我们以二元函数为主，介绍多元函数的微分学及其应用，然后介绍二重积分的基本概念和计算法．

§7.1　空间解析几何简介

一、空间直角坐标系

为了确定平面上任意一点的位置，我们建立了平面直角坐标系．现在，为了确定空间任意一点的位置，相应地就需要建立空间直角坐标系．

在空间取定一点 O，过点 O 作三条互相垂直的直线 Ox，Oy，Oz，并按右手系规定 Ox，Oy，Oz 的正方向，即将右手伸直，拇指朝上为 Oz 的正方向，其余四指的指向为 Ox 的正方向，四指弯曲 $90°$后的指向为 Oy 的正方向，再规定一个单位长度，如图 7.1.

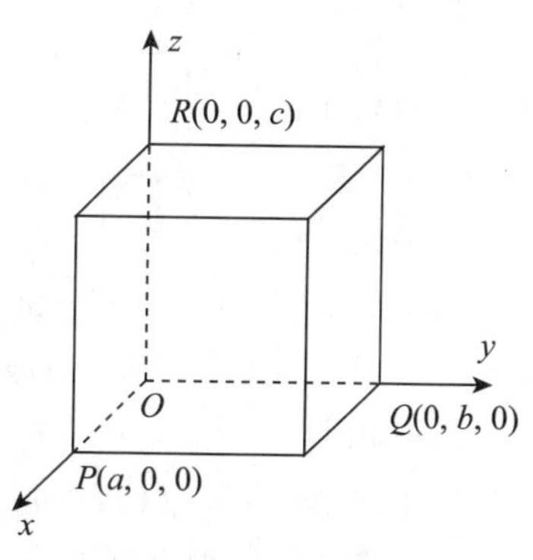

图 7.1

点 O 称为坐标原点，三条直线分别称为 x 轴、y 轴、z 轴，每两条坐标轴确定一个平面，称为坐标平面．由 x 轴和 y 轴确定的平面称为 xy 平面，由 y 轴和 z 轴确定的平面称为 yz 平面，由 z 轴和 x 轴确定的平面称为 zx 平面，见图 7.1．通常，将 xy 平面配置在水平面上，z 轴放在铅直位置，而且由下向上为 z 轴正方向，三坐标平面将空间分成 8 个部分，称为 8 个卦限.

对于空间任意一点 M，过点 M 作三个平面，分别垂直于 x 轴、y 轴、z 轴，且与这三个轴分别交于 P，Q，R 三点，如图 7.1. 设 $OP=a$，$OQ=b$，$OR=c$，则点 M 唯一确定一个三元有序数组 (a, b, c)；反之，对任意一个三元有序数组 (a, b, c)，在 x，y，z 轴上分别取点 P，Q，R，使 $OP=a$，$OQ=b$，$OR=c$，然后过 P，Q，R 三点分别作垂直于 x，y，z 轴的平面，这三个平面必相交于一点 M，则这个三元有序数组 (a, b, c) 唯一地确定了空间的一个点 M.

这样，我们就将空间任意一点 M 与一个三元有序数组 (a, b, c) 之间建立了一一对应关系，这个三元有序数组就称为点 M 的坐标，记为 $M(a, b, c)$.

显然，坐标原点 O 的坐标为 $O(0, 0, 0)$.

x 轴上点的坐标为 $(x, 0, 0)$.

y 轴上点的坐标为 $(0, y, 0)$.

z 轴上点的坐标为 $(0, 0, z)$.

二、空间两点的距离

给定空间中两点 $M_1(x_1, y_1, z_1)$，$M_2(x_2, y_2, z_2)$，过 M_1，M_2 各作三个平面分别垂直于三个坐标平面. 这六个平面构成一个以线段 M_1M_2 为一条对角线的长方体，如图 7.2. 由图可知：

$$|M_1M_2|^2=|M_2S|^2+|M_1S|^2$$
$$=|M_2S|^2+|M_1N|^2+|NS|^2$$

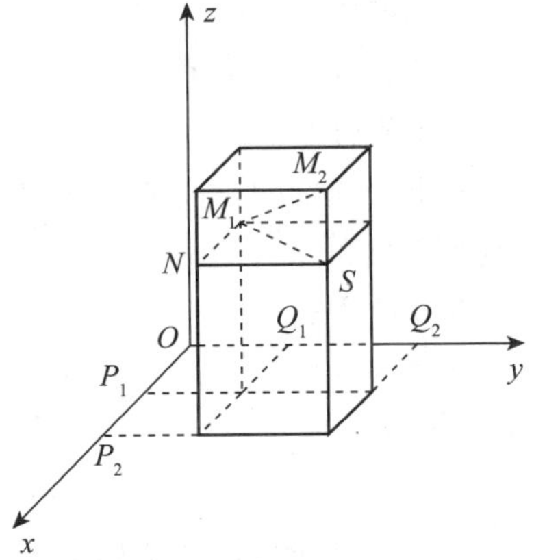

图 7.2

过 M_1，M_2 分别作垂直于 x 轴的平面，交 x 轴于点 P_1，P_2

则 $OP_1=x_1$，$OP_2=x_2$

因此 $|M_1N|=|P_1P_2|=|x_2-x_1|$

用同法可求出

$|NS|=|y_2-y_1|$， $|M_2S|=|z_2-z_1|$

于是

$$|M_1M_2|^2=|x_2-x_1|^2+|y_2-y_1|^2+|z_2-z_1|^2$$
$$=(x_2-x_1)^2+(y_2-y_1)^2+(z_2-z_1)^2$$

由此即得 $M_1(x_1, y_1, z_1)$ 与 $M_2(x_2, y_2, z_2)$ 两点间的距离公式为

$$|M_1M_2|=\sqrt{(x_2-x_1)^2+(y_2-y_1)^2+(z_2-z_1)^2}$$

如果点 M_2 为坐标原点，即 $x_2=y_2=z_2=0$，则得点 $M_1(x_1, y_1, z_1)$ 与坐标原点 O 的距离公式为：

$$|OM_1|=\sqrt{x_1^2+y_1^2+z_1^2}$$

三、曲面与方程

前面，我们已建立了空间中的一点与一个三元有序数组之间的对应关系. 有了这个对应关系，就可以建立空间曲面与包含三个变量的方程 $F(x, y, z)=0$ 之间的对应关系，这与平面解析几何中建立曲线与方程的对应关系一样.

定义 7.1　如果曲面 S 上任意一点的坐标都满足方程 $F(x,\ y,\ z)=0$，而不在曲面 S 上的点的坐标都不满足方程 $F(x,\ y,\ z)=0$，那么方程 $F(x,\ y,\ z)=0$ 称为曲面 S 的方程，而曲面 S 就称为方程 $F(x,\ y,\ z)=0$ 的图形，如图 7.3.

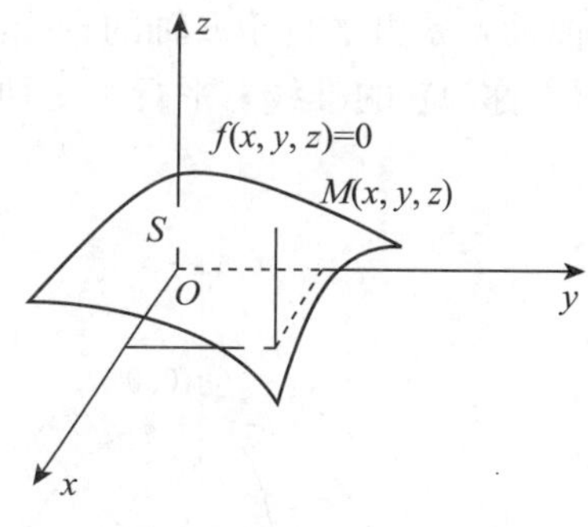

图 7.3

例 1　一动点与两定点 $A(1,\ 0,\ -1)$，$B(0,\ 2,\ -2)$ 等距离，求动点的轨迹方程.

解： 设动点 $M(x,\ y,\ z)$，依题意有

$|MA|=|MB|$

由两点距离公式得：

$$\sqrt{(x-1)^2+(y-0)^2+(z+1)^2}=\sqrt{(x-0)^2+(y-2)^2+(z+2)^2}$$

将上式化简后可得动点的轨迹方程为 $x-2y+z+3=0$.

由中学几何知识可知，此动点的轨迹应是线段 AB 的垂直平分面，因此，上面所求得的方程就是线段 AB 的垂直平分面的方程.

例 2　求三个坐标平面的方程.

解： 易见 xy 平面上任一点的坐标必有 $z=0$，反之满足 $z=0$ 的点也必在 xy 平面上，故 xy 平面的方程为 $z=0$. 同理可知，yz 平面的方程为 $x=0$，zx 平面的方程为 $y=0$.

例 3　说明 $z=3$ 的图形是什么曲面.

解： 设所求曲面为 S，则由已给方程 $z=3$ 可知：点 $M(x,\ y,\ z)$ 在曲面 S 上的充要条件是点 M 的竖坐标为 3. 由此可知，曲面 S 应是平行于 xy 平面的平面，它与 z 轴的交点为 $(0,\ 0,\ 3)$.

一般来说，空间任意一个平面的方程为三元一次方程 $Ax+By+Cz+D=0$

其中 A，B，C，D 均为常数，且 A，B，C 不全为零.

例 4　求通过 x 轴和点 $(1,\ 2,\ 3)$ 的平面方程.

解： 因所求平面通过 x 轴，所以，可设所求平面的方程为 $By+Cz=0$

又因平面通过点 $(1,\ 2,\ 3)$，故有 $2B+3C=0$

即 $B:C=3:(-2)$

于是所求平面方程为 $3y-2z=0$.

例 5　求以点 $M_0(x_0,\ y_0,\ z_0)$ 为球心，R 为半径的球面方程.

解： 设球面上任意一点为 $M(x,\ y,\ z)$，按题意有 $|MM_0|=R$

由两点距离公式得 $\sqrt{(x-x_0)^2+(y-y_0)^2+(z-z_0)^2}=R$

即 $(x-x_0)^2+(y-y_0)^2+(z-z_0)^2=R^2$

此即为所求的球面方程.

特别地，当球心为原点，即 $x_0=0$，$y_0=0$，$z_0=0$ 时，球面方程为 $x^2+y^2+z^2=R^2$

$z=\sqrt{R^2-x^2-y^2}$ 是球的上半部，如图 7.4，$z=-\sqrt{R^2-x^2-y^2}$ 是球的下半部.

例 6　作方程 $x^2+y^2=R^2$ 的图形.

解： 方程 $x^2+y^2=R^2$ 在 xy 平面上表示以原点为圆心，半径为 R 的圆. 由于方程不含 z，这意味着 z 可取任意值，只要 x 与 y 满足 $x^2+y^2=R^2$ 即可. 因此这个方程所表示的

曲面，是由平行于 z 轴的直线沿 xy 平面上的圆 $x^2+y^2=R^2$ 移动而成的圆柱面. $x^2+y^2=R^2$ 称为它的准线，平行于 z 轴的直线称为它的母线，如图 7.5.

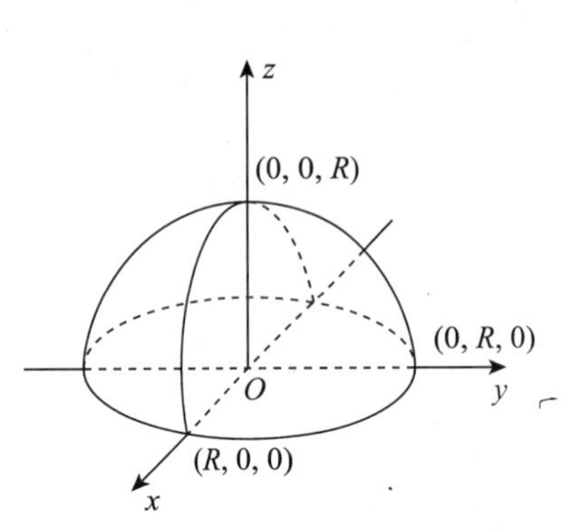

图 7.4

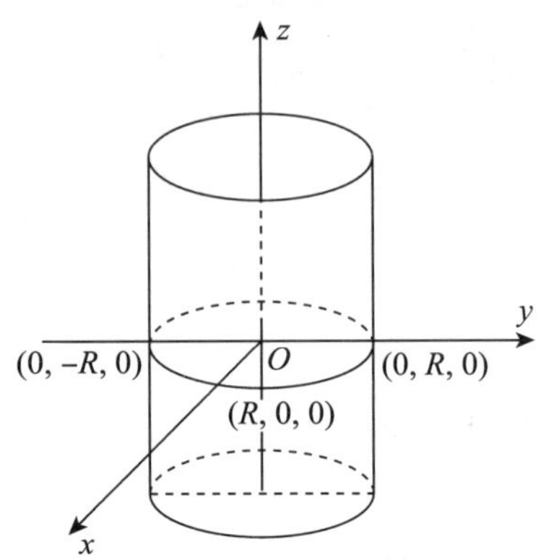

图 7.5

例 7 作方程 $z=x^2+y^2$ 的图形.

解：用平面 $z=c$ 去截平面 $z=x^2+y^2$，其截痕为圆 $x^2+y^2=c$. 当 $c=0$，只有原点 (0，0，0) 满足方程.

当 $c>0$ 时，其截痕为以点 (0，0，c) 为圆心，以$\sqrt{c}$为半径的圆. 若 c 越来越大，则截取的圆也越来越大.

当 $c<0$ 时，平面与曲面无交点.

如用平面 $x=a$ 或 $y=b$ 去截曲面 $z=x^2+y^2$，则截痕均为抛物线. 由此可知：曲面$z=x^2+y^2$ 是一个旋转抛物面，其形状如图 7.6.

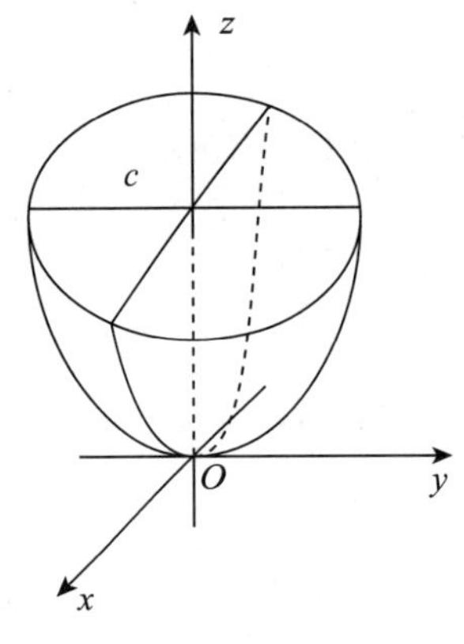

图 7.6

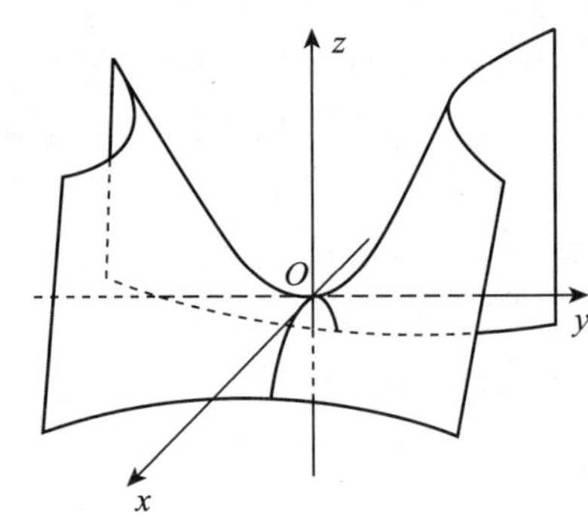

图 7.7

例 8 作方程 $z=y^2-x^2$ 的图形.

解：用平面 $z=c$ 截曲面 $z=y^2-x^2$，其截痕为 $y^2-x^2=c$，$z=c$.

当 $c=0$ 时，其截痕为两条相交于原点 (0，0，0) 的直线 $y-x=0$，$z=0$；$y+x=0$，$z=0$.

当 $c\neq0$ 时，其截痕为双曲线.

用平面 $y=c$ 截曲线 $z=y^2-x^2$，其截痕为抛物线 $z=c^2-x^2$，$y=c$.

用平面 $x=c$ 截曲线 $z=y^2-x^2$，其截痕为抛物线 $z=y^2-c^2$，$x=c$.

这个曲面称为双曲抛物面，又称马鞍面，如图 7.7.

§7.2　多元函数的一般概念

一、多元函数的概念

前面我们研究过一元函数及其微积分学，我们知道，一元函数只研究两个变量之间的依赖关系，即因变量只依赖于一个自变量. 但在实际问题中，研究的问题往往牵涉两个以上的变量之间的依赖关系，即因变量依赖于几个自变量. 例如，某种商品的市场需求量不仅与其市场价格有关，而且与消费者的收入以及这种商品的其他代用品的价格等因素有关，即决定该商品需求量的因素不止一个而是多个，这就是多元函数问题. 先观察几个实际例子.

例 1　矩形的面积 S 和它的长度 x 与宽度 y 之间有关系式 $S=xy$（$x>0$，$y>0$）.

这里 $x>0$，$y>0$ 是变量 x，y 的变化范围，变量 S 是随着 x，y 的变化而变化的. 当 x，y 在各自的变化范围内独立地取定一个数值 x_0，y_0 时，S 就是一个确定的值 $S_0=x_0y_0$ 与之对应.

例 2　底是正方形的长方体体积 V 和它的底——正方形的边长 x 与高 y 之间有关系式 $V=x^2y$（$x>0$，$y>0$）.

这里与例 1 相仿，当 x，y 在各自的变化范围内独立地取定一个数 x_0，y_0，V 就有一个确定的值 $V_0=x_0^2y_0$ 与之对应.

例 3　居民人均消费收入 Z 和国民收入 y 与总人口数 p 之间有关系式 $Z=S_1S_2\dfrac{y}{p}$.

其中 S_1 是消费率（国民收入总额中用于消费所占的比例），S_2 是居民消费率（消费总额中用于居民消费所占的比例）. 当 y，p 在各自变化范围内独立地取定一个数时，Z 就有一个确定的值与之对应.

如果不考虑上述例子中的具体意义，抓住它们的共同本质，就可以概括出多元函数的定义.

定义 7.2（二元函数的定义）　设在某一变化过程中有三个变量 x，y，z，其中变量 z 随变量 x，y 的变化而变化. 若对于变量 x，y 在各自的变化范围内独立地取得每一组值，按照一定的规律 f，变量 z 有一个确定的值与之对应. 这时我们就称变量 z 是变量 x，y 的二元函数，记作 $z=f(x, y)$.

其中 x，y 叫自变量，z 叫因变量（即函数）. 自变量 x，y 的变化范围叫做函数的定义域，记作 D.

当自变量 x，y 分别取值 x_0，y_0 时，因变量 z 的对应值 z_0 叫做函数 $z=f(x, y)$ 当 $x=x_0$，$y=y_0$ 时的函数值，记作 $z_0=f(x_0, y_0)$.

类似地，我们还可以定义三元函数，四元函数，…，n 元函数. 多于一个自变量的函数统称为多元函数.

对于单纯由数学式子表示的函数，其定义域是使数学式子有意义的那些自变量值的全体. 而那些从实际问题中提出的函数，则往往根据问题的具体情况来确定其定义域.

例 4 确定函数 $z=\sqrt{R^2-x^2-y^2}$ 的定义域.

解： 要使解析式 $z=\sqrt{R^2-x^2-y^2}$ 有意义，必须 $R^2-x^2-y^2\geqslant 0$.

即 $x^2+y^2\leqslant R^2$.

而 $x^2+y^2=R^2$ 是 xy 平面上以原点为圆心，R 为半径的圆. $x^2+y^2\leqslant R^2$ 就是这个圆的内部及圆周上的点（图 7.8），这就是所求的定义域.

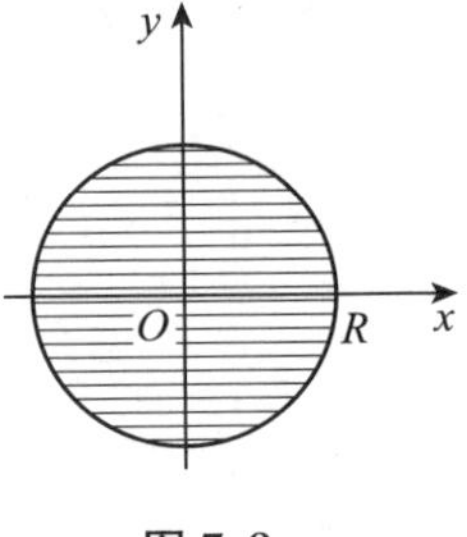

图 7.8

类似的，函数 $z=-\dfrac{1}{\sqrt{R^2-x^2-y^2}}$ 与 $z=\ln(R^2-x^2-y^2)$ 的定义域 $D=\{(x, y)\mid x^2+y^2<R^2\}$，它表示图 7.8 所示的圆的内部（不包括圆周上的点）.

例 5 确定函数 $z=\ln(x+y)$ 的定义域.

解： 要使等式右边的数学式子有意义，x，y 必须满足不等式 $x+y>0$.

于是所求的定义域 $D=\{(x, y)\mid x+y>0\}$，它表示 xy 平面上直线 $x+y=0$ 的右上方的半个平面，不包括直线上的点，如图 7.9.

从上面所讨论的几个例子可见，二元函数 $z=f(x, y)$ 的定义域在几何上表示一个平面区域.

有的包括边界，有的不包括边界，包括边界在内的区域叫闭区域，不包括边界在内的区域叫开区域，如果区域可延伸到无穷远处，则称为无界区域，否则称为有界区域；有界区域总可以包含在一个以原点为圆心的相当大的圆域内.

我们知道，一元函数 $y=f(x)$ 通常表示 xy 平面上的一条曲线. 二元函数 $z=f(x, y)$，$(x, y)\in D$，其定义域 D 是 xy 平面上的一个区域. 对于 D 中任意一点 $M(x, y)$ 必有唯一的数 z 与之对应. 因此三元有序数组 $(x, y, f(x, y))$ 就确定了空间的一点 $P(x, y, f(x, y))$，所有这样点的集合就是函数 $z=f(x, y)$ 的图形，一般来说，点 P 的轨迹形成一个曲面，如图 7.10.

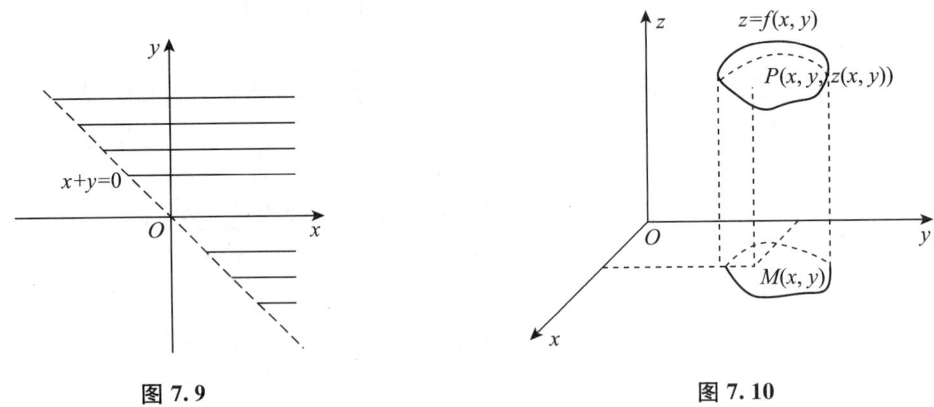

图 7.9 图 7.10

例如，函数 $z=-\sqrt{R^2-x^2-y^2}$ 的图形就是以原点为球心，R 为半径的下半球面.

二、二元函数的极限和连续的概念

（一）二元函数的极限

与一元函数的情况类似，对于给定的二元函数 $z=f(x, y)$，我们需要考察当自变量

x，y 无限接近一组定数 x_0，y_0 时，对应的函数值 $f(x, y)$ 变化的趋势如何？这就是二元函数的极限问题.

定义 7.3　设函数 $f(x, y)$ 的定义域是 D，如果当 $P(x, y)$ 沿 D 内任意路径无限接近某一点 $P_0(x_0, y_0)$ 时，$f(x, y)$ 总是无限接近某一固定的数 A，那么，我们就说函数 $f(x, y)$ 当 (x, y) 趋于 (x_0, y_0) 时极限存在，A 就叫做 $f(x, y)$ 当 (x, y) 趋于 (x_0, y_0) 时的极限，记作 $\lim\limits_{\substack{x\to x_0\\ y\to y_0}} f(x, y)=A$ 或 $f(x, y)\to A(x\to x_0, y\to y_0)$.

注意：(1) 点 $P(x, y)$ 无限接近于 $P_0(x_0, y_0)$ 是指它们的距离 $\rho=|P_0P|$ 趋于 0，即 $\rho=|P_0P|=\sqrt{(x-x_0)^2+(y-y_0)^2}\to 0$.

(2) 点 $P(x, y)$ 趋于 $P_0(x_0, y_0)$ 是指沿任意路径无限接近，而不仅是沿着某些路径无限接近．这要比一元函数的极限复杂得多.

例 6　函数 $f(x, y)=\dfrac{x^2y}{x^2+y^2}$ 当 $(x, y)\to(0, 0)$ 时极限存在吗？

解：因为 $x^2\leqslant x^2+y^2$，$|y|\leqslant\sqrt{x^2+y^2}$

所以 $|f(x, y)|=\dfrac{x^2|y|}{x^2+y^2}\leqslant\dfrac{(x^2+y^2)^{\frac{3}{2}}}{x^2+y^2}=\sqrt{x^2+y^2}$.

由此可见，不论 $P(x, y)$ 沿怎样的路径趋于 $O(0, 0)$，$\sqrt{x^2+y^2}$ 都趋于 0，进而 $|f(x, y)|$ 也趋于 0，故当 $(x, y)\to(0, 0)$ 时，$f(x, y)=\dfrac{x^2y}{x^2+y^2}$ 的极限存在，且 $\lim\limits_{\substack{x\to 0\\ y\to 0}} f(x, y)=0$.

例 7　函数 $f(x, y)=\dfrac{xy}{x^2+y^2}$ 当 $(x, y)\to(0, 0)$ 时的极限是否存在？

解：当 (x, y) 沿着直线 $y=x$ 趋于 $(0, 0)$ 时

$$f(x, y)=\frac{x\cdot x}{x^2+x^2}=\frac{1}{2}\to\frac{1}{2}$$

而当 (x, y) 沿着直线 $y=2x$ 趋于 $(0, 0)$ 时

$$f(x, y)=\frac{x\cdot 2x}{x^2+4x^2}=\frac{2}{5}\to\frac{2}{5}$$

可见 (x, y) 沿不同路径趋于 $(0, 0)$ 时，$f(x, y)$ 不接近同一常数，因此 $(x, y)\to(0, 0)$ 时，$f(x, y)$ 的极限不存在.

(二) 二元函数的连续性

与一元函数中连续与间断相类似，关于二元函数连续的概念，我们有如下定义.

定义 7.4　对于二元函数 $f(x, y)$，如果 $\lim\limits_{\substack{x\to x_0\\ y\to y_0}} f(x, y)$ 与 $f(x_0, y_0)$ 都存在并且相等，即

$$\lim_{\substack{x\to x_0\\ y\to y_0}} f(x, y)=f(x_0, y_0).$$

则称函数 $f(x, y)$ 在点 (x_0, y_0) 处连续，否则称点 (x_0, y_0) 是函数 $f(x, y)$ 的间断点.

如果函数 $f(x, y)$ 在某一区域 D 上的每一点都连续，则称函数 $f(x, y)$ 在区域 D 上连续.

一般常见的二元函数，是自变量 x，y 的基本初等函数经过有限次四则运算或复合而成的函数，如 $e^x\cos(x+y)$，$\arctan(x+y)$ 等等，这种函数在它们的定义域上都是连续的.

和一元函数一样，对于二元函数，在有界区域上也有一元连续函数的类似性质.

例如，有界区域上的连续函数一定有最大值和最小值等等.

§7.3　偏导数

我们知道，一元函数的微分学就是研究一元函数的变化率和它的应用. 对于多元函数，由于自变量多于一个，问题就比较复杂. 在这节里，我们就来讨论二元函数的变化率问题.

定义 7.5　设二元函数 $z=f(x, y)$ 在点 (x_0, y_0) 的附近有定义，如果 $\Delta x\to 0$ 时，极限 $\lim\limits_{\Delta x\to 0}\dfrac{f(x_0+\Delta x,y_0)-f(x_0,y_0)}{\Delta x}$ 存在，则称此极限值为函数 $f(x, y)$ 在点 (x_0, y_0) 处对 x 的偏导数，记作 $f'_x(x_0, y_0)$，$\left.\dfrac{\partial f}{\partial x}\right|_{(x_0,y_0)}$ 或 $\left.\dfrac{\partial z}{\partial x}\right|_{(x_0,y_0)}$，$z'_x|_{(x_0,y_0)}$.

同样，如果极限

$$\lim_{\Delta y\to 0}\frac{f(x_0,y_0+\Delta y)-f(x_0,y_0)}{\Delta y}$$

存在，则称此极限值为函数 $f(x, y)$ 在点 (x_0, y_0) 处对 y 的偏导数，记作

$$f'_y(x_0, y_0),\ \left.\frac{\partial f}{\partial y}\right|_{(x_0,y_0)} \text{或} \left.\frac{\partial z}{\partial y}\right|_{(x_0,y_0)},\ z'_y|_{(x_0,y_0)}.$$

如果函数 $z=f(x, y)$ 在区域 D 内每一点 (x, y) 处都有对 x，y 的偏导数，那么这两个偏导数在 D 内仍是 x 和 y 的二元函数，称为 $f(x, y)$ 在 D 内对 x，y 的偏导函数，简称偏导数. 记作

$$f'_x(x, y),\ \frac{\partial f}{\partial x},\ \frac{\partial z}{\partial x},\ z'_x$$

$$f'_y(x, y),\ \frac{\partial f}{\partial y},\ \frac{\partial z}{\partial y},\ z'_y.$$

由偏导数的定义可以看出，计算多元函数的偏导数并不需要新的方法，因为求偏导数时只需考虑一个自变量在变动着，其余自变量都看作是常数，所以实质上仍是一元函数的求导法的问题.

例 1　求 $z=x^2+xy+2y^2$ 在点 $(1, 2)$ 处的偏导数.

解： 把 y 看成常数，对 x 求导得 $\dfrac{\partial z}{\partial x}=2x+y$

把 x 看成常数，对 y 求导得 $\dfrac{\partial z}{\partial y}=x+4y$

由此有：$\left.\dfrac{\partial z}{\partial x}\right|_{(1,2)}=2\cdot 1+2=4$

$$\left.\frac{\partial z}{\partial y}\right|_{(1,2)}=1+4\cdot 2=9.$$

例2 求 $f(x, y)=e^{x^2+2y}$ 的偏导数.

解： $\frac{\partial f}{\partial x}=e^{x^2+2y}\cdot 2x=2xe^{x^2+2y}$

$\frac{\partial f}{\partial y}=e^{x^2+2y}\cdot 2=2e^{x^2+2y}$.

一般说来，函数 $z=f(x, y)$ 的偏导数 $\frac{\partial z}{\partial x}$，$\frac{\partial z}{\partial y}$ 还是 x，y 的二元函数，还可以进一步讨论它们关于自变量 x，y 的偏导数，$\frac{\partial z}{\partial x}$，$\frac{\partial z}{\partial y}$ 的偏导数叫做 $f(x, y)$ 的二阶偏导数. 二元函数 $z=f(x, y)$ 的二阶偏导数共有四种，分别用下面记号来表示：

$$\frac{\partial}{\partial x}\left(\frac{\partial z}{\partial x}\right)=\left(\frac{\partial^2 z}{\partial x^2}\right)=f''_{xx}(x, y)=z''_{xx}$$

$$\frac{\partial}{\partial y}\left(\frac{\partial z}{\partial x}\right)=\left(\frac{\partial^2 z}{\partial x\partial y}\right)=f''_{xx}(x, y)=z''_{xy}$$

$$\frac{\partial}{\partial x}\left(\frac{\partial z}{\partial y}\right)=\left(\frac{\partial^2 z}{\partial y\partial x}\right)=f''_{yx}(x, y)=z''_{yx}$$

$$\frac{\partial}{\partial y}\left(\frac{\partial z}{\partial y}\right)=\left(\frac{\partial^2 z}{\partial y^2}\right)=f''_{yy}(x, y)=z''_{yy}$$

仿此还可以定义二元函数的更高阶的偏导数. 例如 $\frac{\partial}{\partial x}\left(\frac{\partial^2 z}{\partial x^2}\right)=\frac{\partial^3 z}{\partial x^3}$，$\frac{\partial}{\partial y}\left(\frac{\partial^2 z}{\partial x^2}\right)=\frac{\partial^3 z}{\partial x^2\partial y}$ 等等.

例3 求下列函数的二阶偏导数

(1) $z=x^3+y^3-3x^2y$

(2) $z=xe^x\sin y$

解：(1) $\frac{\partial z}{\partial x}=3x^2-6xy$，$\frac{\partial z}{\partial y}=3y^2-3x^2$

$\frac{\partial^2 z}{\partial x^2}=6x-6y$，$\frac{\partial^2 z}{\partial x\partial y}=-6x$

$\frac{\partial^2 z}{\partial y\partial x}=-6x$，$\frac{\partial^2 z}{\partial y^2}=6y$.

(2) $\frac{\partial z}{\partial x}=e^x\sin y+xe^x\sin y=(1+x)e^x\sin y$

$\frac{\partial z}{\partial y}=xe^x\cos y$

$\frac{\partial^2 z}{\partial x^2}=e^x\sin y+(1+x)e^x\sin y=(2+x)e^x\sin y$

$\frac{\partial^2 z}{\partial x\partial y}=(1+x)e^x\cos y$.

$\frac{\partial^2 z}{\partial y\partial x}=e^x\cos y+xe^x\cos y=(1+x)e^x\cos y$

$\frac{\partial^2 z}{\partial y^2}=-xe^x\sin y$.

在例3的(1)和(2)中，都有$f''_{xy}(x, y)=f''_{yx}(x, y)$，即$\frac{\partial^2 z}{\partial x\partial y}=\frac{\partial^2 z}{\partial y\partial x}$. 但是这个结论并不是对所有函数都成立，而是有条件的. 可以证明：当二阶偏导数$f''_{xy}(x, y)$，$f''_{yx}(x, y)$均为x，y的连续函数时，必有$f''_{xy}(x, y)=f''_{yx}(x, y)$.

§7.4 全微分

我们还记得，在一元函数中，y对x的微分是自变量的改变量Δx的线性函数，且当$\Delta x\to 0$时，dy与函数改变量Δy的差是一个比Δx较高阶的无穷小量，即当$|\Delta x|$很小时，dy是函数增量Δy的近似值.

在实际问题中，有时也需要讨论多元函数的增量问题. 例如，长方形的面积S是它的长度x与宽度y的二元函数$S=xy$

如果长度x有增量Δx，宽度y有增量Δy，那么面积S相应的有一个增量ΔS是多少呢？

定义 7.6 对于二元函数$z=f(x, y)$，当自变量x，y分别取得增量（或改变量）Δx和Δy时，引起因变量z产生的增量（或改变量）

$$f(x+\Delta x, y+\Delta y)-f(x, y)$$

称为二元函数$z=f(x, y)$的全增量，记作$\Delta z=f(x+\Delta x, y+\Delta y)-f(x, y)$.

一般说来，计算全增量Δz是比较复杂的，因此与一元函数相仿，当$|\Delta x|$，$|\Delta y|$很小时，希望能找一个既简便又比较准确的近似值来代替Δz，为此，我们介绍定理：

定理 7.1 设二元函数$z=f(x, y)$的偏导数$\frac{\partial z}{\partial x}$，$\frac{\partial z}{\partial y}$在点$(x, y)$处连续，则有关系式

$$\Delta z=\frac{\partial z}{\partial x}\Delta x+\frac{\partial z}{\partial y}\Delta y+o(\rho)$$

其中$\rho=\sqrt{(\Delta x)^2+(\Delta y)^2}$，$o(\rho)$表示$\rho$的高阶无穷小量.

***证明：**因为

$$\begin{aligned}\Delta z&=f(x+\Delta x, y+\Delta y)-f(x, y)\\&=[f(x+\Delta x, y+\Delta y)-f(x, y+\Delta y)]+[f(x, y+\Delta y)-f(x, y)]\end{aligned}$$

于是，由一元函数的拉格朗日中值定理得

$$\Delta z=f'_x(\xi_1, y+\Delta y)\Delta x+f'_y(x, \xi_2)\Delta y$$

其中ξ_1在x与$x+\Delta x$之间，ξ_2在y与$y+\Delta y$之间，又由于已知$f'_x(x, y)$与$y'_y(x, y)$在点(x, y)连续，故

$$\lim_{\substack{\Delta x\to 0\\ \Delta y\to 0}}f'_x(\xi_1, y+\Delta y)=f'_x(x, y)$$

$$\lim_{\substack{\Delta x\to 0\\ \Delta y\to 0}}f'_y(x, \xi_2)=f'_y(x, y)$$

即 $f'_x(\xi_1, y+\Delta y)=f'_x(x, y)+\alpha$

$$f'_y(x, \xi_2)=f'_y(x, y)+\beta$$

其中α，β当$\rho\to 0$时趋于零，因而

$\Delta z=f'_x(x,\ y)\Delta x+f'_y(x,\ y)\Delta y+(\alpha\Delta x+\beta\Delta y)$

再由$\frac{|\alpha\Delta x+\beta\Delta y|}{\rho}=\left|\alpha\cdot\frac{\Delta x}{\rho}+\beta\cdot\frac{\Delta y}{\rho}\right|\leqslant|\alpha|\frac{|\Delta x|}{\rho}+|\beta|\frac{|\Delta y|}{\rho}\leqslant|\alpha|+|\beta|$

可知$\lim\limits_{\rho\to 0}\frac{\alpha\Delta x+\beta\Delta y}{\rho}=0$即$\alpha\Delta x+\beta\Delta y$是比$\rho$较高阶无穷小量，

记作$\alpha\Delta x+\beta\Delta y=o(\rho)$，因此

$\Delta z=f'_x(x,\ y)\Delta x+f'_y(x,\ y)\Delta y+o(\rho)\ =\frac{\partial z}{\partial x}\Delta x+\frac{\partial z}{\partial y}\Delta y+o(\rho)$

由此定理可知，用近似公式$\Delta z\approx\frac{\partial z}{\partial x}\Delta x+\frac{\partial z}{\partial y}\Delta y$.

计算函数的全增量，将具有两方面的优越性：

(1) $\frac{\partial z}{\partial x}\Delta x+\frac{\partial z}{\partial y}\Delta y$是$\Delta x$，$\Delta y$的一次函数，便于计算；

(2) 当$|\Delta x|$，$|\Delta y|$很小时，取$\frac{\partial z}{\partial x}\Delta x+\frac{\partial z}{\partial y}\Delta y$作为$\Delta z$的近似值，误差$o(\rho)$是$\rho$的较高阶无穷小量，即有很好的精确度.

对于二元函数，我们有全微分的定义：

定义7.7　设二元函数$z=f(x,\ y)$的偏导数$\frac{\partial z}{\partial x}$，$\frac{\partial z}{\partial y}$在点$(x,\ y)$处连续，则$\frac{\partial z}{\partial x}\Delta x+\frac{\partial z}{\partial y}\Delta y$就称为$z=f(x,\ y)$在点$(x,\ y)$的全微分，记为$dz$或$df(x,\ y)$，即$dz=\frac{\partial z}{\partial x}\Delta x+\frac{\partial z}{\partial y}\Delta y$或$df(x,\ y)=f'_x(x,\ y)\Delta x+f'_y(x,\ y)\Delta y$.

这里，$\frac{\partial z}{\partial x}\Delta x$与$\frac{\partial z}{\partial y}\Delta y$分别称为函数$z=f(x,\ y)$在点$(x,\ y)$对$x$，$y$的偏微分.全微分就是两个偏微分之和. 由于$dx=\Delta x$，$dy=\Delta y$所以函数$z=f(x,\ y)$的全微分也可以写成$dz=\frac{\partial z}{\partial x}dx+\frac{\partial z}{\partial y}dy$.

例1　求函数$z=e^{xy}$在点$(1,\ 2)$处的全微分.

解：由于$\frac{\partial z}{\partial x}=ye^{xy}$，$\frac{\partial z}{\partial y}=xe^{xy}$.

所以$\left.\frac{\partial z}{\partial x}\right|_{(1,2)}=2e^2$，$\left.\frac{\partial z}{\partial y}\right|_{(1,2)}=e^2$

从而$dz|_{(1,2)}=2e^2dx+e^2dy$.

例2　求函数$z=x^2+xy^2$的全微分.

解：由于$\frac{\partial z}{\partial x}=2x+y^2$，$\frac{\partial z}{\partial y}=2xy$

所以$dz=(2x+y^2)dx+2xydy$.

例3　要用水泥建造一个无盖的圆柱形水塔，其内半径为2 m，高为4 m，侧壁及底的厚度为0.01 m. 问需要多少水泥建成？

解：当圆柱底半径为r，高为h时，其体积为$V=\pi r^2h$. 用全微分进行近似计算，

则有$\Delta V\approx dV=2\pi rh\Delta r+\pi r^2\Delta h$.

由于$r=2$，$h=4$，$\Delta r=\Delta h=0.01$，所以

$\Delta V \approx 2\pi \times 2 \times 4 \times 0.01 + \pi \times 2^2 \times 0.01 = 0.2\pi$（$m^3$）.

与直接计算 ΔV 的值 $0.200\,801\pi$ m^3 是相当接近的．故所需水泥大约为 0.2π m^3.

§7.5　复合函数的微分法

设 z 是中间自变量 u 与 v 的函数 $z=f(u, v)$

其中 u 与 v 都是 x，y 的函数 $u=\varphi(x, y)$，$v=\psi(x, y)$，因而 $z=f[\varphi(x, y), \psi(x, y)]$ 通过中间变量 u，v 成为自变量 x，y 的复合函数.

现在的问题是：如何通过已知的 $\frac{\partial z}{\partial u}$，$\frac{\partial z}{\partial v}$，$\frac{\partial u}{\partial x}$，$\frac{\partial u}{\partial y}$，$\frac{\partial v}{\partial x}$，$\frac{\partial v}{\partial y}$ 去求出 $\frac{\partial z}{\partial x}$，$\frac{\partial z}{\partial y}$.

定理 7.2　如果函数 $u=\varphi(x, y)$，$v=\psi(x, y)$ 在点 (x, y) 处的偏导数 $\frac{\partial u}{\partial x}$，$\frac{\partial u}{\partial y}$，$\frac{\partial v}{\partial x}$，$\frac{\partial v}{\partial y}$ 都存在，且在对应于 (x, y) 的点 (u, v) 处函数 $z=f(u, v)$ 可微，那么复合函数 $z=f[\varphi(x, y), \psi(x, y)]$ 对 x，y 的偏导数存在，且

$$\frac{\partial z}{\partial x}=\frac{\partial z}{\partial u}\frac{\partial u}{\partial x}+\frac{\partial z}{\partial v}\frac{\partial v}{\partial x}$$

$$\frac{\partial z}{\partial y}=\frac{\partial z}{\partial u}\frac{\partial u}{\partial y}+\frac{\partial z}{\partial v}\frac{\partial v}{\partial y}.$$

* **证明**：设 y 保持不变，给 x 以改变量 Δx（$\Delta x \neq 0$），则 u，v 将有对应的改变量

$$\Delta u=\varphi(x+\Delta x, y)-\varphi(x, y)$$

$$\Delta v=\psi(x+\Delta x, y)-\psi(x, y)$$

从而函数 $z=f(u, v)$ 也得到相应的改变量 Δz，由上节定理 7.1 的证明知可表示为

$$\Delta z=\frac{\partial z}{\partial u}\Delta u+\frac{\partial z}{\partial v}\Delta v+\alpha\Delta u+\beta\Delta v$$

其中 α，β 当 $(\Delta u, \Delta v)\rightarrow(0,0)$ 时趋于零，两边除以 Δx

$$\frac{\Delta z}{\Delta x}=\frac{\partial z}{\partial u}\frac{\Delta u}{\Delta x}+\frac{\partial z}{\partial u}\frac{\Delta u}{\Delta x}+\alpha\frac{\Delta u}{\Delta x}+\beta\frac{\Delta v}{\Delta x}$$

因为 $u=\varphi(x, y)$，$v=\psi(x, y)$ 的偏导数存在，所以当 $\Delta x\rightarrow 0$ 时 $(\Delta u, \Delta v)\rightarrow(0, 0)$，并且

$$\frac{\Delta u}{\Delta x}\rightarrow\frac{\partial u}{\partial x},\ \frac{\Delta v}{\Delta x}\rightarrow\frac{\partial v}{\partial x}$$

故有 $\frac{\partial z}{\partial x}=\frac{\partial z}{\partial u}\frac{\partial u}{\partial x}+\frac{\partial z}{\partial v}\frac{\partial v}{\partial x}$.

同理可证明 $\frac{\partial z}{\partial y}=\frac{\partial z}{\partial u}\frac{\partial u}{\partial y}+\frac{\partial z}{\partial v}\frac{\partial v}{\partial y}$.

例 1　设 $z=e^u\sin v$ 其中 $u=xy$，$v=x+y$，求 z 对 x，y 的偏导数.

解：
$$\frac{\partial z}{\partial x}=\frac{\partial z}{\partial u}\frac{\partial u}{\partial x}+\frac{\partial z}{\partial v}\frac{\partial v}{\partial x}=e^u(\sin v)y+e^u(\cos v)\cdot 1$$
$$=e^{xy}[y\sin(x+y)+\cos(x+y)]$$

$$\frac{\partial z}{\partial y}=\frac{\partial z}{\partial u}\frac{\partial u}{\partial y}+\frac{\partial z}{\partial v}\frac{\partial v}{\partial y}=e^u(\sin v)x+e^u(\cos v)\cdot 1=e^{xy}[x\sin(x+y)+\cos(x+y)].$$

例2 求 $z=(x+y)^{xy}$ 的偏导数.

解： 设 $u=(x+y)$，$v=xy$，则 $z=u^v$，于是

$\frac{\partial z}{\partial u}=v\cdot u^{v-1}$，$\frac{\partial z}{\partial v}=u^v\cdot\ln u$

$\frac{\partial u}{\partial x}=1$，$\frac{\partial u}{\partial y}=1$，$\frac{\partial v}{\partial x}=y$，$\frac{\partial v}{\partial y}=x$

所以 $\frac{\partial z}{\partial x}=v\cdot u^{v-1}\cdot 1+u^v\cdot\ln u\cdot y=xy(x+y)^{xy-1}+y(x+y)^{xy}\ln(x+y)$

$\frac{\partial z}{\partial y}=v\cdot u^{v-1}\cdot 1+u^v\cdot\ln u\cdot x=xy(x+y)^{xy-1}+x(x+y)^{xy}\ln(x+y)$.

特别地，当自变量只有一个时，设 $z=f(u,v)$，$u=\varphi(x)$，$v=\psi(x)$，则 z 关于 x 的导数，称为全导数，易得 $\frac{dz}{dx}=\frac{\partial z}{\partial u}\frac{du}{dx}+\frac{\partial z}{\partial v}\frac{dv}{dx}$.

如果 $z=f(x,y)$ 而 $y=\varphi(x)$，则 $z=f[x,\varphi(x)]$ 的全导数为 $\frac{dz}{dx}=\frac{\partial z}{\partial x}+\frac{\partial z}{\partial y}\frac{dy}{dx}$.

例3 设 $z=uv$，$u=e^{-t}$，$v=\sin t$ 求全导数 $\frac{dz}{dt}$.

解： 由于 $\frac{\partial z}{\partial u}=v$，$\frac{\partial z}{\partial v}=u$，$\frac{du}{dt}=-e^{-t}$，$\frac{dv}{dt}=\cos t$，所以

$\frac{dz}{dt}=\frac{\partial z}{\partial u}\frac{du}{dt}+\frac{\partial z}{\partial v}\frac{dv}{dt}=v(-e^{-t})+u\cos t=-\sin t(e^{-t})+e^{-t}\cos t=e^{-t}(\cos t-\sin t)$.

例4 设 $z=xy+u$，$u=x^2-2y^2$，求 $\frac{\partial z}{\partial x}$，$\frac{\partial z}{\partial y}$.

解： $\frac{\partial z}{\partial x}=y+\frac{\partial u}{\partial x}=y+2x=2x+y$

$\frac{\partial z}{\partial y}=x+\frac{\partial u}{\partial y}=x-4y$.

例5 设 $z=uv+\sin t$，$u=e^t$，$v=\cos t$，求全导数 $\frac{dz}{dt}$.

解：

$$\begin{aligned}\frac{dz}{dt}&=\frac{\partial z}{\partial u}\frac{du}{dt}+\frac{\partial z}{\partial v}\frac{dv}{dt}+\frac{d}{dt}(\sin t)\\&=v\cdot e^t+u\cdot(-\sin t)+\cos t\\&=\cos t\cdot e^t-e^t\sin t+\cos t\\&=e^t(\cos t-\sin t)+\cos t.\end{aligned}$$

§7.6 隐函数的求导法

我们知道，如果因变量 y 和自变量 x 之间的函数关系由方程 $F(x,y)=0$ 所确定，那么这种函数就叫做隐函数. 现在可写出隐函数的求导公式.

设由 $F(x,y)=0$ 确定 y 是 x 的函数 $y=y(x)$.

此时，有恒等式 $F(x,y(x))=0$.

上式两边对 x 求全导数，得 $\frac{\partial F}{\partial x}+\frac{\partial F}{\partial y}\frac{dy}{dx}=0$.

当$\frac{\partial F}{\partial y}\neq 0$时，有$\frac{dy}{dx}=-\frac{\frac{\partial F}{\partial x}}{\frac{\partial F}{\partial y}}$（或$\frac{dy}{dx}=-\frac{F'_x}{F'_y}$）.

这就是隐函数的求导公式.

同理，如果因变量z和自变量x，y之间的函数关系$z=z(x, y)$由方程$F(x, y, z)=0$所确定，那么这种二元函数$z=z(x, y)$也叫做隐函数，此时，有恒等式$F[x, y, z(x, y)]=0$.

上式两边对x，y求偏导数，得$\frac{\partial F}{\partial x}+\frac{\partial F}{\partial z}\frac{\partial z}{\partial x}=0$，$\frac{\partial F}{\partial y}+\frac{\partial F}{\partial z}\frac{\partial z}{\partial y}=0$.

当$\frac{\partial F}{\partial z}\neq 0$时，有$\frac{\partial z}{\partial x}=-\frac{\frac{\partial F}{\partial x}}{\frac{\partial F}{\partial z}}$（或$\frac{\partial z}{\partial x}=-\frac{F'_x}{F'_z}$），$\frac{\partial z}{\partial y}=-\frac{\frac{\partial F}{\partial y}}{\frac{\partial F}{\partial z}}$（或$\frac{\partial z}{\partial y}=-\frac{F'_y}{F'_z}$）.

这就是二元隐函数的偏导数公式.

例 1 求由方程$\sin y+e^x-xy^2=0$所确定的y是x的函数的导数.

解：由于$\frac{\partial F}{\partial x}=e^x-y^2$，$\frac{\partial F}{\partial y}=\cos y-2xy$

所以$\frac{dy}{dx}=-\frac{\frac{\partial F}{\partial x}}{\frac{\partial F}{\partial y}}=-\frac{e^x-y^2}{\cos y-2xy}=\frac{e^x-y^2}{2xy-\cos y}$.

例 2 求由方程$x^2+y^2-4=0$所确定的y是x的函数的导数.

解：因为$\frac{\partial F}{\partial x}=2x$，$\frac{\partial F}{\partial y}=2y$

所以$\frac{dy}{dx}=-\frac{\frac{\partial F}{\partial x}}{\frac{\partial F}{\partial y}}=-\frac{2x}{2y}=-\frac{x}{y}$.

例 3 方程$e^{xy}-2z+e^z=0$确定z是x，y的隐函数，求$\frac{\partial z}{\partial x}$，$\frac{\partial z}{\partial y}$.

解：这里$F(x, y, z)=e^{xy}-2z+e^z$

$\frac{\partial F}{\partial x}=ye^{xy}$，$\frac{\partial F}{\partial y}=xe^{xy}$，$\frac{\partial F}{\partial z}=-2+e^z$

所以$\frac{\partial z}{\partial x}=\frac{ye^{xy}}{2-e^z}$，$\frac{\partial z}{\partial y}=\frac{xe^{xy}}{2-e^z}$.

例 4 求由方程$x^2+2y^2+3z^2-6=0$确定的二元函数z关于x，y的偏导数.

解：由于$\frac{\partial F}{\partial x}=2x$，$\frac{\partial F}{\partial y}=4y$，$\frac{\partial F}{\partial z}=6z$

所以$\frac{\partial z}{\partial x}=-\frac{2x}{6z}=-\frac{x}{3z}$

$\frac{\partial z}{\partial y}=-\frac{4y}{6z}=-\frac{2y}{3z}$.

注意：上例中方程可确定两个不同的函数$z=\pm\frac{1}{\sqrt{3}}\cdot\sqrt{6-x^2-2y^2}$，但在其偏导数存

在的区域内，所得的结果均与上式相同.

§7.7 多元函数的极值

在许多应用中经常会遇到求多元函数的最大值和最小值的问题. 因此，就需要研究多元函数的极值. 本节主要讨论二元函数的情况，多于二元的情况，可以类推.

一、二元函数的极值

定义 7.8 设二元函数 $z=f(x, y)$ 在点 (x_0, y_0) 的某个邻域内有定义，如果在这个邻域内任一个异于 (x_0, y_0) 的点 (x, y) 都满足不等式 $f(x, y)<f(x_0, y_0)$

则称函数 $f(x, y)$ 在点 (x_0, y_0) 处有极大值 $f(x_0, y_0)$.

如果在这个邻域内任一异于 (x_0, y_0) 的点 (x, y) 都满足不等式 $f(x, y)>f(x_0, y_0)$.

则称函数 $f(x, y)$ 在点 (x_0, y_0) 处有极小值 $f(x_0, y_0)$.

函数的极大值与极小值统称为极值，使函数取得极值的点称为极值点.

定理 7.3（极值存在的必要条件） 设函数 $f(x, y)$ 在 (x_0, y_0) 处有偏导数 $f'_x(x_0, y_0)$和 $f'_y(x_0, y_0)$，如果 $f(x, y)$ 在 (x_0, y_0) 处有极值，则必有 $f'_x(x_0, y_0)=0$ 且 $f'_y(x_0, y_0)=0$.

证明： 在二元函数中固定 $y=y_0$，则 $f(x, y)$ 是 x 的一元函数. 由于 $f(x, y)$ 在点 (x_0, y_0) 有极值，即在 (x_0, y_0) 附近异于 (x_0, y_0) 的点 (x, y) 满足不等式 $f(x, y)< f(x_0, y_0)$（或 $f(x, y)>f(x_0, y_0)$）.

因此，对于 (x_0, y_0) 附近异于 (x_0, y_0) 且 $y=y_0$ 的那些点 (x, y_0)，当然也满足不等式 $f(x, y_0)<f(x_0, y_0)$（或 $f(x, y_0)>f(x_0, y_0)$）.

这就是说，x 的一元函数 $f(x, y_0)$ 在 $x=x_0$ 处取得极值.

根据一元函数极值的必要条件得 $\left.\dfrac{df(x, y_0)}{dx}\right|_{x=x_0}=0$，即 $f'_x(x_0, y_0)=0$.

仿上可证 $f'_y(x_0, y_0)=0$.

注意： 使函数的一阶偏导数同时为 0 的点，称为驻点. 由上面定理可知，极值点可能在驻点取得，但驻点不一定是极值点，此外，极值点也可能是偏导数不存在的点.

定理 7.4（极值存在的充分条件） 设函数 $f(x, y)$ 在 (x_0, y_0) 的某一邻域内有连续二阶偏导数，如果 (x_0, y_0) 是它的驻点，且

$[f''_{xy}(x_0, y_0)]^2-f''_{xx}(x_0, y_0)f''_{yy}(x_0, y_0)<0$

那么函数 $f(x, y)$ 在 (x_0, y_0) 处有极值；当 $f''_{xx}(x_0, y_0)>0$（或 $f''_{yy}(x_0, y_0)>0$）时 $f(x_0, y_0)$ 是极小值，当 $f''_{xx}(x_0, y_0)<0$（或 $f''_{yy}(x_0, y_0)<0$）时 $f(x_0, y_0)$ 是极大值.

（证明从略）

设函数 $f(x, y)$ 有连续二阶偏导数，求 $f(x, y)$ 的极值的步骤如下：

(1) 计算一阶偏导数，并令一阶偏导数等于零，求出驻点.

(2) 计算二阶偏导数 $f''_{xx}(x, y)$，$f''_{yy}(x, y)$，$f''_{xy}(x, y)$.

(3) 将每一驻点，例如 (x_0, y_0) 代入三个二阶偏导数，令

$A=f''_{xx}(x_0, y_0)$，$B=f''_{xy}(x_0, y_0)$

$C=f''_{yy}(x_0, y_0)$，$D=B^2-AC$

如果 $D<0$，那么函数在 (x_0, y_0) 处有极值；当 $A<0$（或 $C>0$）时，$f(x_0, y_0)$ 是极大值；当 $A>0$（或 $C>0$）时，$f(x_0, y_0)$ 是极小值.

如果 $D>0$，那么函数在 (x_0, y_0) 处无极值.

如果 $D=0$，那么由本方法不能判定函数在 (x_0, y_0) 处有无极值.

例 1 求函数 $f(x, y)=x^2-xy+y^2-2x+y$ 的极值.

解：由方程组 $\begin{cases} f'_x(x, y)=2x-y-2=0 \\ f'_y(x, y)=-x+2y+1=0 \end{cases}$

得驻点 (1, 0)，在 (1, 0) 处求得

$A=f''_{xx}(1, 0)=2$，$B=f''_{xy}(1, 0)=-1$，$C=f''_{yy}(1, 0)=2$

于是有 $D=B^2-AC=1-4=-3<0$

而 $A=2>0$，所以函数 $f(x, y)$ 在 (1, 0) 处取得极小值，极小值为 $f(1, 0)=-1$.

例 2 求函数 $f(x, y)=x^3-y^3+3x^2+3y^2-9x$ 的极值点与极值.

解：由方程组 $\begin{cases} f'_x(x, y)=3x^2+6x-9=0 \\ f'_y(x, y)=-3y^2+6y=0 \end{cases}$

可求得驻点：(1, 0)，(1, 2)，(−3, 0)，(−3, 2) 且还求得

$f''_{xx}(x, y)=6x+6$，$f''_{xy}(x, y)=0$，$f''_{yy}(x, y)=-6y+6$

在点 (1, 0) 处：$D=B^2-AC=0-12\times 6<0$，$A=12>0$

所以 $f(x, y)$ 在 (1, 0) 处有极小值 $f(1, 0)=-5$；

在点 (1, 2) 处：$D=B^2-AC=0-12\times(-6)>0$

故 (1, 2) 不是极值点；

在点 (−3, 0) 处：$D=B^2-AC=0-(-12)\times 6>0$

所以 (−3, 0) 不是极值点；

在点 (−3, 2) 处：$D=B^2-AC=0-(-12)\times(-6)<0$，$A=-12<0$

所以 $f(x, y)$ 在 (−3, 2) 处有极大值 $f(-3, 2)=31$.

同一元函数的情况一样，函数的最值与极值是有区别的. 但在处理实际问题时，往往根据实际情况能判定函数 $f(x, y)$ 在其定义域内部是否取得最值，这时，如果求得的驻点 (x_0, y_0) 是唯一的，那么 $f(x_0, y_0)$ 就是所求的最值，而不必进行检验.

例 3 要造一个容积一定的长方体箱子，问应选择怎样的尺寸，才能使做此箱子所用的材料最少？

解：设箱的长、宽、高分别为 x，y，z，容量为 V，则 $V=xyz$，此时，其表面积 S 为 $S=2(xy+yz+zx)$

由于 $z=\dfrac{V}{xy}$，所以 $S=2\left(xy+\dfrac{V}{x}+\dfrac{V}{y}\right)$ $(x>0, y>0)$

要使所用的材料最少，则应求最小值. 由 $\begin{cases} S'_x(x, y)=2\left(y-\dfrac{V}{x^2}\right)=0 \\ S'_y(x, y)=2\left(x-\dfrac{V}{y^2}\right)=0 \end{cases}$

得驻点 $(\sqrt[3]{V}, \sqrt[3]{V})$. 由于驻点是唯一的，所以该点 $(\sqrt[3]{V}, \sqrt[3]{V})$ 就是使 S 取得最小

值的点，即当 $x=y=z=\sqrt[3]{V}$ 时，函数 S 取得最小值 $6V^{\frac{2}{3}}$，即当箱子的长、宽、高相等时，所用的材料最少.

***例 4**　某工厂生产甲，乙两种产品，出售单价分别为 10 元、9 元，生产 x 单位的甲产品与生产 y 单位的乙产品所需的总费用为

$400+2x+3y+0.01(3x^2+xy+3y^2)$（元）

问：欲取得最大利润，甲，乙两种产品的产量各为多少？

解： $L(x,y)=10x+9y-[400+2x+3y+0.01(3x^2+xy+3y^2)]$

由 $L'_x(x,y)=8-0.01(6x+y)=0$

$L'_y(x,y)=6-0.01(x+6y)=0$

得唯一驻点（120，80）又

$A=f''_{xx}(120,80)=-0.06<0$

$B=f''_{xy}(120,80)=-0.01<0$

$C=f''_{yy}(120,80)=-0.06<0$

$D=B^2-AC=(-0.01)^2-(-0.06)(-0.06)<0$

所以 $L(x,y)$ 在点（120，80）处取得极大值，且这个极大值就是最大值. 即生产 120 单位的甲产品和生产 80 单位的乙产品时，可以取得最大利润.

二、条件极值与拉格朗日乘数法

上面给出的求二元函数 $f(x,y)$ 极值的方法中，两个自变量 x 与 y 是互相独立的，即不受其他条件约束，此时的极值称为无条件极值，简称极值. 如果自变量 x 与 y 之间还满足一定的约束条件 $g(x,y)=0$，称为约束方程，这时所求的极值称为条件极值. 下面我们介绍一种求条件极值的方法——拉格朗日乘数法.

为求函数 $z=f(x,y)$ 在约束条件 $g(x,y)=0$ 下的极值，一般可采用以下步骤：

(1) 以常数 λ（称拉格朗日乘数）乘 $g(x,y)$，然后与 $f(x,y)$ 相加，得拉格朗日函数

$F(x,y)=f(x,y)+\lambda g(x,y)$

(2) 求 $F(x,y)$ 对 x 与 y 的一阶偏导数，并令它们都为 0，即

$F'_x(x,y)=f'_x(x,y)+\lambda g'_x(x,y)=0$

$F'_y(x,y)=f'_y(x,y)+\lambda g'_y(x,y)=0$

由这两个方程与 $g(x,y)=0$ 联立，消去 λ，解出 x，y，则函数 $f(x,y)$ 的极值可能在解出点 (x,y) 处取得.

(3) 判别 (x,y) 是否是极值点，一般的可根据实际问题的具体性质进行判别.

类似地，求三元函数 $f(x,y,z)$ 在约束条件 $g(x,y,z)=0$，$h(x,y,z)=0$（约束条件一般少于自变量的个数）下的极值方法如下：

作拉格朗日函数

$F(x,y,z)=f(x,y,z)+\lambda_1 g(x,y,z)+\lambda_2 h(x,y,z)$

其中，λ_1，λ_2 是拉格朗日乘数. 由

$F'_x(x,y,z)=f'_x(x,y,z)+\lambda_1 g'_x(x,y,z)+\lambda_2 h'_x(x,y,z)$

$F'_y(x,y,z)=f'_y(x,y,z)+\lambda_1 g'_y(x,y,z)+\lambda_2 h'_y(x,y,z)$

$F'_z(x, y, z)=f'_z(x, y, z)+\lambda_1 g'_z(x, y, z)+\lambda_2 h'_z(x, y, z)$

及 $g(x, y, z)=0$，$h(x, y, z)=0$

联立消去 λ_1，λ_2 解出 x，y，z，则函数的极值可能在所解出的点（x，y，z）处取得.

最后判别点（x，y，z）是否是极值点.

例 5 求周长为 a 而面积最大的长方形的长和宽.

解： 设长方形的长为 x，宽为 y，则面积为 $S=xy$

约束条件为 $2x+2y=a$

用拉格朗日乘数法，令 $F(x, y)=xy+\lambda(2x+2y-a)$

则由 $F'_x(x, y)=y+2\lambda=0$

$F'_y(x, y)=x+2\lambda=0$

及 $2x+2y-a=0$

联立消去 λ，解得 $x=y=\dfrac{a}{4}$，因为实际问题存在最大值，所以 $\left(\dfrac{a}{4}, \dfrac{a}{4}\right)$ 就是最大值点，即周长为 a 而面积最大的长方形为边长等于 $\dfrac{a}{4}$ 的正方形.

例 6 求表面积为 S 而体积最大的长方体的长、宽和高.

解： 设所求长方体的长、宽、高分别为 x，y，z，则体积为 $V=xyz$（$x>0$，$y>0$，$z>0$）.

约束条件为 $2(xy+xz+yz)=S$

令 $F(x, y, z)=xyz+\lambda(2xy+2xz+2yz-S)$

令 $F(x, y, z)$ 的一阶偏导数为零，再加上约束条件，得方程组

$$\begin{cases} yz+2\lambda(y+z)=0 \\ xz+2\lambda(x+z)=0 \\ xy+2\lambda(x+y)=0 \\ 2xy+2xz+2yz-S=0 \end{cases}$$

由此可解得一个可能的极值点：$x=y=z=\sqrt{\dfrac{S}{6}}$，因为这问题本身存在最大值，所以这一个可能的极值点就是所求的最大值点，即 $x=y=z=\sqrt{\dfrac{S}{6}}$ 时，也就是长方体为立方体时，体积最大.

***例 7** 求定点（x_0，y_0，z_0）到平面 $Ax+By+Cz+D=0$ 的最短距离 d.

解： 由点（x_0，y_0，z_0）到任一点（x，y，z）的距离公式为

$d^2=(x-x_0)^2+(y-y_0)^2+(z-z_0)^2$

因为点（x，y，z）在已给平面上，所以约束条件为 $Ax+By+Cz+D=0$

令 $F(x, y, z)=(x-x_0)^2+(y-y_0)^2+(z-z_0)^2+\lambda(Ax+By+Cz+D)$

令 $F(x, y, z)$ 的一阶偏导数为零，再加上约束条件，得方程组

$$\begin{cases} 2(x-x_0)+\lambda A=0 \\ 2(y-y_0)+\lambda B=0 \\ 2(z-z_0)+\lambda C=0 \\ Ax+By+Cz+D=0 \end{cases}$$

由此可得 $d^2=\frac{\lambda^2}{4}(A^2+B^2+C^2)$

$\lambda=\frac{2(Ax_0+By_0+Cz_0+D)}{A^2+B^2+C^2}$

则 $d=\frac{|Ax_0+By_0+Cz_0+D|}{\sqrt{A^2+B^2+C^2}}$.

上式即空间一点 (x_0, y_0, z_0) 到平面 $Ax+By+Cz+D=0$ 的垂直距离公式.

§7.8 二重积分

本节介绍二元函数的积分，即二重积分的基本概念、性质及计算方法.

一、二重积分的概念和性质

为了引入二重积分的概念，先分析如下的一个例子.

例 曲顶柱体的体积.

设 $z=f(x, y)$ 是定义在有界闭区域 D 上的正值（即 $f(x, y)\geqslant 0$）连续函数，它在直角坐标系中的图形是一张空间曲面 S，试求以曲面 S 为顶以区域 D 为底，以平行 oz 轴的直线为母线的曲顶柱体的体积（如图 7.11).

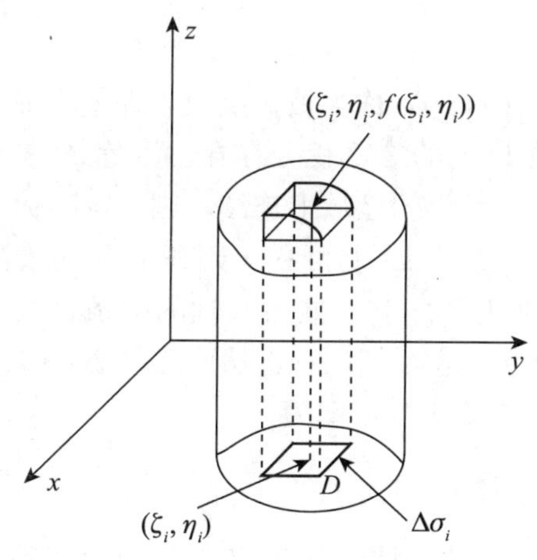

图 7.11

为此，我们采用与求曲边梯形面积相类似的方法来定义曲顶柱体的体积：

(1) 将区域 D 任意分成 n 个小区域 $\Delta\sigma_1$，$\Delta\sigma_2$，…，$\Delta\sigma_n$

且以 $\Delta\sigma_i$ 表示第 i 个小区域的面积，相应的此曲顶柱体被分为 n 个小曲顶柱体. 以 ΔV_i 表示以 $\Delta\sigma_i$ 为底的第 i 个小曲顶柱体的体积，V 表示以区域 D 为底的曲顶柱体的体积，则有 $V=\sum\limits_{i=1}^{n}\Delta V_i$.

(2) 在每个小区域 $\Delta\sigma_i(i=1, 2, \cdots n)$ 上任取一点 (ξ_i, η_i)，把 $f(\xi_i, \eta_i)$ 为高，$\Delta\sigma_i$ 为底的平顶柱体体积 $f(\xi_i, \eta_i)\Delta\sigma_i$，作为 ΔV_i 的近似值，即 $\Delta V_i\approx f(\xi_i, \eta_i)\Delta\sigma_i$，$(i=1,$

2，…，n).

(3) 这个平顶柱体体积之和 $V_n=\sum_{i=1}^{n}f(\xi_i,\eta_i)\Delta\sigma_i$

显然 V_n 是 V 的近似值.

(4) 当分割越来越细，小区域 $\Delta\sigma_i$ 越来越小，而逐渐收缩接近一点时，V_n 就越来越接近 V，用 d_i 表示 $\Delta\sigma_i$ 中任意两点间距离的最大值，称为该区域的直径（$i=1$，2，…，n），且记 $d=\max\{d_i\}$. 如果当 $d\to 0$（可理解为 $\Delta\sigma_i$ 收缩为一点）时，V_n 的极限存在，我们就将这个极限定义为曲顶柱体的体积 V，即 $V=\lim\limits_{d\to 0}\sum_{i=1}^{n}f(\xi_i,\eta_i)\Delta\sigma_i$.

从上面例子中抽去 $z=f(x,y)$ 具体含义，我们可给出二重积分的定义.

定义 7.9 设 $f(x,y)$ 是定义在有界闭区域 D 上的二元函数，将 D 任意分成 n 个小区域 $\Delta\sigma_1$，$\Delta\sigma_2$，…，$\Delta\sigma_n$. 在每个小区域中任取一点（ξ_i，η_i），作积分和 $\sum_{i=1}^{n}f(\xi_i,\eta_i)\Delta\sigma_i$.

当 n 无限增大，各小区域中的最大直径 $d=\max\{d_i\}$ 趋于 0 时，如果积分和式的极限 $\lim\limits_{d\to 0}\sum_{i=1}^{n}f(\xi_i,\eta_i)\Delta\sigma_i$ 存在，并且其极限值与小区域的分法及点（ξ_i，η_i）的选取无关，则称此极限值为函数 $f(x,y)$ 在区域 D 上的二重积分，记作 $\iint\limits_D f(x,y)d\sigma$，即 $\iint\limits_D f(x,y)d\sigma=\lim\limits_{d\to 0}\sum_{i=1}^{n}f(\xi_i,\eta_i)\Delta\sigma_i$.

其中 D 称为积分区域，$f(x,y)$ 称为被积函数，$d\sigma$ 称为面积元素.

若函数 $f(x,y)$ 在区域 D 上的二重积分存在，则称 $f(x,y)$ 在区域 D 上可积. 可以证明，如果函数 $f(x,y)$ 在有界闭区域上连续，则 $f(x,y)$ 在 D 上一定是可积的.

由定义可知，如果 $f(x,y)$ 在 D 上可积，则积分和的极限存在，且与 D 的分法无关，因此，在直角坐标系中常用平行于 x 轴和 y 轴的两条直线（$y=$常数和 $x=$常数）把区域 D 分割成小矩形，它的边长是 Δx 和 Δy，从而 $\Delta\sigma=\Delta x\cdot\Delta y$，因此在直角坐标系中的面积元素可写成 $d\sigma=dxdy$，二重积分可记为

$$\iint\limits_D f(x,y)d\sigma=\iint\limits_D f(x,y)dxdy.$$

由二重积分的定义可知，曲顶柱体的体积 V 就是曲面方程 $z=f(x,y)\geqslant 0$ 在区域 D 上的二重积分：

$$V=\iint\limits_D f(x,y)d\sigma.$$

二重积分与一元函数的定积分具有相应的性质，下面总假定涉及的函数在 D 上可积.

性质 1 常数因子可提到积分号外面，即

$$\iint\limits_D Kf(x,y)d\sigma=K\iint\limits_D f(x,y)d\sigma$$

其中 K 为常数.

性质 2 函数代数和的积分等于各函数积分的代数和，即

$$\iint\limits_D [f(x, y) \pm g(x, y)] d\sigma = \iint\limits_D f(x, y) d\sigma \pm \iint\limits_D g(x, y) d\sigma$$

性质3(二重积分的可加性)　如果积分区域 D 被曲线分成两个区域 D_1，D_2，如图 7.12，则

$$\iint\limits_D f(x, y) d\sigma = \iint\limits_{D_1} f(x, y) d\sigma + \iint\limits_{D_2} f(x, y) d\sigma$$

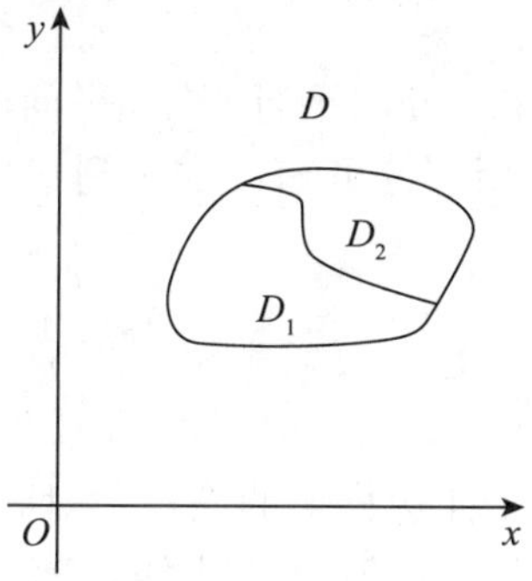

图 7.12

性质 4　如果在 D 上，$f(x, y) \equiv 1$，A 为区域 D 的面积，则

$$A = \iint\limits_D 1 d\sigma = \iint\limits_D d\sigma.$$

性质 5　如果在区域 D 上，有 $f(x, y) \leqslant g(x, y)$，则

$$\iint\limits_D f(x,y) d\sigma \leqslant \iint\limits_D g(x,y) d\sigma.$$

特别的，由于 $-|f(x, y)| \leqslant f(x, y) \leqslant |f(x, y)|$，所以，有

$$\left| \iint\limits_D f(x,y) d\sigma \right| \leqslant \iint\limits_D |f(x,y)| d\sigma.$$

性质 6　设 M 与 m 分别是函数 $f(x, y)$ 在 D 上的最大值与最小值，A 是区域 D 的面积，则

$$mA \leqslant \iint\limits_D f(x,y) d\sigma \leqslant MA.$$

性质 7（二重积分中值定理）　设 $f(x, y)$ 在有界闭区域 D 上连续，A 是区域 D 的面积，则在 D 内至少存在一点 (ξ, η)，使得

$$\iint\limits_D f(x,y) d\sigma = f(\xi,\eta) A.$$

中值定理的几何意义为：在区域 D 上以曲面 $f(x, y)$ 为顶的曲顶柱体的体积，等于区域 D 上以某一点 (ξ, η) 的函数值 $f(\xi, \eta)$ 为高的平顶柱体的体积.

二、二重积分的计算

(一) 化二重积分为二次积分

重积分定义为和式的极限，如果直接用二重积分的定义去计算它的值，是复杂、困难的，甚至是不可能的. 下面我们根据二重积分的几何意义——曲顶柱体的体积来导出二重

积分的计算法则，这个法则主要是把二重积分的计算化成接连计算两次定积分，即二次积分.

设函数 $z=f(x, y)$ 在区域 D 上连续，且当 $(x, y)\in D$ 时，$f(x, y)\geqslant 0$. 如果区域 D 是由直线 $x=a$，$x=b$ 与曲线 $y=\varphi_1(x)$，$y=\varphi_2(x)$ 所围成，如图 7.13，即 D：$a\leqslant x\leqslant b$，$\varphi_1(x)\leqslant y\leqslant\varphi_2(x)$，则二重积分 $\iint\limits_D f(x, y)d\sigma$ 是区域 D 上以曲面 $z=f(x, y)$ 为顶的曲顶柱体的体积.

为确定曲顶柱体的体积，可在 x 处用平行于 yz 平面的平面去截曲顶柱体，设其截面积为 $A(x)$，由第六章定积分的应用部分可知：从 a 到 b 的平行截面面积为 $A(x)$ 的立体体积公式为 $\int_a^b A(x)dx$，于是有

$$\iint\limits_D f(x, y)d\sigma=\int_a^b A(x)dx.$$

由图 7.14 可知，$A(x)$ 是一个曲边梯形的面积，对固定的 x，此曲边梯形的曲边是方程 $z=f(x, y)$ 确定的关于 y 的一元函数的曲线，而底边沿着 y 方向从 $\varphi_1(x)$ 变到 $\varphi_2(x)$. 故其面积为 $A(x)=\int_{\varphi_1(x)}^{\varphi_2(x)} f(x, y)dy$.

从而

$$\iint\limits_D f(x, y)d\sigma=\iint\limits_D f(x, y)dxdy=\int_a^b\left[\int_{\varphi_1(x)}^{\varphi_2(x)} f(x, y)dy\right]dx.$$

通常写成

$$\iint\limits_D f(x, y)dxdy=\int_a^b dx\int_{\varphi_1(x)}^{\varphi_2(x)} f(x, y)dy.$$

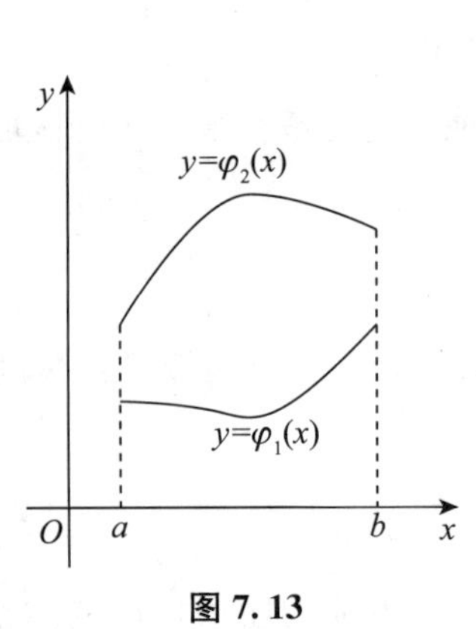

图 7.13

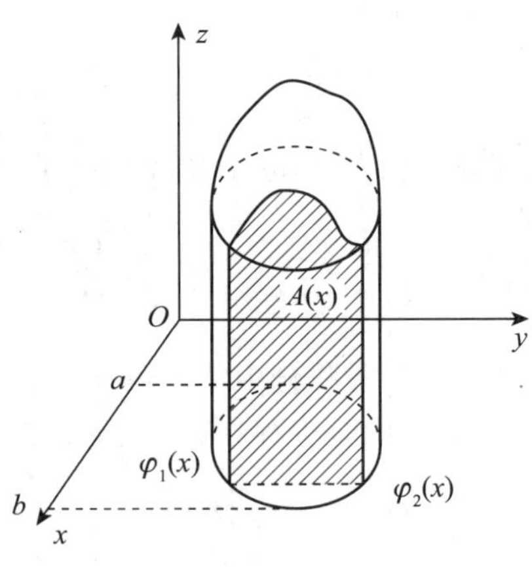

图 7.14

这样，我们就把计算二重积分的问题化为计算两次定积分的问题. 第一次计算单积分 $A(x)=\int_{\varphi_1(x)}^{\varphi_2(x)} f(x, y)dy$ 时，x 看作是常量，y 是积分变量；第二次积分时，x 是积分变量. 这是先对 y，后对 x 的两次积分. 类似地，如果用平行于坐标平面 xz 的平面去截区域上以曲面 $z=f(x, y)$ 为顶的曲顶柱体，此时 D 为 $c\leqslant y\leqslant d$，$\varphi_1(y)\leqslant x\leqslant\varphi_2(y)$

则有 $\iint\limits_D f(x, y)dxdy = \int_c^d dy\int_{\varphi_1(y)}^{\varphi_2(y)} f(x, y)dx.$

这是先对 x，后对 y 的两次积分. 如果去掉以上结论中关于 $z=f(x, y)\geqslant 0((x, y)\in D)$ 的限制，则上述结论仍是成立的.

几点说明：

（ⅰ）若区域 D 是一个矩形，即 D 为 $a\leqslant x\leqslant b$，$c\leqslant y\leqslant d$

则 $\iint\limits_D f(x, y)dxdy = \int_a^b dx\int_c^d f(x, y)dy = \int_c^d dy\int_a^b f(x, y)dx.$

（ⅱ）若函数 $f(x, y)=f_1(x)f_2(y)$ 可积，且 D 为 $a\leqslant x\leqslant b$，$c\leqslant y\leqslant d$

则 $\iint\limits_D f(x, y)dxdy = \left(\int_a^b f_1(x)dx\right)\left(\int_c^d f_2(y)dy\right).$

例如 $\int_0^1\int_0^1 xy^2dxdy = \left(\int_0^1 xdx\right)\left(\int_0^1 y^2dy\right)= \frac{1}{2}\cdot\frac{1}{3} = \frac{1}{6}.$

（ⅲ）上面所讨论的积分区域 D 都满足如下条件，即平行于 x 轴或 y 轴的直线与区域 D 的边界曲线相交不多于两点，若 D 不满足这个条件，如图 7.15，我们可将 D 分成若干部分，使每一部分都适合这个条件，这样分别在各部分上应用上述公式求积分，然后把各个积分加起来，就得到在整个区域上的积分.

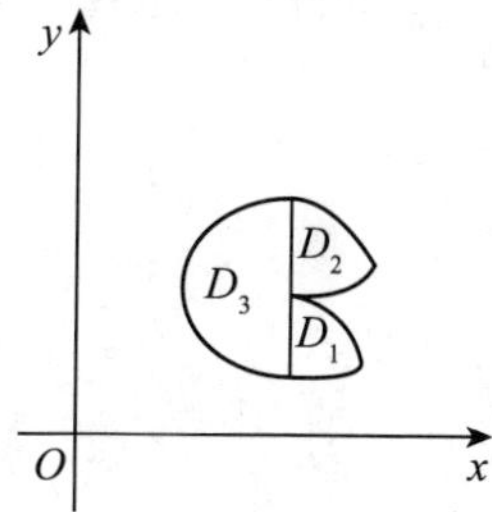

图 7.15

既然计算二重积分归结于计算两次积分，因此计算积分本身没有新困难. 对于初学者来说，感到困难的是如何根据区域 D 去确定两次积分的上、下限. 建议读者先将区域 D 的图形画出，再写出区域 D 上的点的坐标所满足的不等式以确定积分上、下限. 此外，在解决具体问题的时候，时常还应考虑是先对 x 积分还是先对 y 积分计算起来更加简便.

例 1 计算二重积分 $\iint\limits_D\left(1-\frac{x}{4}-\frac{y}{3}\right)dxdy$，其中 D 为矩形：$-2\leqslant x\leqslant 2$，$-1\leqslant y\leqslant 1$.

解：
$$\begin{aligned}\iint\limits_D\left(1-\frac{x}{4}-\frac{y}{3}\right)dxdy &= \int_{-2}^2 dx\int_{-1}^1\left(1-\frac{x}{4}-\frac{y}{3}\right)dy\\ &= \int_{-2}^2\left(y-\frac{xy}{4}-\frac{y^2}{6}\right)\Big|_{-1}^1 dx = \int_{-2}^2\left(2-\frac{x}{2}\right)dx\\ &= \left(2x-\frac{x^2}{4}\right)\Big|_{-2}^2 = 8.\end{aligned}$$

例 2 计算二重积分 $\iint\limits_D e^{x+y}dxdy$，其中区域 D 为矩形：$0\leqslant x\leqslant 1$，$1\leqslant y\leqslant 2$.

解法一： 因为 $e^{x+y}=e^x\cdot e^y$，所以

$$\begin{aligned}\iint\limits_D e^{x+y}dxdy &= \left(\int_0^1 e^xdx\right)\left(\int_1^2 e^ydy\right)\\ &= (e-1)(e^2-e) = e(e-1)^2.\end{aligned}$$

解法二：
$$\begin{aligned}\iint\limits_D e^{x+y}dxdy &= \int_0^1 dx\int_1^2 e^{x+y}dy\\ &= \int_0^1 (e^{x+y})\big|_1^2 dx\end{aligned}$$

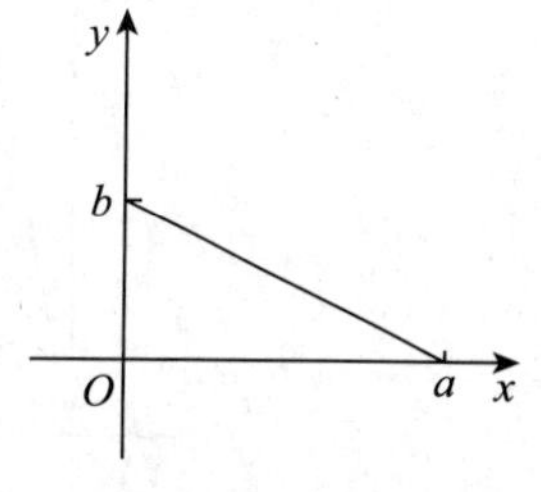

图 7.16

$$
\begin{aligned}
&= \int_0^1 (e^{x+2} - e^{x+1})dx \\
&= (e^{x+2} - e^{x+1})\Big|_0^1 \\
&= e^3 - e^2 - (e^2 - e) \\
&= e^3 - 2e^2 + e \\
&= e(e-1)^2.
\end{aligned}
$$

例 3 计算二重积分$\iint\limits_D xydxdy$，其中积分区域 D 为如图 7.16 所示的三角形.

解： 因为图 7.16 所示的三角形区域 D 的斜边方程是

$$\frac{x}{a}+\frac{y}{b}=1.$$

所以 D 可表示为 $0\leqslant x\leqslant a$，$0\leqslant y\leqslant b\left(1-\frac{x}{a}\right)$.

$$
\begin{aligned}
\text{因此}\iint\limits_D xydxdy &= \int_0^a dx\int_0^{b\left(1-\frac{x}{a}\right)} xydy = \int_0^a \left(\frac{xy^2}{2}\right)\Bigg|_0^{b\left(1-\frac{x}{a}\right)} dx \\
&= \int_0^a \frac{1}{2}b^2\left(1-\frac{x}{a}\right)^2 xdx \\
&= \frac{1}{2}b^2\left(\frac{1}{2}x^2-\frac{2}{3}\frac{x^3}{a}+\frac{1}{4}\frac{x^4}{a^2}\right)\Bigg|_0^a \\
&= \frac{1}{24}a^2b^2.
\end{aligned}
$$

另外，图 7.16 所示三角形区域 D 也可表示为 $0\leqslant y\leqslant b$，$0\leqslant x\leqslant a\left(1-\frac{y}{b}\right)$.

这时$\iint\limits_D xydxdy = \int_0^b dy\int_0^{a\left(1-\frac{y}{b}\right)} xydx = \int_a^b \frac{1}{2}a^2\left(1-\frac{y}{b}\right)^2 ydy = \frac{1}{24}a^2b^2.$

例 4 计算二重积分$\iint\limits_D (x+6y)dxdy$，其中 D 是由三条线 $y=x$，$y=5x$，$x=1$ 所围成的区域.

解： 由图 7.18，易知积分区域 D 可表示为 $0\leqslant x\leqslant 1$，$x\leqslant y\leqslant 5x$.

$$
\begin{aligned}
\text{于是}\iint\limits_D (x+6y)dxdy &= \int_0^1 dx\int_x^{5x}(x+6y)dy = \int_0^1 (xy+3y^2)\Big|_x^{5x}dx \\
&= \int_0^1 76x^2dx = \frac{76}{3}x^3\Bigg|_0^1 = \frac{76}{3}.
\end{aligned}
$$

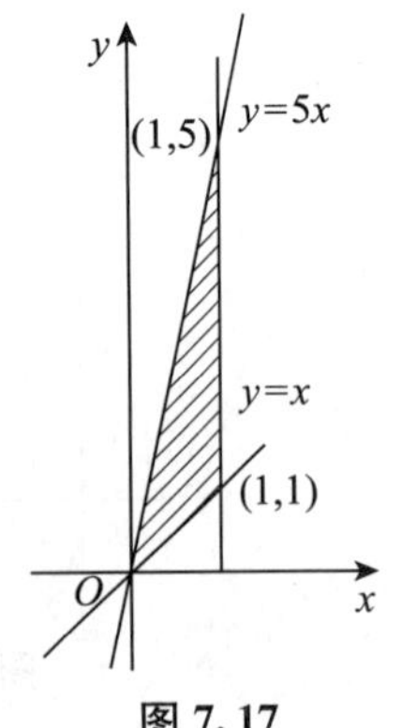

图 7.17

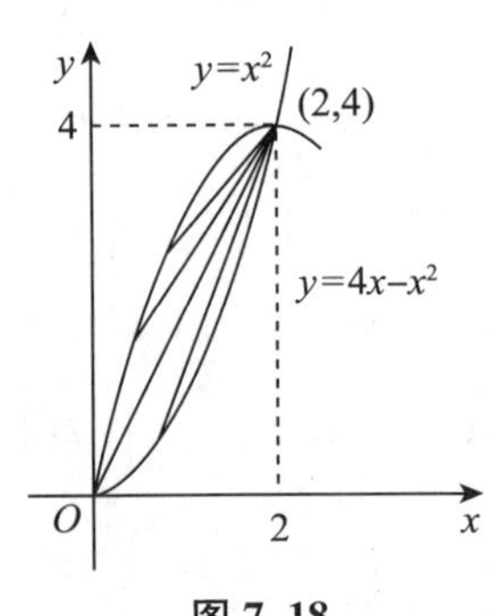

图 7.18

例 5　应用二重积分，求在平面 xy 上由 $y=x^2$ 与 $y=4x-x^2$ 所围成的区域的面积.

解：由二重积分的性质可知，二重积分的值就是积分区域 D 的面积 A，由图 7.18 得积分区域 D 可表示为 $0\leqslant x\leqslant 2, x^2\leqslant y\leqslant 4x-x^2$.

于是 $A=\iint\limits_D dxdy=\int_0^2 dx\int_{x^2}^{4x-x^2}dy=\int_0^2(4x-2x^2)dx$

$$=\left(2x^2-\frac{2}{3}x^3\right)\Big|_0^2=\frac{8}{3}.$$

即区域 D 的面积等于 $\frac{8}{3}$ 平方单位.

例 6　计算二重积分 $\iint\limits_D e^{-y^2}dxdy$，其中 D 是以（0，0），（1，1），（0，1）为顶点的三角形，如图 7.19.

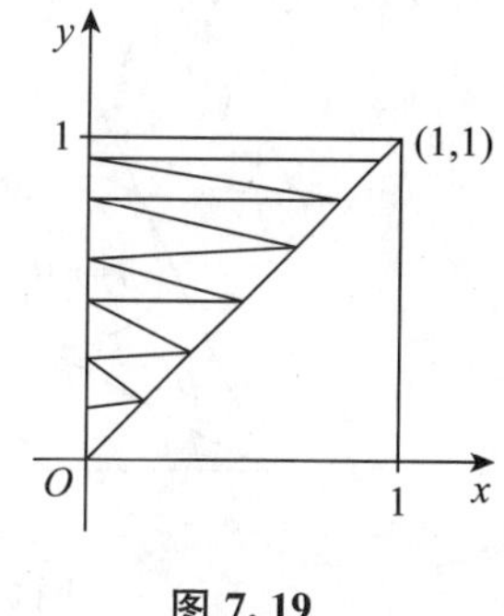

图 7.19

解：先对 x，后对 y 积分，则

$$\iint\limits_D e^{-y^2}dxdy=\int_0^1 dy\int_0^y e^{-y^2}dx$$

$$=\int_0^1 ye^{-y^2}dy=-\frac{1}{2}e^{-y^2}\Big|_0^1$$

$$=\frac{1}{2}\left(1-\frac{1}{e}\right).$$

先对 y，后对 x 积分，则 $\iint\limits_D e^{-y^2}dxdy=\int_0^1 dx\int_x^1 e^{-y^2}dy.$

由于 e^{-y^2} 的原函数不能用初等函数表示，积分难以进行（即 $\int e^{-y^2}dy$ 积不出来）. 所以为了简便的计算二重积分，除了要注意积分区域的特点外，还应注意被积函数的特点，适当地选择积分次序.

（二）利用极坐标计算二重积分

积分的变量代换是计算积分的一个有效方法，对二重积分也有类似的方法. 在这类方法中极坐标变换 $x=r\cos\theta$，$y=r\sin\theta$ 最为常用. 下面介绍怎样利用极坐标变换来计算二重积分.

设通过原点的射线与区域 D 的边界线的交点不多于两点，我们用一组同心圆（$r=$常数）和一组通过极点的射线（$\theta=$常数）将区域 D 分成很多小区域，如图 7.20. 将极角分别为 θ 与 $\theta+\Delta\theta$ 的两条射线和半径分别为 r 与 $r+\Delta r$ 的两条圆弧所围成的小区域记作 $\Delta\sigma$，由扇形的面积公式可知

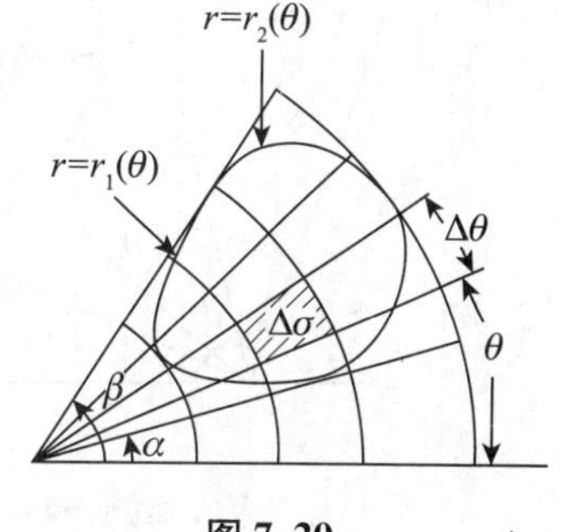

图 7.20

$$\Delta\sigma=\frac{1}{2}(r+\Delta r)^2\cdot\Delta\theta-\frac{1}{2}r^2\Delta\theta=r\Delta r\Delta\theta+\frac{1}{2}(\Delta r)^2\Delta\theta$$

略去高阶无穷小量 $\frac{1}{2}(\Delta r)^2\Delta\theta$ 得 $\Delta\sigma\approx r\Delta r\Delta\theta$

面积元素为 $d\sigma=rdrd\theta$.

而被积函数为 $f(x, y)=f(r\cos\theta, r\sin\theta)$.

于是，有 $\iint\limits_D f(x, y)dxdy=\iint\limits_D f(r\cos\theta, r\sin\theta)rdrd\theta.$

这就是将直角坐标系中的二重积分变换为极坐标系下的二重积分的计算公式.

在极坐标系下的二重积分，同样可以化为二次积分的计算.

例如，当区域 D 在某两条射线 $\theta=\alpha$，$\theta=\beta$ 之间时，射线与区域边界的交点把区域边界分成两部分，$r_1=r_1(\theta)$，$r_2=r_2(\theta)$. 这时 D 为 $\alpha\leqslant\theta\leqslant\beta$，$r_1(\theta)\leqslant r\leqslant r_2(\theta)$.

如图 7.21，于是

$$\iint_D f(r\cos\theta, r\sin\theta)rdrd\theta=\int_\alpha^\beta d\theta\int_{r_1(\theta)}^{r_2(\theta)} f(r\cos\theta, r\sin\theta)rdr.$$

又如，当区域 D 包含极点时，如果区域的边界曲线方程 $r=r(\theta)$，如图 7.22，这时 D 为 $0\leqslant\theta\leqslant 2\pi$，$0\leqslant r\leqslant r(\theta)$

图 7.21　　　　图 7.22

于是 $\iint_D f(r\cos\theta, r\sin\theta)rdrd\theta=\int_0^{2\pi} d\theta\int_0^{r(\theta)} f(r\cos\theta, r\sin\theta)rdr.$

如果极点 O 在区域 D 的边界，如图 7.23，这时 D 为 $\alpha\leqslant\theta\leqslant\beta$，$0\leqslant r\leqslant r(\theta)$

于是 $\iint_D f(r\cos\theta, r\sin\theta)rdrd\theta=\int_\alpha^\beta d\theta\int_0^{r(\theta)} f(r\cos\theta, r\sin\theta)rdr.$

一般来说，当区域 D 是圆或圆的一部分，或者区域 D 的边界方程用极坐标表示较为简单，或者被积函数为 $f(x^2+y^2)$、$f\left(\frac{y}{x}\right)$、$f\left(\frac{x}{y}\right)$ 等形式时，采用极坐标计算二重积分较为方便.

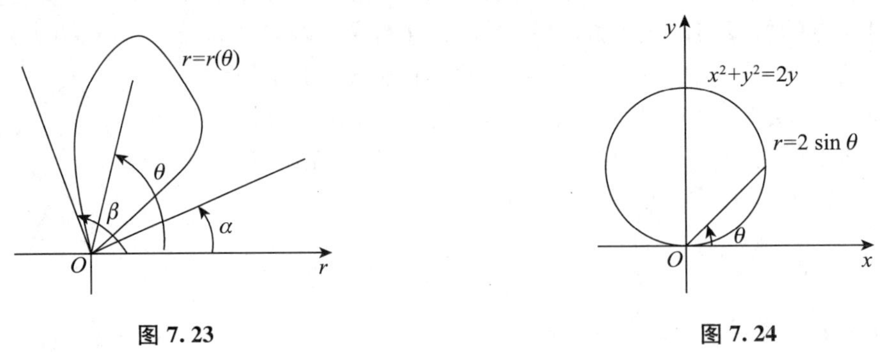

图 7.23　　　　图 7.24

例 7　计算二重积分 $\iint_D \sqrt{x^2+y^2}dxdy$，其中 D 是圆 $x^2+y^2=2y$ 所围成的区域.

解： 由于 $x=r\cos\theta$，$y=r\sin\theta$，所以此圆的极坐标方程是 $r=2\sin\theta$.

由图 7.24 易见，D 可表示为 $0\leqslant\theta\leqslant\pi$，$0\leqslant r\leqslant 2\sin\theta$.

于是 $\iint\limits_D \sqrt{x^2+y^2}dxdy=\iint\limits_D r\cdot rdrd\theta=\int_0^{\pi}d\theta\int_0^{2\sin\theta}r^2dr$

$$=\int_0^{\pi}\left(\frac{r^3}{3}\right)\Big|_0^{2\sin\theta}d\theta=\frac{8}{3}\int_0^{\pi}\sin^3\theta d\theta$$

$$=\frac{8}{3}\int_0^{\pi}(\cos^2\theta-1)d\cos\theta$$

$$=\frac{8}{3}\left(\frac{1}{3}\cos^3\theta-\cos\theta\right)\Big|_0^{\pi}=\frac{8}{3}\cdot\frac{4}{3}=\frac{32}{9}.$$

例 8　计算二重积分 $\iint\limits_D \sin\sqrt{x^2+y^2}dxdy$，其中 D 是由 $x^2+y^2\leqslant 4\pi^2$ 与 $x^2+y^2\geqslant\pi^2$ 所确定的圆环域.

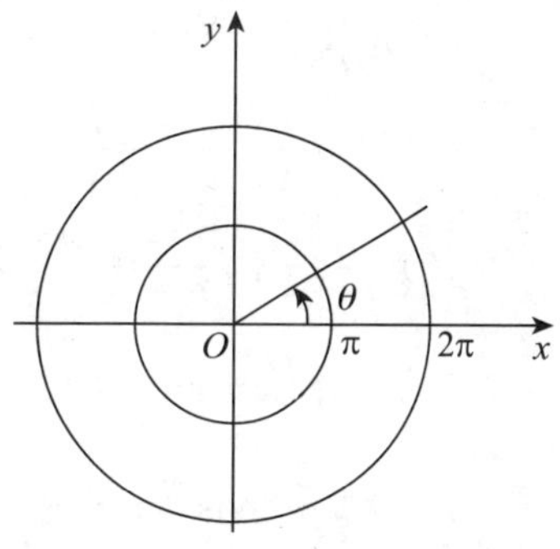

图 7.25

解：如图 7.25，D 在极坐标下可表示为 $0\leqslant\theta\leqslant 2\pi$，$\pi\leqslant r\leqslant 2\pi$.

于是 $\iint\limits_D \sin\sqrt{x^2+y^2}dxdy=\int_0^{2\pi}d\theta\int_{\pi}^{2\pi}\sin r\cdot rdr$

$$=2\pi\int_{\pi}^{2\pi}rd(-\cos r)$$

$$=2\pi(\sin r-r\cos r)\Big|_{\pi}^{2\pi}$$

$$=2\pi(-3\pi)=-6\pi^2.$$

例 9　计算二重积分 $\iint\limits_D e^{-x^2-y^2}dxdy$，其中 D 为圆域 $x^2+y^2\leqslant a^2$，$a>0$.

解：在极坐标系下，圆域 D 可表示为 $0\leqslant r\leqslant a$，$0\leqslant\theta\leqslant 2\pi$.

而且被积函数 $e^{-x^2-y^2}=e^{-r^2}$，于是

$$\iint\limits_D e^{-x^2-y^2}dxdy=\iint\limits_D e^{-r^2}rdrd\theta=\int_0^{2\pi}d\theta\int_0^a e^{-r^2}rdr=2\pi\left(-\frac{1}{2}e^{-r^2}\right)\Big|_0^a=\pi(1-e^{-a^2}).$$

本题如果采用直角坐标系计算，便会碰到积分 $\int e^{-x^2}dx$（或 $\int e^{-y^2}dy$），这是不能用初等函数来表示的，因而难以进一步计算下去. 而由于采用了极坐标，问题就方便地解决了（换句话说，这个问题只能用极坐标来计算）.

习题七

(A)

1. 证明下列极限不存在：

(1) $\lim\limits_{(x,y)\to(0,0)}\dfrac{x^2y}{x^3-y^3}$　　(2) $\lim\limits_{(x,y)\to(0,0)}\dfrac{xy}{x+y}$

2. 求下列极限：

(1) $\lim\limits_{(x,y)\to(1,3)}\dfrac{xy}{\sqrt{xy+1}-1}$　　(2) $\lim\limits_{(x,y)\to(0,0)}\dfrac{2-\sqrt{xy+4}}{xy}$

(3) $\lim\limits_{(x,y)\to(0,0)}\left(x\sin\dfrac{1}{y}+y\sin\dfrac{1}{x}\right)$　　(4) $\lim\limits_{(x,y)\to(0,0)}\dfrac{x^3+y^3}{x^2+y^2}$

3. 求下列函数的偏导数：

(1) $z=\frac{3}{y^2}-\frac{1}{\sqrt[3]{x}}+\ln 5$ (2) $z=\ln\tan\frac{x}{y}$

(3) $u=\sin\frac{x}{y}\cos\frac{y}{x}+z$ (4) $u=x^{\frac{y}{z}}$

4. 求曲线$\begin{cases} z=\frac{1}{4}\ (x^2+y^2) \\ y=4 \end{cases}$在点（2，4，5）处的切线对于 x 轴的倾角.

5. 设 $r=\sqrt{x^2+y^2+z^2}$，证明：

(1) $\left(\frac{\partial r}{\partial x}\right)^2+\left(\frac{\partial r}{\partial y}\right)^2+\left(\frac{\partial r}{\partial z}\right)^2=1$

(2) $\frac{\partial^2 r}{\partial x^2}+\frac{\partial^2 r}{\partial y^2}+\frac{\partial^2 r}{\partial z^2}=\frac{2}{r}$

6. 求 $z=\arctan\frac{y}{x}$的二阶偏导数$\frac{\partial^2 z}{\partial x^2}$，$\frac{\partial^2 z}{\partial x\partial y}$，$\frac{\partial^2 z}{\partial y^2}$.

7. 设 $z=2\cos^2\left(x-\frac{t}{2}\right)$，证明：$2\frac{\partial^2 z}{\partial t^2}+\frac{\partial^2 z}{\partial x\partial t}=0$.

8. 求下列函数的全微分：

(1) $z=3xe^{-y}-2\sqrt{x}+\ln 5$ (2) $u=y^{xz}$

9. 求函数 $z=\ln(1+x^2+y^2)$ 当 $x=1$，$y=2$ 时的全微分.

10. 求$\sqrt{(1.02)^2+(1.97)^2}$的近似值.

11. 设矩形的边长 $x=6$ m，$y=8$ m，若 x 增加 2 mm，而 y 减少 5 mm，求矩形的对角线和面积变化的近似值.

12. 设有一无盖圆柱形容器，容器的壁与底的厚度均为 0.1 cm，内高为 20 cm，内半径为 4 cm，求容器外壳体积的近似值.

13. 求下列函数的全导数：

(1) 设 $z=\frac{v}{u}$，而 $u=\ln x$，$v=e^x$，求$\frac{dz}{dx}$.

(2) 设 $z=xy+yt$，而 $y=2^x$，$t=\sin x$，求$\frac{dz}{dx}$.

(3) 设 $z=\arctan(x-y)$，而 $x=3t$，$y=4t^3$，求$\frac{dz}{dt}$.

14. 求下列函数的一阶偏导数（其中 f 具有一阶连续偏导数）：

(1) $z=ue^{\frac{u}{v}}$，而 $u=x^2+y^2$，$v=xy$ (2) $z=f(x^2-y^2, e^{xy})$

(3) $u=f\left(\frac{x}{y}, \frac{y}{z}\right)$ (4) $u=f(x, xy, xyz)$

15. 设 $z=\frac{y}{f(x^2-y^2)}$，其中 $f(u)$ 为可导函数，验证$\frac{1}{x}\frac{\partial z}{\partial x}+\frac{1}{y}\frac{\partial z}{\partial y}=\frac{z}{y^2}$.

16. 设 $u=F(x, y)$ 可微分，而 $x=r\cos\theta$，$y=r\sin\theta$，证明 $\left(\frac{\partial u}{\partial r}\right)^2+\left(\frac{1}{r}\frac{\partial u}{\partial \theta}\right)^2=\left(\frac{\partial u}{\partial x}\right)^2+\left(\frac{\partial u}{\partial y}\right)^2$.

17. 求 $z=\ln(y+\sqrt{x^2+y^2})$ 的二阶偏导数$\frac{\partial^2 z}{\partial y^2}$.

18. 求下列函数的二阶偏导数（其中 f 具有二阶连续偏导数）：

（1）$z=f\left(2x, \frac{x}{y}\right)$　　　　（2）$z=f(\sin x, \cos y, e^{2x-y})$

19. 设 f 与 g 有二阶连续导数，且 $z=f(x+at)+g(x-at)$，证明$\frac{\partial^2 z}{\partial t^2}=a^2\frac{\partial^2 z}{\partial x^2}$.

20. 设 $\ln\sqrt{x^2+y^2}=\arctan\frac{y}{x}$，求$\frac{dy}{dx}$.

21. 设 $\sin(xy)+\cos(xz)+\tan(yz)=0$，求$\frac{\partial z}{\partial x}$，$\frac{\partial z}{\partial y}$.

22. 设 $x+z=yf(x^2-z^2)$，其中 f 具有连续导数，求 $z\frac{\partial z}{\partial x}+y\frac{\partial z}{\partial y}$.

23. 设 $x=x(y, z)$，$y=y(x, z)$，$z=z(x, y)$ 都是由方程 $F(x, y, z)=0$ 所确定的有连续偏导数的函数，证明$\frac{\partial x}{\partial y}\frac{\partial y}{\partial z}\frac{\partial z}{\partial x}=-1$.

24. 设 $e^z=xyz$，求$\frac{\partial^2 z}{\partial x\partial y}$.

*25. 设$\begin{cases}x+y+z=1\\ x^2+y^2+z^2=4\end{cases}$，求$\frac{dx}{dz}$，$\frac{dy}{dz}$.

*26. 设$\begin{cases}u=f(ux, v+y)\\ v=g(u-x, v^2y)\end{cases}$，其中 f，g 具有一阶连续偏导数，求$\frac{\partial u}{\partial x}$，$\frac{\partial v}{\partial x}$.

*27. 设变换$\begin{cases}u=x-2y\\ v=x+ay\end{cases}$可把方程 $6\frac{\partial^2 z}{\partial x^2}+\frac{\partial^2 z}{\partial x\partial y}-\frac{\partial^2 z}{\partial y^2}=0$ 简化为$\frac{\partial^2 z}{\partial u\partial v}=0$，求常数 a.

28. 求下列函数的极值：

（1）$f(x, y)=x^2+y^2+2y$；

（2）$f(x, y)=x^2+y^2-2\ln x-2\ln y+5$，$x>0$，$y>0$；

（3）$f(x, y)=e^{2x}(x+y^2+2y)$；

（4）$f(x, y)=y^3-x^2+6x-12y-25$.

29. 求函数 $z=x^2-y^2$ 在闭区间 $x^2+4y^2\leqslant 4$ 的最大值和最小值.

30. 某厂家生产的一种产品同时在两个市场销售，售价分别为 P_1 和 P_2，销售量分别为 Q_1 和 Q_2，需求函数分别为 $Q_1=24-0.2P_1$，$Q_2=10-0.1P_2$，总成本函数为 $C=34+40(Q_1+Q_2)$，问厂家如何确定两个市场的售价，能使得获得的总利润最大？最大利润为多少？

31. 某养殖场饲养两种鱼，若甲种鱼放养 x（万尾），乙种鱼放养 y（万尾），收获时两种鱼的收获量分别为 $(3-\alpha x-\beta y)x$，$(4-\beta x-2\alpha y)y$，$(\alpha>\beta>0)$，求使产鱼总量最大的放养数？

32. 假设某企业在两个相互分割的市场上出售同种产品，两个市场的需求函数分别是 $P_1=18-2Q_1$，$P_2=12-Q_2$，其中 P_1 和 P_2 分别表示该产品在两个市场的价格（单位：万元/吨），Q_1 和 Q_2 分别表示该产品在两个市场的销售量（即需求量，单位：吨），并且该企业生产这种产品的总成本函数是 $C=2Q+5$，其中 Q 表示该产品在两个市场的销售量，即 $Q=Q_1+Q_2$.

(1) 如果该企业实行价格差别策略，试确定两个市场上该产品的销售量和价格，使该企业获得最大利润；

(2) 如果该企业实行价格无差别策略，试确定两个市场上该产品的销售量及统一的价格，使该企业的总利润最大，并比较两种价格策略下的总利润大小.

33. 从斜边长为 l 的一切直角三角形中，求有最大周长的直角三角形.

34. 某公司可通过电台及报纸两种方式做销售某商品的广告，根据统计资料，销售收入 R（万元）与电台广告费用 x_1（万元）及报纸广告费用 x_2（万元）之间的关系有如下的经验公式：

$$R=15+14x_1+32x_2-8x_1x_2-2x_1^2-10x_2^2$$

(1) 在广告费用不限的情况下，求最优广告策略；

(2) 若提供的广告费用为 1.5 万元，求相应的最优广告策略.

35. 设生产某种产品需要投入两种要素，x_1 和 x_2 分别为两要素的投入量，Q 为产出量，若生产函数为 $Q=2x_1^{\alpha}x_2^{\beta}$，其中 α，β 为正常数，且 $\alpha+\beta=1$，假设两种要素的价格分别为 P_1 和 P_2，试问：当产出量为 12 时，要素各投入多少可以使得投入总费用最小.

36. 求抛物线 $y=x^2$ 和直线 $x-y-2=0$ 之间的最短距离.

37. 试求内接于椭球面 $\frac{x^2}{a^2}+\frac{y^2}{b^2}+\frac{z^2}{c^2}=1$ ($a>0$，$b>0$，$c>0$) 的有最大体积的长方体.

38. 抛物面 $z=x^2+y^2$ 被平面 $x+y+z=1$ 截成一椭圆，求原点到这椭圆的最长与最短距离.

39. 设 $I_1=\iint\limits_{D_1}(x^2+y^2)^3d\sigma$，其中 $D_1=\{(x, y) \mid -1\leqslant x\leqslant 1, -2\leqslant y\leqslant 2\}$；又 $I_2=\iint\limits_{D_2}(x^2+y^2)^3d\sigma$，其中 $D_2=\{(x, y) \mid 0\leqslant x\leqslant 1, 0\leqslant y\leqslant 2\}$，试利用二重积分的几何意义说明 I_1 与 I_2 之间的关系.

40. 利用二重积分的几何意义说明：

(1) 当积分区域 D 关于 y 轴对称，$f(x, y)$ 为 x 的偶函数，即 $f(-x, y)=f(x, y)$ 时，有

$$\iint\limits_{D}f(x, y)d\sigma=2\iint\limits_{D_1}f(x, y)d\sigma$$

其中 D_1 为 D 在 $x\geqslant 0$ 的部分.

(2) 当积分区域 D 关于 y 轴对称，$f(x, y)$ 为 x 的奇函数，即 $f(-x, y)=-f(x, y)$ 时，有

$$\iint\limits_{D}f(x, y)d\sigma=0$$

并由此计算下列积分的值，其中 $D=\{(x, y) \mid x^2+y^2\leqslant R^2\}$：

(Ⅰ) $\iint\limits_{D}xy^4d\sigma$；

(Ⅱ) $\iint\limits_D y\sqrt{R^2-x^2-y^2}d\sigma$；

(Ⅲ) $\iint\limits_D \frac{y^3\cos x}{1+x^2+y^2}d\sigma$.

41. 根据二重积分的性质，比较下列积分的大小：

(1) $I_1=\iint\limits_D(x+y)^2d\sigma$ 与 $I_2=\iint\limits_D(x+y)^3d\sigma$，其中积分区域 D 是由 x 轴，y 轴与直线 $x+y=1$ 所围成.

(2) $I_1=\iint\limits_D\ln(x+y)d\sigma$ 与 $I_2=\iint\limits_D[\ln(x+y)]^2d\sigma$，其中 $D=\{(x,y)\mid 3\leqslant x\leqslant 5,0\leqslant y\leqslant 1\}$.

42. 利用二重积分的性质估计下列二重积分的值：

(1) $I=\iint\limits_D xy(x+y+1)d\sigma$，其中 $D=\{(x,y)\mid 0\leqslant x\leqslant 1,0\leqslant y\leqslant 2\}$；

(2) $I=\iint\limits_D(x^2+4y^2+9)d\sigma$，其中 $D=\{(x,y)\mid x^2+y^2\leqslant 4\}$；

(3) $I=\iint\limits_D\frac{d\sigma}{100+\cos^2x+\cos^2y}$，其中 $D=\{(x,y)\mid |x|+|y|\leqslant 10\}$.

43. 计算下列二重积分：

(1) $\iint\limits_D xye^{x^2+y^2}d\sigma$，其中 $D=\{(x,y)\mid a\leqslant x\leqslant b,c\leqslant y\leqslant d\}$；

(2) $\iint\limits_D(3x+2y)d\sigma$，其中 D 是由两坐标轴及直线 $x+y=2$ 所围成的闭区域；

(3) $\iint\limits_D x\cos(x+y)d\sigma$，其中 D 是顶点分别为 $(0,0)$，$(\pi,0)$ 和 (π,π) 的三角闭区域.

44. 画出积分区域，并计算下列二重积分：

(1) $\iint\limits_D x\sqrt{y}d\sigma$，其中 D 是由两条抛物线 $y=\sqrt{x}$，$y=x^2$ 所围成的闭区域；

(2) $\iint\limits_D\frac{y}{x}d\sigma$，其中 D 是由直线 $y=x$，$y=2x$ 及 $x=1$，$x=2$ 所围成的闭区域；

(3) $\iint\limits_D(2x+y)d\sigma$，其中 D 是 $y=x$，$y=\frac{1}{x}$ 及 $y=2$ 所围成的闭区域；

(4) $\iint\limits_D e^{x+y}d\sigma$，其中 D 是由 $|x|+|y|\leqslant 1$ 所确定的闭区域.

45. 化二重积分 $I=\iint\limits_D f(x,y)d\sigma$ 为二次积分（分别列出对两个变量先后次序不同的两个二次积分），其中积分区域 D 是：

(1) 由曲线 $y=\ln x$，直线 $x=2$ 及 x 轴所围成的闭区域；

(2) 由 y 轴及右半圆 $x=\sqrt{a^2-y^2}$ 所围成的闭区域；

(3) 由抛物线 $y=x^2$ 与直线 $2x+y=3$ 所围成的闭区域.

46. 改换下列二次积分的积分次序：

(1) $\int_0^1 dy\int_y^{\sqrt{y}} f(x, y)dx$

(2) $\int_0^1 dy\int_{e^y}^{e} f(x, y)dx$

(3) $\int_0^1 dy\int_{2-y}^{1+\sqrt{1-y^2}} f(x, y)dx$

(4) $\int_0^1 dx\int_0^{x^2} f(x, y)dy + \int_1^2 dx\int_0^{2-x} f(x, y)dy$

(5) $\int_0^{\pi} dx\int_{-\sin\frac{x}{2}}^{\sin x} f(x, y)dy$

(6) $\int_0^{2a} dx\int_{\sqrt{2ax-x^2}}^{\sqrt{2ax}} f(x, y)dy$

47. 画出积分区域，把积分 $\iint\limits_D f(x, y)dxdy$ 表示为极坐标形式的二次积分，其中积分区域 D 是：

(1) $\{(x, y) \mid x^2+y^2\leqslant a^2, x\geqslant 0\}$ $(a>0)$；

(2) $\{(x, y) \mid x^2+y^2\leqslant 2y\}$；

(3) $\{(x, y) \mid a^2\leqslant x^2+y^2\leqslant b^2\}$，其中 $0<a<b$

(4) $\{(x, y) \mid 0\leqslant x\leqslant 1, 0\leqslant y\leqslant x^2\}$

48. 化下列二次积分为极坐标形式的二次积分：

(1) $\int_0^1 dx\int_0^1 f(x, y)dy$　　(2) $\int_0^1 dx\int_{1-x}^{\sqrt{1-x^2}} f(\sqrt{x^2+y^2})dy$

49. 把下列积分化为极坐标形式，并计算积分值：

(1) $\int_0^{2a} dx\int_0^{\sqrt{2ax-x^2}} (x^2+y^2)dy$

(2) $\int_0^1 dx\int_x^{\sqrt{3}x} \frac{1}{\sqrt{x^2+y^2}}dy$

(3) $\int_0^{\frac{\sqrt{3}}{2}a} dx\int_0^{\frac{\sqrt{3}}{3}x} \sqrt{x^2+y^2}dy + \int_{\frac{\sqrt{3}}{2}a}^{a} dx\int_0^{\sqrt{a^2-x^2}} \sqrt{x^2+y^2}dy$

50. 利用极坐标计算下列各题：

(1) $\iint\limits_D \sqrt{R^2-x^2-y^2}d\sigma$，其中 D 为圆域 $x^2+y^2\leqslant Rx(R>0)$；

(2) $\iint\limits_D \ln(1+x^2+y^2)d\sigma$，其中 D 为圆 $x^2+y^2=1$ 及坐标轴所围成的第一象限内的闭区域；

(3) $\iint\limits_D \arctan\frac{y}{x}d\sigma$，其中 D 是由圆周 $x^2+y^2=1$，$x^2+y^2=4$ 及直线 $y=0$，$y=x$ 所围成的第一象限内的闭区域.

51. 选用适当的坐标计算下列各题：

(1) $\iint\limits_D \frac{x^2}{y^2}d\sigma$，其中 D 是直线 $x=2$，$y=x$ 及曲线 $xy=1$ 所围成的闭区域；

(2) $\iint\limits_{D}\sin\sqrt{x^2+y^2}d\sigma$，其中 D 是圆域 $x^2+y^2\leqslant\pi^2$；

(3) $\iint\limits_{D}(x^2+y^2)d\sigma$，其中 D 是由直线 $y=x$，$y=x+a$，$y=a$，$y=3a(a>0)$ 所围成的闭区域；

(4) $\iint\limits_{D}|1-x^2-y^2|d\sigma$，其中 D 为圆域 $x^2+y^2\leqslant 4$.

(B)

1. 单项选择题：

(1) 设函数 $z=f(x,y)=\frac{xy}{x^2+y^2}$，则下列各题结论中不正确的是（　　）

(A) $f\left(1,\frac{y}{x}\right)=\frac{xy}{x^2+y^2}$　　(B) $f\left(1,\frac{x}{y}\right)=\frac{xy}{x^2+y^2}$

(C) $f\left(\frac{1}{x},\frac{1}{y}\right)=\frac{xy}{x^2+y^2}$　　(D) $f(x+y,x-y)=\frac{xy}{x^2+y^2}$

(2) 函数 $z=\ln(y-x)+\frac{\sqrt{x}}{\sqrt{2-x^2-y^2}}$的定义域 D 是（　　）

(A) $y>x$，$x\geqslant 0$，$x^2+y^2<2$　　(B) $y<x$，$x\geqslant 0$，$x^2+y^2<2$

(C) $y>x$，$x\leqslant 0$，$x^2+y^2<2$　　(D) $y<x$，$x\leqslant 0$，$x^2+y^2<2$

(3) 函数 $z=f(x,y)$ 在点 (x_0,y_0) 处可微的充分条件是（　　）

(A) $f(x,y)$ 在点 (x_0,y_0) 处连续

(B) $f(x,y)$ 在点 (x_0,y_0) 处存在偏导数

(C) $\lim\limits_{\rho\to 0}[\Delta z-f'_x(x_0,y_0)\Delta x-f'_y(x_0,y_0)\Delta y]=0$

(D) $\lim\limits_{\rho\to 0}\left[\frac{\Delta z-f'_x(x_0,y_0)\Delta x-f'_y(x_0,y_0)\Delta y}{\rho}\right]=0$ 其中 $\rho=\sqrt{(\Delta x)^2+(\Delta y)^2}$

(4) 已知函数 $f(x+y,x-y)=x^2-y^2$，则$\frac{\partial f(x,y)}{\partial x}+\frac{\partial f(x,y)}{\partial y}=$（　　）

(A) $2x-2y$　　(B) $x+y$　　(C) $2x+2y$　　(D) $x-y$

(5) 已知函数 $f(xy,x+y)=x^2+y^2+xy$，则$\frac{\partial f(x,y)}{\partial x}$，$\frac{\partial f(x,y)}{\partial y}$分别为（　　）

(A) -1，$2y$　　(B) $2y$，-1

(C) $2x+2y$，$2y+x$　　(D) $2y$，$2x$

(6) 设 $z=f(ax+by)$，f 可微，则（　　）

(A) $a\frac{\partial z}{\partial x}=b\frac{\partial z}{\partial y}$　　(B) $\frac{\partial z}{\partial x}=\frac{\partial z}{\partial y}$　　(C) $b\frac{\partial z}{\partial x}=a\frac{\partial z}{\partial y}$　　(D) $\frac{\partial z}{\partial x}=\frac{\partial z}{\partial y}$

(7) 设方程 $xyz+\sqrt{x^2+y^2+z^2}=\sqrt{2}$确定了函数 $z=z(x,y)$，则 $z(x,y)$ 在点 $(1,0,-1)$ 处得全微分 $dz=$（　　）

(A) $dz+\sqrt{2}dy$　　(B) $-dz+\sqrt{2}dy$　　(C) $-dx-\sqrt{2}dy$　　(D) $dx-\sqrt{2}dy$

(8) 设方程 $F(x-z,y-z)=0$ 确定了函数 $z=z(x,y)$，$F(u,v)$ 具有连续偏导数，且 $F'_u+F'_v\neq 0$，则$\frac{\partial z}{\partial x}+\frac{\partial z}{\partial y}=$（　　）

(A) 0　　(B) 1　　(C) -1　　(D) z

(9) 二元函数 $z=x^3-y^3+3x^2+3y^2-9x$ 的极小值点是（　　）

(A) (1, 0)　　(B) (1, 2)　　(C) $(-3, 0)$　　(D) $(-3, 2)$

(10) 设 $f(x, y)=xy+\frac{a^3}{x}+\frac{b^3}{y}$ $(a>0, b>0)$ 则（　　）

(A) $\left(\frac{a^2}{b}, \frac{b^2}{a}\right)$是 $f(x, y)$ 的驻点，但非极值点；

(B) $\left(\frac{a^2}{b}, \frac{b^2}{a}\right)$是 $f(x, y)$ 的极大值点；

(C) $\left(\frac{a^2}{b}, \frac{b^2}{a}\right)$是 $f(x, y)$ 的极小值点；

(D) $f(x, y)$ 无驻点

(11) 点 (x_0, y_0) 使 $f'_x(x, y)=0$ 且 $f'_y(x, y)=0$ 成立，则（　　）

(A) (x_0, y_0) 是 $f(x, y)$ 的极值点　　(B) (x_0, y_0) 是 $f(x, y)$ 的最小值点

(C) (x_0, y_0) 是 $f(x, y)$ 的最大值点　　(D) (x_0, y_0) 可能是 $f(x, y)$ 的极值点

(12) 设区域 D 是单位圆 $x^2+y^2\leqslant 1$ 在第一象限的部分，则二重积分 $\iint\limits_D xyd\sigma=$（　　）

(A) $\int_0^{\sqrt{1-y^2}}dx\int_0^{\sqrt{1-x^2}}xydy$　　(B) $\int_0^1 dx\int_0^{\sqrt{1-y^2}}xydy$

(C) $\int_0^1 dy\int_0^{\sqrt{1-y^2}}xydx$　　(D) $\frac{1}{2}\int_0^{\frac{\pi}{2}}d\theta\int_0^1 r\sin 2\theta dr$

(13) $\int_0^1 dx\int_0^{1-x}f(x,y)dy=$（　　）

(A) $\int_0^{1-x}dy\int_0^1 f(x,y)dx$　　(B) $\int_0^1 dy\int_0^{1-x}f(x,y)dx$

(C) $\int_0^1 dy\int_0^1 f(x,y)dx$　　(D) $\int_0^1 dy\int_0^{1-y}f(x,y)dx$

(14) 设 $D=\{(x, y)\mid x^2+y^2\leqslant a^2\}$，若 $\iint\limits_D\sqrt{a^2-x^2-y^2}dxdy=\pi$，则 $a=$（　　）

(A) 1　　(B) $\sqrt[3]{\frac{3}{2}}$　　(C) $\sqrt[3]{\frac{3}{4}}$　　(D) $\sqrt[3]{\frac{1}{2}}$

(15) 若 $\iint\limits_D dxdy=1$，则积分区域 D 可以是（　　）

(A) 由 x 轴，y 轴及 $x+y-2=0$ 所围成的区域

(B) 由 $x=1$，$x=2$ 及 $y=2$，$y=4$ 所围成的区域

(C) 由 $|x|=\frac{1}{2}$，$|y|=\frac{1}{2}$所围成的区域

(D) 由 $|x+y|=1$，$|x-y|=1$ 所围成的区域

(16) 设 $f(x, y)$ 连续，且 $f(x, y)=xy+\iint\limits_D f(u, v)dudv$，其中 D 是由 $y=0$，$y=x^2$，$x=1$ 所围区域，则 $f(x, y)=$（　　）

(A) xy　　(B) $2y$　　(C) $xy+\frac{1}{8}$　　(D) $xy+1$

2. 填空题：

(1) 函数 $f(x, y)=\frac{\arcsin(x+y)}{\sqrt{x^2-y}}$ 的定义域是____________.

(2) 以（1，0，-1）为球心且通过坐标原点的球面方程是____________.

(3) 通过 x 轴及点（4，-3，-1）的平面方程为____________.

(4) 设 $z=\cos^2(y^{\frac{1}{x}})$，则 $\frac{\partial z}{\partial x}=$____________，$\frac{\partial z}{\partial y}=$____________.

(5) 设 $z=x^2yf(x^y)$，其中 $f(u)$ 为可导函数，则全微分 $dz=$____________.

(6) 已知 $z=(x^3+2y)^{\sqrt{y}}$，则 $\frac{\partial z}{\partial x}=$____________，$\frac{\partial z}{\partial y}=$____________.

(7) 交换二次积分 $\int_e^{e^2}dx\int_0^{\ln x}f(x, y)dy$ 的积分次序，得____________.

(8) 设 $z=xy^2$，则当 $x=1$，$y=-1$，$\Delta x=0.01$，$\Delta y=-0.02$ 时的 $dz=$____________.

(9) 设 $z=x+\frac{1}{F(u)}$，$u=x^2-y^2$，$F(u)\neq 0$ 且二阶导数存在，则 $\frac{\partial^2 z}{\partial x\partial y}=$____________.

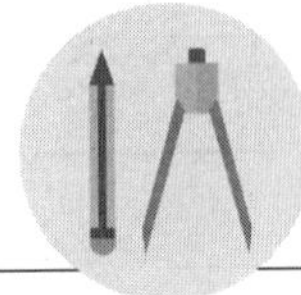

第 8 章 微分方程

微分方程在经济管理、力学、天文学、几何学及社会科学等很多领域都有广泛应用。本章重点介绍可分离变量方程、齐次方程、一阶线性方程、可降阶的二阶常微分方程、二阶线性常微分方程的求解.

§8.1 微分方程的基本概念

为了引出微分方程的一些重要概念，先来看一道简单的引例：

例 1 已知一条曲线在任意一点（x，y）处的切线斜率为 x^2，且过点（0，1），求该曲线方程.

解： 由切线的几何意义知，所求曲线满足下列条件：

$$\begin{cases} y'=x^2 & (8.1) \\ y\mid_{x=0}=1 & (8.2) \end{cases}$$

由（8.1）式积分得：$y=\frac{1}{3}x^3+C$ (8.3)

把（8.2）式代入上式解得：$C=1$.

最后，把 $C=1$ 代入（8.3）式，得所求曲线方程为：$y=\frac{1}{3}x^3+1$. (8.4)

在以上求解过程中，（8.1）式与一元二次方程、曲线方程等方程，最大的不同是在该方程中含有未知函数的导数 y'，像这样的方程就是微分方程.

定义 8.1 含有自变量、未知函数与未知函数的导数（或微分）的方程，称为**微分方程**。其中，未知函数是一元函数的微分方程，称为**常微分方程**。未知函数为多元函数的微分方程，称为**偏微分方程**.

本章只研究常微分方程的情形，对偏微分方程的讨论，感兴趣的读者可参考更专业的书籍.

定义 8.2 微分方程中未知函数的最高阶导数（或微分）的阶数，称为该**微分方程的阶**.

在微分方程（8.1）式中，所含的未知函数的最高阶导数为一阶导数 y'，所以微分方程（8.1）式也称为一阶微分方程．在常微分方程中，最简单的就是一阶微分方程．一般的，n阶常微分方程的形式为：

$$F(x, y, y', y'', \cdots y^{(n)})=0 \tag{8.5}$$

或 $y^{(n)}=(x, y, y', \cdots y^{(n-1)})$ （8.6）

（8.5）式称为n阶常微分方程的一般形式，（8.6）式称为n阶常微分方程的标准形式，在（8.5）式或（8.6）式中，$y^{(n)}$是必须出现的项，其他项可以不出现．

定义8.3　若将$y=\varphi(x)$代入（8.5）或（8.6）式后，使其成为恒等式，则称$y=\varphi(x)$是n阶常微分方程（8.5）或（8.6）的**解**．若由$\varphi(x, y)=0$确定的隐函数$y=\varphi(x)$是n阶常微分方程（8.5）或（8.6）的解，则称$\varphi(x, y)=0$为n阶常微分方程（8.5）或（8.6）的**隐式解**．

定义8.4　含n个独立任意常数C_1，C_2，$\cdots C_n$的函数$y=\varphi(x, C_1, C_2, \cdots C_n)$或$\varphi(x, y, C_1, C_2, \cdots C_n)=0$是方程（8.5）或（8.6）的解，则称其为方程（8.5）或（8.6）的通解．

如把方程（8.3）代入微分方程（8.1）中，显然可使微分方程（8.1）两边恒等，故方程（8.3）为微分方程（8.1）的解．又因为该解含有一个任意常数C，所以这个解也为一阶微分方程（8.1）的通解．

定义8.5　在微分方程的通解中，由给定的初始条件$y(x_0)=y_0$，$y'(x_0)=y'_0$，$y^{(n-1)}(x_0)=y_0^{(n-1)}$赋予常数$C_1$，$C_2$，$\cdots C_n$以确定值（或不含任意常数）的解，称为方程（8.5）或（8.6）的特解．

如在（8.1）的通解（8.3）中，由初始条件（8.2），赋予常数$C=1$后，所得的解（8.4），即为相应初始条件（8.2）下的特解．

例2　判断下列微分方程为几阶微分方程：

（1）$y'-y=x$

（2）$y''+y'+y=0$

（3）$y'''=xe^x$

解：（1）一阶微分方程．

（2）二阶微分方程．

（3）三阶微分方程．

例3　验证$y=Ce^x-x-1$是微分方程$y'-y=x$的解（其中C为任意常数）．

解：把$y=Ce^x-x-1$代入微分方程左式，得

左式$=(Ce^x-x-1)'-(Ce^x-x-1)=(Ce^x-1)-(Ce^x-x-1)=x=$右式．

所以$y=Ce^x-x-1$是微分方程$y'-y=x$的解．

§8.2　一阶微分方程

一阶微分方程的一般形式为$F(x, y, y')=0$，标准形式为$y'=f(x, y)$．本节主要介绍可分离变量微分方程、齐次微分方程与一阶线性微分方程这三种一阶微分方程的概念及求解方法．

一、可分离变量微分方程

定义 8.6 形如$\frac{dy}{dx}=f(x)g(y)$的微分方程，称为可分离变量微分方程.

可分离变量微分方程$\frac{dy}{dx}=f(x)g(y)$的求解步骤如下：

①分离变量得：$\frac{dy}{g(y)}=f(x)\ dx$.

②等式两边分别求积分即得通解：$\int\frac{dy}{g(y)}=\int f(x)dx+C$. 如有需要，可把结果进行化简.

求可分离变量微分方程$\frac{dy}{dx}=f(x)g(y)$的通解，实际上就是求两个不定积分$\int\frac{dy}{g(y)}$与$\int f(x)dx$.

例 1 求微分方程$\frac{dy}{dx}=xy$的通解.

解：分离变量得$\frac{dy}{y}=xdx$.

两边积分得$\int\frac{dy}{y}=\int xdx$，即 $\ln|y|=\frac{1}{2}x^2+C_1$.

化简得所求通解为 $y=Ce^{\frac{1}{2}x^2}$（其中 $C=\pm e^{C_1}$ 为任意常数）.

为了简便，以后在遇到类似情形时，不再详细写出处理绝对值记号的过程. 例如，本题的求解过程也可简写如下：

分离变量得$\frac{dy}{y}=xdx$.

两边积分得$\int\frac{dy}{y}=\int xdx$，即 $\ln y=\frac{1}{2}x^2+\ln C$.

化简得所求通解为 $y=Ce^{\frac{1}{2}x^2}$（其中 C 为任意常数）.

例 2 求微分方程 $xy'-y\ln y=0$ 的通解.

解：分离变量得$\frac{dy}{y\ln y}=\frac{dx}{x}$.

两边积分得$\int\frac{dy}{y\ln y}=\int\frac{dx}{x}$ 即 $\ln\ln y=\ln x+\ln C$.

化简得所求通解为 $\ln y=Cx$ 即 $y=e^{Cx}$（其中 C 为任意常数）.

例 3 求微分方程$\frac{dy}{dx}=1+x+y^2+xy^2$，$y|_{x=0}=0$ 的特解.

解：把方程的右端因式分解得$\frac{dy}{dx}=(1+x)(1+y^2)$，可见该微分方程为可分离变量微分方程.

继续分离变量得$\frac{dy}{1+y^2}=(1+x)dx$.

两边积分得 $\int \frac{dy}{1+y^2}=\int(1+x)dx$，即 $\arctan y=x+\frac{1}{2}x^2+C$.

$\because y\mid_{x=0}=0$，$\therefore C=0$.

故所求特解为 $\arctan y=x+\frac{1}{2}x^2$.

二、齐次微分方程

定义 8.7　形如 $\frac{dy}{dx}=f\left(\frac{y}{x}\right)$ 的微分方程，称为齐次微分方程.

齐次微分方程 $\frac{dy}{dx}=f\left(\frac{y}{x}\right)$ 的求解步骤如下：

①令 $u=\frac{y}{x}$，则 $y=xu$，$\frac{dy}{dx}=u+x\frac{du}{dx}$，代入 $\frac{dy}{dx}=f\left(\frac{y}{x}\right)$ 得

$$u+x\frac{du}{dx}=f(u)\Rightarrow x\frac{du}{dx}=f(u)-u \tag{8.7}$$

该方程为可分离变量微分方程.

②按可分离变量微分方程求解方法求出（8.7）的通解 $x=Ce^{\int\frac{du}{f(u)-u}}$　(8.8)

③把 $u=\frac{y}{x}$ 代入（8.8），整理简化即得 $\frac{dy}{dx}=f\left(\frac{y}{x}\right)$ 的通解.

例 4　求微分方程 $\frac{dy}{dx}=\frac{y}{x}+\tan\frac{y}{x}$，$y\mid_{x=1}=\frac{\pi}{6}$ 的特解.

解：令 $u=\frac{y}{x}$，则 $\frac{dy}{dx}=u+x\frac{du}{dx}$，代入原方程得 $x\frac{du}{dx}=\tan u$.

分离变量得 $\frac{\cos u}{\sin u}du=\frac{dx}{x}$

两边积分得 $\int\frac{\cos u}{\sin u}du=\int\frac{dx}{x}\Rightarrow\ln\sin u=\ln x+\ln C\Rightarrow\sin u=Cx$.

把 $u=\frac{y}{x}$ 代入上式得原方程的通解为 $\sin\frac{y}{x}=Cx$.

$\because y\mid_{x=1}=\frac{\pi}{6}$，$\therefore C=\frac{1}{2}$.

故所求特解为 $\sin\frac{y}{x}=\frac{1}{2}x$.

例 5　求微分方程 $xy'=y(1+\ln y-\ln x)$ 的通解.

解：由原方程可得 $\frac{dy}{dx}=\frac{y}{x}\left(1+\ln\frac{y}{x}\right)$，可见该微分方程为齐次微分方程.

令 $u=\frac{y}{x}$，则 $\frac{dy}{dx}=u+x\frac{du}{dx}$，代入上式得 $x\frac{du}{dx}=u\ln u$.

分离变量得 $\frac{du}{u\ln u}=\frac{dx}{x}$.

两边积分得 $\int\frac{du}{u\ln u}=\int\frac{dx}{x}\Rightarrow\ln\ln u=\ln x+\ln C\Rightarrow u=e^{Cx}$.

把 $u=\frac{y}{x}$ 代入上式得原方程的通解为 $y=xe^{Cx}$（其中 C 为任意常数）.

三、一阶线性微分方程

定义 8.8 形如$\frac{dy}{dx}+P(x)y=Q(x)$ (8.9)

的微分方程，称为一阶线性微分方程.

其中 $P(x)$ 与 $Q(x)$ 为 x 的连续函数.

在（8.9）中，当 $Q(x)\equiv 0$ 时，即$\frac{dy}{dx}+P(x)y=0$ (8.10)

称为一阶线性齐次微分方程；当 $Q(x)\neq 0$ 时，称（8.9）为一阶线性非齐次微分方程.

下面分别研究一阶线性齐次微分方程与一阶线性非齐次微分方程的求解公式.

（1）一阶线性齐次微分方程（8.10）的求解公式.

（8.10）变形后成为可分离变量微分方程$\frac{dy}{dx}=-P(x)y$.

分离变量得$\frac{dy}{y}=-P(x)dx$

两边积分得$\int\frac{dy}{y}=-\int P(x)dx\Rightarrow y=Ce^{-\int P(x)dx}$ (8.11)

（8.11）式即为一阶线性齐次微分方程（8.10）的求（通）解公式.

（2）一阶线性非齐次微分方程（8.9）（$Q(x)\neq 0$）的求解公式.

按所谓的积分因子法求（8.9）的通解. 对（8.9）两端同乘 $e^{\int P(x)dx}$ 得

$$e^{\int P(x)dx}\frac{dy}{dx}+P(x)e^{\int P(x)dx}y=Q(x)e^{\int P(x)dx}$$

注意到以上方程的左端恰为 $ye^{\int P(x)dx}$ 的导数，故 $\frac{d}{dx}(ye^{\int P(x)dx})=Q(x)e^{\int P(x)dx}$.

积分得 $ye^{\int P(x)dx}=\int Q(x)e^{\int P(x)dx}dx+C$.

对上式两端同乘 $e^{-\int P(x)dx}$ 得

$$y=e^{-\int P(x)dx}\left[\int Q(x)e^{\int P(x)dx}dx+C\right] \tag{8.12}$$

（8.12）式即为一阶线性非齐次微分方程（8.9）（$Q(x)\neq 0$）的求（通）解公式.

例 6 求微分方程$\frac{dy}{dx}+y=x$ 的通解.

解： $P(x)=1$，$Q(x)=x$. 利用公式（8.12）得通解为

$$y=e^{-\int dx}\left[\int xe^{\int dx}dx+C\right]=e^{-x}\left[\int xe^{x}dx+C\right]$$
$$=e^{-x}[e^{x}(x-1)+C]=x-1+Ce^{-x}.$$

例 7 求微分方程 $x^2dy+(y-2xy-2x^2)dx=0$ 的通解.

解： 原方程化为$\frac{dy}{dx}+\frac{1-2x}{x^2}y=2$.

可知 $P(x)=\frac{1-2x}{x^2}$，$Q(x)=2$. 利用公式（8.12）得通解为

$$y=e^{-\int\frac{1-2x}{x^2}dx}\left[\int 2e^{\int\frac{1-2x}{x^2}dx}dx+C\right]$$
$$=e^{\frac{1}{x}+2\ln x}\left[2\int e^{-\frac{1}{x}-2\ln x}dx+C\right]$$
$$=x^2e^{\frac{1}{x}}\left[2\int\frac{1}{x^2}e^{-\frac{1}{x}}dx+C\right]$$
$$=x^2e^{\frac{1}{x}}[2e^{-\frac{1}{x}}+C]$$
$$=x^2[2+Ce^{\frac{1}{x}}]$$

若把 x 看成未知函数，y 看成自变量，对一阶线性非齐次微分方程

$$\frac{dx}{dy}+P(y)x=Q(y) \tag{8.13}$$

也有类似于公式（8.12）的结论.

（8.13）的求通解公式为

$$x=e^{-\int P(y)dy}\left[\int Q(y)e^{\int P(y)dy}dy+C\right] \tag{8.14}$$

例 8 求微分方程 $\frac{dx}{dy}-\frac{x}{y}=-ye^y$，$y\mid_{x=e}=1$ 的特解.

解： $P(y)=-\frac{1}{y}$，$Q(y)=-ye^y$ 利用公式（8.14）得通解为

$$x=e^{\int\frac{dy}{y}}\left[-\int ye^ye^{-\int\frac{dy}{y}}dy+C\right]$$
$$=y\left[C-\int e^ydy\right]$$
$$=Cy-ye^y$$

$\because y\mid_{x=e}=1$，$\therefore C=2e$.

故所求特解为 $x=2ey-ye^y$.

§8.3 三种可降阶的二阶微分方程

二阶微分方程的形式为 $F(x, y, y', y'')=0$ 或 $y''=f(x, y, y')$，本节只介绍二阶微分方程中三种可降阶的情形.

一、最简二阶微分方程

定义 8.9 形如 $y''=f(x)$ 的二阶微分方程，称为最简二阶微分方程.

最简二阶微分方程的求解方法是连续作两次不定积分.

例 1 求微分方程 $y''=x$ 的通解.

解： 积分得 $y'=\int xdx=\frac{1}{2}x^2+C_1$.

再积分即得原方程的通解为

$$y=\int\left(\frac{1}{2}x^2+C_1\right)dx$$

$$= \frac{1}{2}\int x^2 dx + C_1\int dx$$

$$= \frac{1}{6}x^3 + C_1 x + C_2.$$

例 2 过曲线 $y=y(x)$ 上的点（0，－2）的切线为 $y=\frac{2}{3}x-2$，且 $y(x)$ 满足 $y''=6x$，求曲线 $y=y(x)$ 的方程.

解：由题意，需求微分方程 $y''=6x$，$y|_{x=0}=-2$，$y'|_{x=0}=\frac{2}{3}$的特解.

对 $y''=6x$ 积分，得 $y'=\int 6x dx = 3x^2 + C_1$.

再积分，得 $y=\int (3x^2+C_1)dx = x^3 + C_1 x + C_2$.

由 $y|_{x=0}=-2$，$y'|_{x=0}=\frac{2}{3}$，得 $C_1=\frac{2}{3}$，$C_2=-2$.

故所求曲线方程为 $y=x^3+\frac{2}{3}x-2$.

二、不显含未知函数 y 的二阶微分方程

定义 8.10 形如 $y''=f(x, y')$ 的二阶微分方程，称为不显含未知函数 y 的二阶微分方程.

该方程的求解方法：

令 $y'=p$，则 $y''=p'$，可把原方程化为以 x 为自变量，p 为未知函数的一阶微分方程 $p'=f(x, p)$ 求解.

例 3 求微分方程 $xy''+3y'=0$ 的通解.

解：令 $y'=p$，则 $y''=p'$，原方程化为

$xp'+3p=0\Rightarrow p'+\frac{3}{x}p=0$.

利用公式（8.11），得其通解为

$p=C_1e^{-\int\frac{3}{x}dx}=C_1e^{-3\ln x}=\frac{C_1}{x^3}$ 或 $y'=\frac{C_1}{x^3}$.

再积分，得原方程的通解为

$$y=\int\frac{C_1}{x^3}dx=-\frac{C_1}{2x^2}+C_2=\frac{C_3}{x^2}+C_2\left(\text{其中 } C_3=-\frac{C_1}{2}\right).$$

例 4 求微分方程 $y''-\frac{1}{x}y'=x$，$y|_{x=1}=0$，$y'|_{x=1}=0$ 的特解.

解：令 $y'=p$，则 $y''=p'$，原方程化为 $p'-\frac{1}{x}p=x$.

利用公式（8.12），得其通解为

$$p=e^{\int\frac{1}{x}dx}\left[\int xe^{-\int\frac{1}{x}dx}dx+C_1\right]$$

$$=e^{\ln x}\left[\int xe^{-\ln x}dx+C_1\right]$$

$$=x\left[\int dx+C_1\right]$$

$=x^2+C_1x$，

即 $y'=x^2+C_1x$.

由 $y'\mid_{x=1}=0$，得 $C_1=-1$，$\therefore y'=x^2-x$.

再积分，得

$$y=\int(x^2-x)dx=\frac{1}{3}x^3-\frac{1}{2}x^2+C_2.$$

由 $y\mid_{x=1}=0$，得 $C_2=\frac{1}{6}$.

故所求特解为 $y=\frac{1}{3}x^3-\frac{1}{2}x^2+\frac{1}{6}$.

三、不显含自变量 x 的二阶微分方程

定义 8.11 形如 $y''=f(y,y')$ 的二阶微分方程，称为不显含自变量 x 的二阶微分方程.

该方程的求解方法：

令 $y'=p$，则 $y''=\frac{dp}{dx}=\frac{dp}{dy}\frac{dy}{dx}=p\frac{dp}{dy}$，可把原方程化为以 y 为自变量，p 为未知函数的一阶微分方程 $p\frac{dp}{dy}=f(y,p)$ 求解.

例 5 求微分方程 $yy''+y'^2=0$，$y\mid_{x=0}=1$，$y'\mid_{x=0}=\frac{1}{2}$ 的特解.

解：令 $y'=p$，则 $y''=p\frac{dp}{dy}$，原方程化为

$yp\frac{dp}{dy}+p^2=0\Rightarrow y\frac{dp}{dy}+p=0$ 或 $p=0$（舍）.

$\therefore \frac{dp}{dy}+\frac{1}{y}p=0$.

利用公式（8.11），得其通解为

$$p=C_1e^{-\int\frac{1}{y}dy}=C_1e^{-\ln y}=\frac{C_1}{y} \text{ 或 } y'=\frac{C_1}{y}$$

由 $y\mid_{x=0}=1$，$y'\mid_{x=0}=\frac{1}{2}$，得 $C_1=\frac{1}{2}$.

$\therefore \frac{dy}{dx}=\frac{1}{2y}\Rightarrow 2ydy=dx$.

两边积分，得 $y^2=x+C_2$.

由 $y\mid_{x=0}=1$，得 $C_2=1$.

故所求特解为 $y^2=x+1$.

§8.4 二阶常系数线性微分方程

定义 8.12 形如 $y''+py'+qy=f(x)$ (8.15)

的微分方程，称为二阶常系数线性微分方程. 其中，p，q 为常数，$f(x)$ 为已知函数.

当 $f(x)\equiv 0$ 时，即 $y''+py'+qy=0$ (8.16)

称为二阶常系数线性齐次微分方程；当 $f(x)\neq 0$ 时，（8.15）称为二阶常系数线性非齐次

微分方程.

一、二阶常系数线性齐次微分方程

定义 8.13 方程 $r^2+pr+q=0$ (8.17)

称为二阶常系数线性齐次微分方程（8.16）的特征方程，其根称为（8.17）的特征根.

可以证明（8.16）的通解与其特征方程（8.17）的特征根存在如下表 8.1 的关系：

表 8.1

（8.17）的特征根情形	（8.16）的通解形式
两相异实根 $r_1\neq r_2$	$y=C_1e^{r_1x}+C_2e^{r_2x}$
两相等实根 $r_1=r_2$	$y=(C_1x+C_2)e^{r_1x}$
两共轭复根 $r_{1,2}=\alpha\pm\beta i$	$y=e^{\alpha x}(C_1\cos\beta x+C_2\sin\beta x)$

利用上表可以求出二阶常系数线性齐次微分方程（8.16）的通解.

例 1 求微分方程 $y''-3y'-10y=0$ 的通解.

解：特征方程为 $r^2-3r-10=0$，解之得特征根 $r_1=-2$，$r_2=5$.

∴原方程的通解为 $y=C_1e^{-2x}+C_2e^{5x}$.

例 2 求微分方程 $y''-4y'+4y=0$ 的通解.

解：特征方程为 $r^2-4r+4=0$，解之得特征根 $r_1=r_2=2$.

∴原方程的通解为 $y=(C_1x+C_2)\ e^{2x}$.

例 3 求微分方程 $y''-4y'+13y=0$ 的通解.

解：特征方程为 $r^2-4r+13=0$，解之得特征根 $r_{1,2}=2\pm3i$.

∴原方程的通解为 $y=e^{2x}(C_1\cos3x+C_2\sin3x)$.

二、二阶常系数线性非齐次微分方程

求二阶常系数线性非齐次微分方程（8.15）（$f(x)\neq0$）的通解，应该先会求（8.15）的一个特解. 本章只要求掌握 $f(x)=P_n(x)$ 与 $f(x)=P_n(x)e^{\alpha x}$ 两种情形，其中 $P_n(x)$ 表示 x 的 n 次多项式.

当 $f(x)=P_n(x)$ 或 $f(x)=P_n(x)e^{\alpha x}$ 时，二阶常系数线性非齐次微分方程（8.15）的特解设法如表 8.2 所示.

其中，$R_n(x)$ 表示 x 的 n 次多项式（其系数为待定系数）.

表 8.2

	（8.17）的特征根情形	（8.15）的特解设法
$f(x)=P_n(x)$	0 不是特征根	$y^*=R_n(x)$
	0 是单特征根	$y^*=xR_n(x)$
	0 是重特征根	$y^*=x^2R_n(x)$
$f(x)=P_n(x)e^{\alpha x}$	α 不是特征根	$y^*=R_n(x)e^{\alpha x}$
	α 是单特征根	$y^*=xR_n(x)e^{\alpha x}$
	α 是重特征根	$y^*=x^2R_n(x)e^{\alpha x}$

利用上表，可求出当 $f(x)=P_n(x)$ 或 $f(x)=P_n(x)e^{\alpha x}$ 时，二阶常系数线性非齐次微分方程（8.15）的特解.

例 4 求微分方程 $y''-3y'-10y=x-1$ 的一个特解.

解： 特征方程为 $r^2-3r-10=0$，解之得特征根 $r_1=-2$，$r_2=5$.

∴0 不是特征根.

特解应设为 $y^*=Ax+B$，代入原方程得

$-10Ax-(3A+10B)=x-1$.

比较 x 同次幂的系数得

$$\begin{cases}-10A=1\\3A+10B=1\end{cases}\Rightarrow\begin{cases}A=-\dfrac{1}{10}\\B=\dfrac{13}{100}\end{cases}$$

∴原方程的一个特解为 $y^*=-\dfrac{1}{10}x+\dfrac{13}{100}$.

例 5 求微分方程 $y''-4y'+4y=2e^{2x}$ 的一个特解.

解： 特征方程为 $r^2-4r+4=0$，解之得特征根 $r_1=r_2=2$.

∴$\alpha=2$ 是重特征根.

特解应设为 $y^*=Ax^2e^{2x}$，代入原方程得

$2Ae^{2x}=2e^{2x}\Rightarrow A=1$.

∴原方程的一个特解为 $y^*=x^2e^{2x}$.

最后，给出求二阶常系数线性非齐次微分方程（8.15）（$f(x)\neq 0$）的通解方法：

①求出（8.15）对应的齐次微分方程（8.16）的通解 Y；

②求出（8.15）的一个特解 y^*；

③写出（8.15）的通解为 $y=Y+y^*$.

例 6 求微分方程 $y''-3y'-10y=x-1$ 的通解.

解： 由例 1 得原方程对应的齐次微分方程 $y''-3y'-10y=0$ 的通解为

$Y=C_1e^{-2x}+C_2e^{5x}$.

再由例 4 得原方程的一个特解为

$y^*=-\dfrac{1}{10}x+\dfrac{13}{100}$.

∴原方程的通解为

$$y=Y+y^*=C_1e^{-2x}+C_2e^{5x}-\frac{1}{10}x+\frac{13}{100}.$$

例 7 求微分方程 $y''-4y'+4y=2e^{2x}$ 的通解.

解： 由例 2 得原方程对应的齐次微分方程 $y''-4y'+4y=0$ 的通解为

$Y=(C_1x+C_2)e^{2x}$.

再由例 5 得原方程的一个特解为

$y^*=x^2e^{2x}$.

∴原方程的通解为

$$y=Y+y^*=(x^2+C_1x+C_2)e^{2x}.$$

习题八

(A)

1. 下列微分方程分别为几阶微分方程：

(1) $x(y')^2-2yy'+x=0$；

(2) $x^2y'''-y''+y=0$；

(3) $xy'''+2y''+xy=e^x$；

(4) $\dfrac{d^2y}{dx^2}+\left(\dfrac{dy}{dx}\right)^3=x+1$.

2. 验证下列各给定函数是否为所给微分方程的解：

(1) $y''-\dfrac{2}{x}y'+\dfrac{2}{x^2}y=0$，$y=C_1x+C_2x^2$；

(2) $y''+y=0$，$y=3\sin x+\cos x$；

(3) $xy'=2y$，$y=x^2$；

(4) $y'+xy=1$，$y=x+\dfrac{1}{x}$.

3. 求下列各微分方程的通解或在给定初始条件下的特解：

(1) $xydx+\sqrt{1-x^2}dy=0$；

(2) $xy'-y\ln y=0$，$y|_{x=1}=e$；

(3) $(1+2y)xdx+(1+x^2)dy=0$；

(4) $(y+1)^2\dfrac{dy}{dx}+x^3=0$；

(5) $\dfrac{dx}{y}+\dfrac{dy}{x}=0$，$y|_{x=3}=4$；

(6) $\cos x\sin ydy=\cos y\sin xdx$，$y|_{x=0}=\dfrac{\pi}{4}$；

(7) $\dfrac{x}{1+y}dx-\dfrac{y}{1+x}dy=0$，$y|_{x=0}=1$；

(8) $x^2ydx-\ln ydy=0$，$y|_{x=0}=1$.

4. 求下列各微分方程的通解或在给定初始条件下的特解：

(1) $(x+y)dx+xdy=0$；

(2) $xy'=\sqrt{x^2+y^2}+y$；

(3) $\dfrac{dy}{dx}=\dfrac{y^2}{xy-x^2}$；

(4) $(x^2+y^2)dx-xydy=0$；

(5) $y'=\dfrac{x}{y}+\dfrac{y}{x}$，$y|_{x=1}=2$；

(6) $(xe^{\frac{y}{x}}+y)dx=xdy$，$y|_{x=1}=0$；

(7) $y'=\left(\dfrac{y}{x}\right)^2+\dfrac{y}{x}$，$y|_{x=1}=-1$.

5. 求下列各微分方程的通解或在给定初始条件下的特解：

(1) $\dfrac{dy}{dx}+y=e^{-x}$；

(2) $y'+y\cos x=e^{-\sin x}$；

(3) $y'-\dfrac{n}{x}y=e^xx^n$；

(4) $xy'+y=x^2$；

(5) $ydx+(x-y^3)dy=0$；

(6) $x\dfrac{dy}{dx}-2y=x^3e^x$，$y|_{x=1}=0$；

(7) $\dfrac{dy}{dx}+\dfrac{y}{x}=\dfrac{\sin x}{x}$，$y|_{x=\pi}=1$；

(8) $\dfrac{dy}{dx}+3y=8$，$y|_{x=0}=2$.

6. 求下列各微分方程的通解或在给定初始条件下的特解：

(1) $y''=x^2$；

(2) $y''=xe^x$；

(3) $y''-y'=x$；

(4) $xy''+y'=0$；

(5) $y^3y''-1=0$；

(6) $y''+\sqrt{1-(y')^2}=0$；

(7) $y^3y''+1=0$，$y|_{x=1}=1$，$y'|_{x=1}=0$；

(8) $y''-ay'^2=0$，$y|_{x=0}=0$，$y'|_{x=0}=-1$，$(a\neq0)$

*7. 求下列各微分方程的通解或在给定初始条件下的特解：

(1) $y''-4y'+3y=0$；　　(2) $y''-6y'+9y=0$；

(3) $y''-2y'-3y=0$；　　(4) $y''-2y'+5y=0$；

(5) $y''-4y'+3y=0$，$y|_{x=0}=6$，$y'|_{x=0}=10$；

(6) $y''-3y'-4y=0$，$y|_{x=0}=0$，$y'|_{x=0}=-5$.

*8. 求下列各微分方程的通解或在给定初始条件下的特解：

(1) $y''-2y'-3y=3x+1$；　　(2) $y''-6y'+13y=14$；

(3) $y''+2y'-3y=e^{2x}$；　　(4) $y''-5y'+6y=xe^{2x}$；

(5) $y''-3y'+2y=5$，$y|_{x=0}=1$，$y'|_{x=0}=2$；

(6) $y''-5y'+6y=2e^x$，$y|_{x=0}=1$，$y'|_{x=0}=1$.

(B)

1. 单项选择题：

(1) 微分方程 $x\ln x\cdot y''=y'$ 的通解是（　　）

(A) $y=C_1x\ln x+C_2$　　(B) $y=C_1x(\ln x-1)+C_2$

(C) $y=x\ln x$　　(D) $y=C_1x(\ln x-1)+2$

(2) 微分方程 $yy''-2(y')^2=0$ 的通解是（　　）

(A) $y=\dfrac{1}{C_1-C_2x}$　　(B) $y=\dfrac{1}{C_1-C_2x^2}$

(C) $y=\dfrac{1}{C-x}$　　(D) $y=\dfrac{1}{1-Cx}$

(3) 下列函数是微分方程 $y''-2y'+y=0$ 的解的是 $y=$（　　）

(A) x^2e^x　　(B) xe^x　　(C) x^2e^{-x}　　(D) xe^{-x}

(4) 微分方程 $y'\sin x=y\ln y$，$y|_{x=\frac{\pi}{2}}=e$ 的特解是 $y=$（　　）

(A) $\dfrac{e}{\sin x}$　　(B) $e^{\sin x}$　　(C) $\dfrac{e}{\tan\dfrac{x}{2}}$　　(D) $e^{\tan\frac{x}{2}}$

(5) 以下可看作二阶微分方程的通解的函数是（　　）

(A) $y=C_1x^2+C_2x+C_3$　　(B) $x^2+y^2=C$

(C) $y=\ln(C_1x)+\ln(C_2\sin x)$　　(D) $y=C_1\sin^2x+C_2\cos^2x$

2. 填空题：

(1) 微分方程 $\dfrac{dy}{dx}=\dfrac{y}{x+y^2}$ 的通解为________________.

*(2) 微分方程 $y''+6y'+9y=0$ 的通解为________________.

(3) 微分方程 $xy'+y=0$，$y|_{x=1}=1$ 的特解为________________.

(4) 设 $F(x)=f(x)g(x)$，其中 $f(x)$，$g(x)$ 满足条件：

$f'(x)=g(x)$，$f(0)=0$，$f(x)+g(x)=2e^x$，

则 $F(x)=$________________.

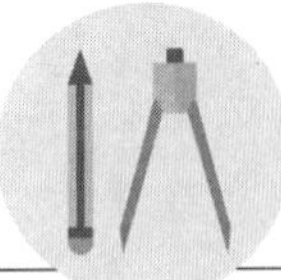

第 9 章　无穷级数

无穷级数是微积分的一个重要组成部分，它是研究函数的性质以及作数值计算的一种重要工具. 本章着重介绍了级数的基本概念与基本性质，正项级数的敛散性判定方法，任意项级数的绝对收敛与条件收敛，幂级数的收敛域与和函数，泰勒级数与函数的幂级数展开.

§9.1　无穷级数的基本概念与基本性质

一、无穷级数的基本概念

定义 9.1　已知数列 u_1，u_2，$\cdots u_n$，$\cdots$，那么

$$u_1+u_2+\cdots+u_n+\cdots=\sum_{n=1}^{\infty}u_n$$

称为无穷级数，简称级数. 其中，u_n 称为级数的一般项或通项.

定义 9.2　级数 $\sum\limits_{n=1}^{\infty}u_n$ 的前 n 项和 $S_n=u_1+u_2+\cdots u_n$，称为级数 $\sum\limits_{n=1}^{\infty}u_n$ 的部分和.

部分和 $\{S_n\}$：S_1，S_2，$\cdots S_n$，$\cdots$构成了一个数列，叫 $\sum\limits_{n=1}^{\infty}u_n$ 的部分和数列.

定义 9.3　若级数 $\sum\limits_{n=1}^{\infty}u_n$ 的部分和数列 $\{S_n\}$ 有极限，即 $\lim\limits_{n\to\infty}S_n=S$ 存在，则称级数 $\sum\limits_{n=1}^{\infty}u_n$ 收敛，并称 S 为级数 $\sum\limits_{n=1}^{\infty}u_n$ 的和，记为 $S=\sum\limits_{n=1}^{\infty}u_n=u_1+u_2+\cdots+u_n+\cdots$.

若 $\{S_n\}$ 没有极限，即 $\lim\limits_{n\to\infty}S_n$ 不存在，则称级数 $\sum\limits_{n=1}^{\infty}u_n$ 发散.

当级数收敛时，其和与部分和的差 $R_n=S-S_n=u_{n+1}+u_{n+2}+\cdots$，称为级数 $\sum\limits_{n=1}^{\infty}u_n$ 的余项.

例 1　用定义判定下列级数是收敛还是发散的?

(1) $1+1+\cdots+1+\cdots$;

(2) $1-1+1-1+\cdots+(-1)^{n-1}+\cdots$;

(3) $1+\frac{1}{2}+\frac{1}{4}+\frac{1}{8}+\cdots+\frac{1}{2^{n-1}}+\cdots$.

解:(1) 级数的前 n 项和 $S_n=\underbrace{1+1+\cdots+1}_{n个"1"}=n$,$\lim\limits_{n\to\infty}S_n=\lim\limits_{n\to\infty}n=\infty$.

$\therefore\lim\limits_{n\to\infty}S_n$ 不存在,级数发散.

(2) 级数的前 n 项和分为 $n=2k(k=1,2,\cdots)$ 与 $n=2k+1(k=0,1,2,\cdots)$ 两种情况计算.

当 $n=2k(k=1,2,\cdots)$ 时,$S_{2k}=\underbrace{(1-1)+\cdots+(1-1)}_{k项"(1-1)"}=0$,$\lim\limits_{k\to\infty}S_{2k}=0$.

当 $n=2k+1(k=0,1,2,\cdots)$ 时,$S_{2k+1}=\underbrace{(1-1)+\cdots+(1-1)}_{k项"(1-1)"}+1=1$,$\lim\limits_{k\to\infty}S_{2k+1}=1$.

$\because\lim\limits_{k\to\infty}S_{2k}\neq\lim\limits_{k\to\infty}S_{2k+1}$,$\therefore\lim\limits_{n\to\infty}S_n$ 不存在,级数发散.

(3) 由等比数列的前 n 项和公式,得级数的前 n 项和 $S_n=\dfrac{1\left(1-\frac{1}{2^n}\right)}{1-\frac{1}{2}}=2\left(1-\frac{1}{2^n}\right)$.

$\therefore\lim\limits_{n\to\infty}S_n=\lim\limits_{n\to\infty}2\left(1-\frac{1}{2^n}\right)=2$,$\lim\limits_{n\to\infty}S_n$ 存在,级数收敛,且其和 $S=2$.

判定级数是收敛还是发散的,简称为判定级数的敛散性. 用定义判定级数 $\sum\limits_{n=1}^{\infty}u_n$ 的敛散性一般有三步:

①求出级数的前 n 项和 S_n;

②判定 $\lim\limits_{n\to\infty}S_n$ 是否存在;

③得出级数 $\sum\limits_{n=1}^{\infty}u_n$ 收敛或发散的结论.

例 1 所给出的三个级数,都可以叫做几何级数或等比级数,即由等比数列所构成的级数. 下面通过例 2,再进一步研究一般几何级数的敛散性.

例 2　试讨论几何级数 $\sum\limits_{n=1}^{\infty}aq^{n-1}=a+aq+aq^2+\cdots+aq^{n-1}+\cdots$ 的敛散性. 其中 $a\neq 0$,q 称为级数的公比.

解:下面分为 $q=1$,$q=-1$,$|q|<1$,$|q|>1$ 四种情况进行讨论.

(1) 当 $q=1$ 时,$S_n=na$,$\lim\limits_{n\to\infty}S_n=\lim\limits_{n\to\infty}na=\infty$,级数发散.

(2) 当 $q=-1$ 时,$S_{2k}=0$,$S_{2k+1}=a$.

$\because\lim\limits_{k\to\infty}S_{2k}=0\neq a=\lim\limits_{k\to\infty}S_{2k+1}$,$\therefore\lim\limits_{n\to\infty}S_n$ 不存在,级数发散.

(3) 当 $|q|<1$ 时,$S_n=\dfrac{a(1-q^n)}{1-q}$.

$\because |q|<1$ 时,$\lim\limits_{n\to\infty}q^n=0$.

$\therefore\lim\limits_{n\to\infty}S_n=\lim\limits_{n\to\infty}\dfrac{a(1-q^n)}{1-q}=\dfrac{a}{1-q}$,级数收敛,且其和为 $S=\dfrac{a}{1-q}$.

(4) 当 $|q|>1$ 时，$S_n=\dfrac{a(1-q^n)}{1-q}$.

$\because$ $|q|>1$ 时，$\lim\limits_{n\to\infty}q^n=\infty$.

$\therefore \lim\limits_{n\to\infty}S_n=\lim\limits_{n\to\infty}\dfrac{a(1-q^n)}{1-q}=\infty$，级数发散.

综上述，几何级数 $\sum\limits_{n=1}^{\infty}aq^{n-1}=\begin{cases}发散，|q|\geqslant 1; \\ 收敛于\dfrac{a}{1-q}，|q|<1\end{cases}$.

例 2 的结果，可以作为一个结论直接运用.

例 3 判定下列级数的敛散性，若收敛，求其和：

(1) $1+3+9+27+\cdots+3^{n-1}+\cdots$;

(2) $1-\dfrac{1}{3}+\dfrac{1}{9}-\dfrac{1}{27}+\cdots+\dfrac{(-1)^{n-1}}{3^{n-1}}+\cdots$.

解：(1) 级数为公比 $q=3>1$ 的几何级数，故级数发散.

(2) 级数为公比 $|q|=\left|-\dfrac{1}{3}\right|=\dfrac{1}{3}<1$ 的几何级数，故级数收敛，且其和 $S=\dfrac{1}{1-\left(-\dfrac{1}{3}\right)}=\dfrac{3}{4}$.

例 4 判定级数 $\sum\limits_{n=1}^{\infty}\dfrac{1}{n(n+1)}$的敛散性，若收敛，求其和.

解：注意到$\dfrac{1}{k(k+1)}=\dfrac{1}{k}-\dfrac{1}{k+1}$ $(k=1，2，\cdots)$，

故 $S_n=\left(1-\dfrac{1}{2}\right)+\left(\dfrac{1}{2}-\dfrac{1}{3}\right)+\cdots+\left(\dfrac{1}{n}-\dfrac{1}{n+1}\right)=1-\dfrac{1}{n+1}$.

$\therefore \lim\limits_{n\to\infty}S_n=\lim\limits_{n\to\infty}\left(1-\dfrac{1}{n+1}\right)=1$，级数收敛，且其和 $S=1$.

例 5 判定级数 $\sum\limits_{n=1}^{\infty}(\sqrt{n+1}-\sqrt{n})$的敛散性.

解：级数的前 n 项和 $S_n=(\sqrt{2}-1)+(\sqrt{3}-\sqrt{2})+\cdots+(\sqrt{n+1}-\sqrt{n})=\sqrt{n+1}-1$，

$\therefore \lim\limits_{n\to\infty}S_n=\lim\limits_{n\to\infty}(\sqrt{n+1}-1)=\infty$，级数发散.

二、无穷级数的基本性质

无穷级数有下列五个基本性质：

(1) 级数 $\sum\limits_{n=1}^{\infty}u_n=S$，$\sum\limits_{n=1}^{\infty}v_n=W$，则 $\sum\limits_{n=1}^{\infty}(u_n\pm v_n)=\sum\limits_{n=1}^{\infty}u_n\pm\sum\limits_{n=1}^{\infty}v_n=S\pm W$.

证明：设级数 $\sum\limits_{n=1}^{\infty}u_n$ 与 $\sum\limits_{n=1}^{\infty}v_n$ 的部分和分别为 S_n 与 W_n，则$\lim\limits_{n\to\infty}S_n=S$，$\lim\limits_{n\to\infty}W_n=W$.

故级数 $\sum\limits_{n=1}^{\infty}(u_n\pm v_n)$ 的部分和

$T_n=(u_1\pm v_1)+(u_2\pm v_2)+\cdots+(u_n\pm v_n)=(u_1+u_2+\cdots+u_n)\pm(v_1+v_2+\cdots+v_n)=S_n\pm W_n$.

$\therefore \lim\limits_{n\to\infty}T_n=\lim\limits_{n\to\infty}(S_n\pm W_n)=\lim\limits_{n\to\infty}S_n\pm\lim\limits_{n\to\infty}W_n=S\pm W.$

即 $\sum\limits_{n=1}^{\infty}(u_n\pm v_n)=\sum\limits_{n=1}^{\infty}u_n\pm\sum\limits_{n=1}^{\infty}v_n=S\pm W.$

该性质说明两个收敛的级数各项间对应相加减，所得的级数仍收敛.

但是，需注意的是：

①一个收敛与一个发散级数各项间对应相加减，所得的级数发散；

②两个发散的级数各项间对应相加减，所得的级数敛散性不确定.

(2) 级数 $\sum\limits_{n=1}^{\infty}ku_n(k\neq 0)$ 与 $\sum\limits_{n=1}^{\infty}u_n$ 有相同的敛散性，且当 $\sum\limits_{n=1}^{\infty}u_n=S$ 时，$\sum\limits_{n=1}^{\infty}ku_n=kS$.

证明：设级数 $\sum\limits_{n=1}^{\infty}u_n$ 与 $\sum\limits_{n=1}^{\infty}ku_n(k\neq 0)$ 的部分和分别为 S_n 与 W_n，则

$W_n=ku_1+ku_2+\cdots+ku_n=k(u_1+u_2+\cdots+u_n)=kS_n.$

$\therefore \lim\limits_{n\to\infty}W$ 与 $\lim\limits_{n\to\infty}S_n$ 同时存在或同时不存在，即级数 $\sum\limits_{n=1}^{\infty}ku_n(k\neq 0)$ 与 $\sum\limits_{n=1}^{\infty}u_n$ 有相同的敛散性.

且当 $\sum\limits_{n=1}^{\infty}u_n=S$，即 $\lim\limits_{n\to\infty}S_n=S$ 时，$\lim\limits_{n\to\infty}W_n=\lim\limits_{n\to\infty}kS_n=k\lim\limits_{n\to\infty}S_n=kS$，故 $\sum\limits_{n=1}^{\infty}ku_n=kS$.

该性质说明级数的每一项同乘一非零常数后，其敛散性不变.

(3) 级数的前面增加或去掉有限项后，不改变其敛散性.

证明：略.

该性质说明级数收敛与否，与其前面的有限项无关.

需注意的是：

级数的前面增加或去掉有限项后，虽然级数的敛散性不变，但是若在级数收敛时，一般和会改变.

(4) 收敛级数各项间可以任意加括号，所得级数仍收敛，且收敛于原级数的和.

证明：略.

需注意的是：

①加括号所得级数发散，则原级数必发散；

②原级数发散，加括号后不一定发散；

③加括号所得级数收敛，原级数不一定收敛.

(5) 若级数 $\sum\limits_{n=1}^{\infty}u_n$ 收敛，则 $\lim\limits_{n\to\infty}u_n=0$.

证明：设级数 $\sum\limits_{n=1}^{\infty}u_n$ 的部分和为 S_n，且 $\lim\limits_{n\to\infty}S_n=S$，则

$\lim\limits_{n\to\infty}u_n=\lim\limits_{n\to\infty}(S_n-S_{n-1})=\lim\limits_{n\to\infty}S_n-\lim\limits_{n\to\infty}S_{n-1}=S-S=0.$

该性质称为级数收敛的必要条件，常用其逆否命题：

$\lim\limits_{n\to\infty}u_n\neq 0\Rightarrow$ 级数 $\sum\limits_{n=1}^{\infty}u_n$ 发散

来说明一个级数是发散的.

例 6 判定级数 $\sum_{n=1}^{\infty}\sqrt{n}$ 的敛散性.

解： $\because \lim_{n\to\infty}u_n=\lim_{n\to\infty}\sqrt{n}=\infty\neq 0$，

$\therefore$级数 $\sum_{n=1}^{\infty}\sqrt{n}$ 发散.

例 7 判定级数 $\sum_{n=1}^{\infty}\left(\frac{n+1}{n}\right)^2$ 的敛散性.

解： $\because \lim_{n\to\infty}u_n=\lim_{n\to\infty}\left(\frac{n+1}{n}\right)^2=1\neq 0$，

$\therefore$级数 $\sum_{n=1}^{\infty}\left(\frac{n+1}{n}\right)^2$ 发散.

但是，需注意的是：一般的由 $\lim_{n\to\infty}u_n=0$，不能推出级数 $\sum_{n=1}^{\infty}u_n$ 收敛.

例如，调和级数 $\sum_{n=1}^{\infty}\frac{1}{n}=1+\frac{1}{2}+\frac{1}{3}+\cdots+\frac{1}{n}+\cdots$，有 $\lim_{n\to\infty}u_n=\lim_{n\to\infty}\frac{1}{n}=0$. 但是，在下节的例 1，我们将用比较判别法证明调和级数事实上是个发散的级数.

§9.2 正项级数

一、正项级数收敛的充要条件

定义 9.4 若级数 $\sum_{n=1}^{\infty}u_n$ 满足条件 $u_n\geqslant 0(n=1, 2, \cdots)$，则称 $\sum_{n=1}^{\infty}u_n$ 为正项级数.

显然，正项级数的部分和数列 $\{S_n\}$ 单调递增. 而数列极限的存在准则又告诉我们：单调有界数列必有极限. 故对正项级数 $\sum_{n=1}^{\infty}u_n$，有

$\lim_{n\to\infty}S_n$ 存在 $\Leftrightarrow\{S_n\}$ 有界

再根据级数收敛的定义 9.3，可知

定理 9.1 正项级数收敛的充要条件是其部分和数列 $\{S_n\}$ 有界.

二、比较判别法

利用定理 9.1，可以证明判定正项级数敛散性的重要判别法之一的比较判别法.

定理 9.2（比较判别法） 若两正项级数 $\sum_{n=1}^{\infty}u_n$ 与 $\sum_{n=1}^{\infty}v_n$ 满足条件：

$u_n\leqslant v_n(n=1, 2, \cdots)$

则

(1) 当级数 $\sum_{n=1}^{\infty}v_n$ 收敛时，级数 $\sum_{n=1}^{\infty}u_n$ 也收敛；

(2) 当级数 $\sum_{n=1}^{\infty}u_n$ 发散时，级数 $\sum_{n=1}^{\infty}v_n$ 也发散.

证明：设 $S_n=u_1+u_2+\cdots+u_n$，$W_n=v_1+v_2+\cdots+v_n$ 分别为级数 $\sum\limits_{n=1}^{\infty}u_n$ 与 $\sum\limits_{n=1}^{\infty}v_n$ 的前 n 项和.

$\because u_n\leqslant v_n(n=1, 2, \cdots)$，$\therefore S_n\leqslant W_n$. 从而：

(1) 当级数 $\sum\limits_{n=1}^{\infty}v_n$ 收敛时，$\{W_n\}$ 有界，因此 $\{S_n\}$ 也有界，所以级数 $\sum\limits_{n=1}^{\infty}u_n$ 也收敛；

(2) 当级数 $\sum\limits_{n=1}^{\infty}u_n$ 发散时，$\{S_n\}$ 无界，因此 $\{W_n\}$ 也无界，所以级数 $\sum\limits_{n=1}^{\infty}v_n$ 也发散.

在运用该判别法时，需注意的是：

①不要忽视"正项级数"的条件，只要 $\sum\limits_{n=1}^{\infty}u_n$ 与 $\sum\limits_{n=1}^{\infty}v_n$ 中有一个不为正项级数，该判别法就失效. 事实上，本节所介绍的每一种判别法，都需要有这个前提条件，以后不再一一强调.

②条件"$u_n\leqslant v_n(n=1, 2, \cdots)$"可改为"$u_n\leqslant cv_n(n\geqslant n_0;\ c>0)$"(其中 n_0 为某个确定的正整数)，不影响其结论.

③一般的，在 $\sum\limits_{n=1}^{\infty}u_n$ 收敛时，$\sum\limits_{n=1}^{\infty}v_n$ 未必收敛；在 $\sum\limits_{n=1}^{\infty}v_n$ 发散时，$\sum\limits_{n=1}^{\infty}u_n$ 也未必发散.

例 1　判定调和级数 $\sum\limits_{n=1}^{\infty}\dfrac{1}{n}=1+\dfrac{1}{2}+\dfrac{1}{3}+\cdots+\dfrac{1}{n}+\cdots$ 的敛散性.

解：$\sum\limits_{n=1}^{\infty}\dfrac{1}{n}=\left(1+\dfrac{1}{2}\right)+\left(\dfrac{1}{3}+\dfrac{1}{4}\right)+\left(\dfrac{1}{5}+\dfrac{1}{6}+\dfrac{1}{7}+\dfrac{1}{8}\right)+\cdots$

各项均大于级数

$$\frac{1}{2}+\left(\frac{1}{4}+\frac{1}{4}\right)+\left(\frac{1}{8}+\frac{1}{8}+\frac{1}{8}+\frac{1}{8}\right)+\cdots=\frac{1}{2}+\frac{1}{2}+\frac{1}{2}+\cdots$$

的对应项，而后一级数为公比 $q=1$ 的几何级数，发散. 从而，由比较判别法知 $\sum\limits_{n=1}^{\infty}\dfrac{1}{n}$ 也发散.

例 2　判定 p—级数 $\sum\limits_{n=1}^{\infty}\dfrac{1}{n^p}=1+\dfrac{1}{2^p}+\dfrac{1}{3^p}+\cdots+\dfrac{1}{n^p}+\cdots$ 的敛散性.

解：当 $p\leqslant 1$ 时，$n^p\leqslant n\Rightarrow\dfrac{1}{n^p}\geqslant\dfrac{1}{n}$. 由于 $\sum\limits_{n=1}^{\infty}\dfrac{1}{n}$ 发散（例 1），所以级数 $\sum\limits_{n=1}^{\infty}\dfrac{1}{n^p}$ 发散.

当 $p>1$ 时，$\sum\limits_{n=1}^{\infty}\dfrac{1}{n^p}=1+\left(\dfrac{1}{2^p}+\dfrac{1}{3^p}\right)+\left(\dfrac{1}{4^p}+\dfrac{1}{5^p}+\dfrac{1}{6^p}+\dfrac{1}{7^p}\right)+\left(\dfrac{1}{8^p}+\dfrac{1}{9^p}+\cdots+\dfrac{1}{15^p}\right)+\cdots$

各项均小于等于级数

$1+\left(\dfrac{1}{2^p}+\dfrac{1}{2^p}\right)+\left(\dfrac{1}{4^p}+\dfrac{1}{4^p}+\dfrac{1}{4^p}+\dfrac{1}{4^p}\right)+\left(\dfrac{1}{8^p}+\dfrac{1}{8^p}+\cdots+\dfrac{1}{8^p}\right)+\cdots=1+\dfrac{1}{2^{p-1}}+\dfrac{1}{4^{p-1}}+\dfrac{1}{8^{p-1}}+\cdots$ 的对应项，而后一级数为公比 $q=\dfrac{1}{2^{p-1}}<1$ 的几何级数，收敛. 所以，级数 $\sum\limits_{n=1}^{\infty}\dfrac{1}{n^p}$ 也收敛.

综上述，p—级数 $\sum\limits_{n=1}^{\infty}\frac{1}{n^p}=\begin{cases}\text{发散}, p\leqslant 1;\\ \text{收敛}, p>1\end{cases}$.

例 1 与例 2 的结果都是重要结论，今后会经常用到.

例 3 判定下列级数的敛散性：

(1) $\sum\limits_{n=1}^{\infty}\frac{1}{\sqrt{n}}$；

(2) $\sum\limits_{n=1}^{\infty}\frac{1}{n\sqrt{n}}$.

解：(1) 级数 $\sum\limits_{n=1}^{\infty}\frac{1}{\sqrt{n}}=\sum\limits_{n=1}^{\infty}\frac{1}{n^{\frac{1}{2}}}$ 为 $p=\frac{1}{2}<1$ 的 p—级数，所以发散.

(2) 级数 $\sum\limits_{n=1}^{\infty}\frac{1}{n\sqrt{n}}=\sum\limits_{n=1}^{\infty}\frac{1}{n^{\frac{3}{2}}}$ 为 $p=\frac{3}{2}>1$ 的 p—级数，所以收敛.

例 4 判定级数 $\sum\limits_{n=1}^{\infty}\frac{n-1}{2n^3+n}$ 的敛散性.

解：$\frac{n-1}{2n^3+n}<\frac{n}{2n^3}=\frac{1}{2}\cdot\frac{1}{n^2}(n=1, 2, \cdots)$

而 $\sum\limits_{n=1}^{\infty}\frac{1}{n^2}$ 为 $p=2>1$ 的 p—级数，收敛.

所以，由比较判别法知原级数也收敛.

例 5 判定级数 $\sum\limits_{n=1}^{\infty}\frac{2n}{n^2+3}$ 的敛散性.

解：当 $n\geqslant 2$ 时，$3<n^2$.

$\therefore \frac{2n}{n^2+3}>\frac{2n}{n^2+n^2}=\frac{1}{n}(n=2, 3, \cdots)$

而 $\sum\limits_{n=1}^{\infty}\frac{1}{n}$ 发散，所以原级数也发散.

在利用比较判别法判定级数 $\sum\limits_{n=1}^{\infty}u_n$ 的敛散性时，关键是要把 u_n 作适当的放大或缩小，有时这会比较困难. 下面介绍的定理 9.3，无需把 u_n 作适当的放大或缩小，实际运用起来更方便.

定理 9.3（比较判别法的极限形式） 若正项级数 $\sum\limits_{n=1}^{\infty}u_n$ 与 $\sum\limits_{n=1}^{\infty}v_n$ 满足条件：

$\lim\limits_{n\to\infty}\frac{u_n}{v_n}=l$. 那么

(1) 当 $0<l<+\infty$ 时，级数 $\sum\limits_{n=1}^{\infty}u_n$ 与 $\sum\limits_{n=1}^{\infty}v_n$ 有相同的敛散性；

(2) 当 $l=0$ 时，级数 $\sum\limits_{n=1}^{\infty}v_n$ 收敛，则级数 $\sum\limits_{n=1}^{\infty}u_n$ 也收敛；

(3) 当 $l=+\infty$ 时，级数 $\sum\limits_{n=1}^{\infty}v_n$ 发散，则级数 $\sum\limits_{n=1}^{\infty}u_n$ 也发散.

例 6 用比较判别法的极限形式判定下列级数的敛散性：

(1) $\sum_{n=1}^{\infty}\frac{n-1}{2n^3+n}$;

(2) $\sum_{n=1}^{\infty}\frac{2n}{n^2+3}$.

解：(1) $\because \lim_{n\to\infty}\frac{\frac{n-1}{2n^3+n}}{\frac{1}{n^2}}=\lim_{n\to\infty}\frac{n^3-n^2}{2n^3+n}=\frac{1}{2}$,

$\therefore$原级数与 $\sum_{n=1}^{\infty}\frac{1}{n^2}$ 有相同的敛散性.

而 $\sum_{n=1}^{\infty}\frac{1}{n^2}$ 为 $p=2>1$ 的 p—级数，收敛. 故原级数也收敛.

(2) $\because \lim_{n\to\infty}\frac{\frac{2n}{n^2+3}}{\frac{1}{n}}=\lim_{n\to\infty}\frac{2n^2}{n^2+3}=2$,

$\therefore$原级数与 $\sum_{n=1}^{\infty}\frac{1}{n}$ 有相同的敛散性.

而 $\sum_{n=1}^{\infty}\frac{1}{n}$ 发散，故原级数也发散.

例 7　判定级数 $\sum_{n=1}^{\infty}\ln\left(1+\frac{1}{\sqrt{n}}\right)$ 的敛散性.

解：$\because \lim_{n\to\infty}\frac{\ln\left(1+\frac{1}{\sqrt{n}}\right)}{\frac{1}{\sqrt{n}}}=1$,

$\therefore$原级数与 $\sum_{n=1}^{\infty}\frac{1}{\sqrt{n}}$ 有相同的敛散性.

而 $\sum_{n=1}^{\infty}\frac{1}{\sqrt{n}}$ 发散，故原级数也发散.

三、比值判别法

定理 9.4（比值判别法）　若正项级数 $\sum_{n=1}^{\infty}u_n$ 满足条件：

$\lim_{n\to\infty}\frac{u_{n+1}}{u_n}=l$. 那么

(1) 当 $l<1$ 时，级数收敛；

(2) 当 $l>1$（含 $l=+\infty$）时，级数发散.

证明：略.

在运用该判别法时，需注意的是：

①当 $l=1$，即 $\lim_{n\to\infty}\frac{u_{n+1}}{u_n}=1$ 时，级数 $\sum_{n=1}^{\infty}u_n$ 的敛散性不确定. 此时，该判别法失效，需

用其他方法判定级数敛散性．例如，级数 $\sum_{n=1}^{\infty}\frac{1}{\sqrt{n}}$ 与 $\sum_{n=1}^{\infty}\frac{1}{n\sqrt{n}}$，都满足$\lim_{n\to\infty}\frac{u_{n+1}}{u_n}=1$，我们不能用比值判别法得出这两个级数的敛散性．但是，可用 p—级数的结论知道，第一个级数是发散的，第二个级数是收敛的．

②一般的，该判别法多用于在正项级数 $\sum_{n=1}^{\infty}u_n$ 的通项 u_n 中，含有 a^n 或$n!$ 及其类似项时的情形．

例 8　判定级数 $\sum_{n=1}^{\infty}\frac{n^3-1}{10^n}$ 的敛散性．

解： $\lim_{n\to\infty}\frac{u_{n+1}}{u_n}=\lim_{n\to\infty}\frac{\frac{(n+1)^3-1}{10^{n+1}}}{\frac{n^3-1}{10^n}}=\frac{1}{10}\lim_{n\to\infty}\frac{(n+1)^3-1}{n^3-1}=\frac{1}{10}<1$

故由比值判别法知原级数收敛．

例 9　判定级数 $\sum_{n=1}^{\infty}\frac{n^n}{2^n n!}$ 的敛散性．

解： $\lim_{n\to\infty}\frac{u_{n+1}}{u_n}=\lim_{n\to\infty}\frac{\frac{(n+1)^{n+1}}{2^{n+1}\ (n+1)!}}{\frac{n^n}{2^n n!}}=\frac{1}{2}\lim_{n\to\infty}\left(1+\frac{1}{n}\right)^n=\frac{e}{2}>1$

故由比值判别法知原级数发散．

例 10　判定级数 $\sum_{n=1}^{\infty}\frac{n\sin^2\left(\frac{n\pi}{3}\right)}{3^n}$ 的敛散性．

解： $\because\frac{n\sin^2\left(\frac{n\pi}{3}\right)}{3^n}\leqslant\frac{n}{3^n}(n=1,2,\cdots)$

而级数 $\sum_{n=1}^{\infty}\frac{n}{3^n}$ 满足

$\lim_{n\to\infty}\frac{u_{n+1}}{u_n}=\lim_{n\to\infty}\frac{\frac{n+1}{3^{n+1}}}{\frac{n}{3^n}}=\frac{1}{3}\lim_{n\to\infty}\frac{n+1}{n}=\frac{1}{3}<1$

因此，由比值判别法知级数 $\sum_{n=1}^{\infty}\frac{n}{3^n}$ 收敛．

从而，再由比较判别法知原级数也收敛．

*四、根值判别法

定理 9.5（根值判别法）　若正项级数 $\sum_{n=1}^{\infty}u_n$ 满足条件：$\lim_{n\to\infty}\sqrt[n]{u_n}=l$．那么

（1）当 $l<1$ 时，级数收敛；

（2）当 $l>1$（含 $l=+\infty$）时，级数发散．

证明： 略．

在运用该判别法时，需注意的是：

该判别法有类似于比值判别法的情形，当 $l=1$，即 $\lim\limits_{n\to\infty}\sqrt[n]{u_n}=1$ 时，级数 $\sum\limits_{n=1}^{\infty}u_n$ 的敛散性不确定. 此时，该判别法失效，需用其他方法判定级数敛散性. 例如，对于级数 $\sum\limits_{n=1}^{\infty}\dfrac{1}{n}$ 和 $\sum\limits_{n=1}^{\infty}\dfrac{1}{n^2}$，有 $\lim\limits_{n\to\infty}\sqrt[n]{\dfrac{1}{n}}=1$，$\lim\limits_{n\to\infty}\sqrt[n]{\dfrac{1}{n^2}}=1$，但级数 $\sum\limits_{n=1}^{\infty}\dfrac{1}{n}$ 发散，而级数 $\sum\limits_{n=1}^{\infty}\dfrac{1}{n^2}$ 收敛.

例 11 判定级数 $\sum\limits_{n=1}^{\infty}\dfrac{(n+1)^{n^2}}{2^n n^{n^2}}$ 的敛散性.

解： $\lim\limits_{n\to\infty}\sqrt[n]{u_n}=\dfrac{1}{2}\lim\limits_{n\to\infty}\left(1+\dfrac{1}{n}\right)^n=\dfrac{e}{2}>1$

故由根值判别法知原级数发散.

例 12 判定级数 $\sum\limits_{n=1}^{\infty}\dfrac{[\sqrt{2}+(-1)^n]^n}{3^n}$ 的敛散性.

解： $\because \dfrac{[\sqrt{2}+(-1)^n]^n}{3^n}\leqslant\left(\dfrac{\sqrt{2}+1}{3}\right)^n(n=1，2，\cdots)$，

而级数 $\sum\limits_{n=1}^{\infty}\left(\dfrac{\sqrt{2}+1}{3}\right)^n$ 满足条件

$\lim\limits_{n\to\infty}\sqrt[n]{u_n}=\dfrac{\sqrt{2}+1}{3}<1.$

因此，由根值判别法知级数 $\sum\limits_{n=1}^{\infty}\left(\dfrac{\sqrt{2}+1}{3}\right)^n$ 收敛.

从而，再由比较判别法知原级数也收敛.

§9.3 任意项级数

一、交错级数

上节讨论了正项级数的各种敛散性判别法，本节讨论各项具有任意正负号的级数，即任意项级数. 在任意项级数中，一种重要的情形，称为交错级数.

定义 9.5 形如 $\sum\limits_{n=1}^{\infty}(-1)^{n-1}u_n$，其中 $u_n>0(n=1，2，\cdots)$ 的级数，称为交错级数.

交错级数的特点是正负项交替出现. 对该级数，常用下面的定理 9.6 来说明它的收敛.

定理 9.6（莱布尼兹定理） 若交错级数 $\sum\limits_{n=1}^{\infty}(-1)^{n-1}u_n$ 满足条件：

(1) $u_n\geqslant u_{n+1}(n=1，2，\cdots)$；

(2) $\lim\limits_{n\to\infty}u_n=0$.

则该级数收敛.

证明： 级数的前 $2k$ 项和可写成两种形式：

$S_{2k}=(u_1-u_2)+\cdots+(u_{2k-1}-u_{2k})$

$S_{2k}=u_1-(u_2-u_3)-\cdots-(u_{2k-2}-u_{2k-1})-u_{2k}$

第一式与第二式中括号内的差都非负（$\because u_n \geqslant u_{n+1}$，$n=1, 2, \cdots$）.

$\therefore$第一式表明$\{S_{2k}\}$递增，第二式表明$\{S_{2k}\}$有上界（$S_{2k}\leqslant u_1$，$\forall k\in N$），由极限存在准则知$\lim\limits_{k\to\infty}S_{2k}=S$存在.

又由$\lim\limits_{n\to\infty}u_n=0$，知$\lim\limits_{k\to\infty}u_{2k+1}=0$.

$\therefore \lim\limits_{k\to\infty}S_{2k+1}=\lim\limits_{k\to\infty}(S_{2k}+u_{2k+1})=\lim\limits_{k\to\infty}S_{2k}+\lim\limits_{k\to\infty}u_{2k+1}=S+0=S.$

即$\lim\limits_{k\to\infty}S_{2k}=\lim\limits_{k\to\infty}S_{2k+1}=S$，故$\lim\limits_{k\to\infty}S_n=S$存在.

由定义 9.3，知原级数收敛.

在运用该定理时，需注意的是：

该定理一般只能用来说明一个交错级数是收敛的，若要说明一交错级数是发散的，需用其他方法（如级数收敛的必要条件）.

例 1 判定交错级数 $\sum\limits_{n=1}^{\infty}\dfrac{(-1)^{n-1}}{n}$ 的敛散性.

解：交错级数 $\sum\limits_{n=1}^{\infty}\dfrac{(-1)^{n-1}}{n}$ 满足条件：

(1) $\dfrac{1}{n}>\dfrac{1}{n+1}(n=1, 2, \cdots)$；

(2) $\lim\limits_{n\to\infty}\dfrac{1}{n}=0$.

$\because$由莱布尼兹定理，级数 $\sum\limits_{n=1}^{\infty}\dfrac{(-1)^{n-1}}{n}$ 收敛.

例 2 判定交错级数 $\sum\limits_{n=1}^{\infty}\dfrac{(-1)^{n-1}}{n^2}$ 的敛散性.

解：交错级数 $\sum\limits_{n=1}^{\infty}\dfrac{(-1)^{n-1}}{n^2}$ 满足条件：

(1) $\dfrac{1}{n^2}>\dfrac{1}{(n+1)^2}(n=1, 2, \cdots)$；

(2) $\lim\limits_{n\to\infty}\dfrac{1}{n^2}=0$.

$\therefore$由莱布尼兹定理，级数 $\sum\limits_{n=1}^{\infty}\dfrac{(-1)^{n-1}}{n^2}$ 收敛.

例 3 判定交错级数 $\sum\limits_{n=1}^{\infty}(-1)^{n-1}\left(\dfrac{n+1}{n}\right)^2$ 的敛散性.

解：$\because \lim\limits_{n\to\infty}u_n=\lim\limits_{n\to\infty}\left(\dfrac{n+1}{n}\right)^2=1\neq 0$，

$\therefore$由级数收敛的必要条件知，级数 $\sum\limits_{n=1}^{\infty}(-1)^{n-1}\left(\dfrac{n+1}{n}\right)^2$ 发散.

二、绝对收敛与条件收敛

定义 9.6 设 $\sum\limits_{n=1}^{\infty}u_n$ 为任意项级数，若 $\sum\limits_{n=1}^{\infty}|u_n|$ 收敛，称级数 $\sum\limits_{n=1}^{\infty}u_n$ 绝对收敛；若 $\sum\limits_{n=1}^{\infty}|u_n|$

发散而 $\sum_{n=1}^{\infty} u_n$ 收敛，称 $\sum_{n=1}^{\infty} u_n$ 条件收敛.

绝对收敛是比收敛更强的一个条件.

定理 9.7　任意项级数 $\sum_{n=1}^{\infty} u_n$ 绝对收敛 $\Rightarrow$ $\sum_{n=1}^{\infty} u_n$ 收敛.

证明：略.

根据该定理，不可能出现级数 $\sum_{n=1}^{\infty} u_n$ 既绝对收敛，同时又发散的情况，绝对收敛总是蕴含了收敛.

例 4　判定下列级数是条件收敛，还是绝对收敛？

(1) $\sum_{n=1}^{\infty} \frac{(-1)^{n-1}}{n}$；

(2) $\sum_{n=1}^{\infty} \frac{(-1)^{n-1}}{n^2}$.

解：(1) $\because \sum_{n=1}^{\infty} \left|\frac{(-1)^{n-1}}{n}\right| = \sum_{n=1}^{\infty} \frac{1}{n}$ 发散，而 $\sum_{n=1}^{\infty} \frac{(-1)^{n-1}}{n}$ 收敛（例 1).

$\therefore$ 级数 $\sum_{n=1}^{\infty} \frac{(-1)^{n-1}}{n}$ 条件收敛.

(2) $\because \sum_{n=1}^{\infty} \left|\frac{(-1)^{n-1}}{n^2}\right| = \sum_{n=1}^{\infty} \frac{1}{n^2}$ 为 $p=2>1$ 的 $p-$级数，收敛.

$\therefore$ 级数 $\sum_{n=1}^{\infty} \frac{(-1)^{n-1}}{n^2}$ 绝对收敛.

例 5　判定级数 $\sum_{n=1}^{\infty} (-1)^{n-1} \frac{n^2}{2^n}$ 是绝对收敛，条件收敛还是发散？

解：级数 $\sum_{n=1}^{\infty} \left|(-1)^{n-1} \frac{n^2}{2^n}\right| = \sum_{n=1}^{\infty} \frac{n^2}{2^n}$ 满足条件：

$$\lim_{n\to\infty}\frac{u_{n+1}}{u_n}=\lim_{n\to\infty}\frac{\frac{(n+1)^2}{2^{n+1}}}{\frac{n^2}{2^n}}=\frac{1}{2}\lim_{n\to\infty}\left(1+\frac{1}{n}\right)^2=\frac{1}{2}<1.$$

由比值判别法知，级数 $\sum_{n=1}^{\infty} \frac{n^2}{2^n}$ 收敛.

$\therefore$ 原级数 $\sum_{n=1}^{\infty} (-1)^{n-1} \frac{n^2}{2^n}$ 绝对收敛.

§9.4　幂级数

一、函数项级数基本概念

定义 9.7　若 $u_1(x)$，$u_2(x)$，$\cdots u_n(x)$，$\cdots$是定义在实数集 I 上的函数序列，则称

$\sum_{n=1}^{\infty} u_n(x) = u_1(x) + u_2(x) + \cdots + u_n(x) + \cdots$ 为定义在 I 上的函数项级数.

前几节的例题中所研究的级数，一般称为常数项级数. 与常数项级数不同的是，我们不能再简单地说一个函数项级数是“收敛”或“发散”的，而要说一个函数项级数在某点 $x=x_0$ 处收敛或发散.

定义 9.8 $\sum_{n=1}^{\infty} u_n(x)$ 为定义在 I 上的函数项级数，设 $x_0 \in I$，若 $\sum_{n=1}^{\infty} u_n(x_0)$ 收敛（或发散），则称函数项级数 $\sum_{n=1}^{\infty} u_n(x)$ 在点 x_0 处收敛（或发散），点 x_0 称为 $\sum_{n=1}^{\infty} u_n(x)$ 的收敛点（或发散点）. $\sum_{n=1}^{\infty} u_n(x)$ 所有收敛点组成的集合，称为该函数项级数的收敛域.

与常数项级数类似，函数项级数也有“和”，函数项级数的“和”，一般称为和函数.

定义 9.9 设 $\{S_n(x)\}$ 为函数项级数 $\sum_{n=1}^{\infty} u_n(x)$ 的前 n 项部分和序列，若 $\lim\limits_{n\to\infty} S_n(x) = S(x)$ 存在，则称 $S(x)$ 为函数项级数 $\sum_{n=1}^{\infty} u_n(x)$ 的和函数，记为 $\sum_{n=1}^{\infty} u_n(x) = S(x)$.

二、幂级数及其收敛区间，收敛半径与收敛域

本节不讨论一般的函数项级数，只讨论一种特殊的函数项级数——幂级数.

定义 9.10 形如 $\sum_{n=0}^{\infty} a_n(x-x_0)^n = a_0 + a_1(x-x_0) + \cdots + a_n(x-x_0)^n + \cdots$ 的函数项级数，称为 $(x-x_0)$ 的幂级数. 其中，$a_n(n=0, 1, 2, \cdots)$ 是常数，称为该幂级数的系数. 特别地，当 $x_0=0$，即 $\sum_{n=0}^{\infty} a_n x^n = a_0 + a_1 x + \cdots + a_n x^n + \cdots$ 时，称为 x 的幂级数.

定义 9.11 对幂级数 $\sum_{n=0}^{\infty} a_n(x-x_0)^n$，若存在常数 $R>0$，使得

(1) 当 $|x-x_0|<R$ 时，幂级数收敛；

(2) 当 $|x-x_0|>R$ 时，幂级数发散.

称 R 为幂级数 $\sum_{n=0}^{\infty} a_n(x-x_0)^n$ 的收敛半径，而称区间 (x_0-R, x_0+R)（即 $|x-x_0|<R$）为幂级数 $\sum_{n=0}^{\infty} a_n(x-x_0)^n$ 的收敛区间.

幂级数 $\sum_{n=0}^{\infty} a_n(x-x_0)^n$ 的收敛域定义参考定义 9.8，不再特别给出.

为了使幂级数收敛半径的概念应用范围更广，对两种特殊情形补充规定如下：

(1) 当幂级数 $\sum_{n=0}^{\infty} a_n(x-x_0)^n$ 的收敛域退化为一点 $\{x_0\}$ 时，规定其收敛半径 $R=0$（此时认为收敛区间不存在）；

(2) 当幂级数 $\sum_{n=0}^{\infty} a_n(x-x_0)^n$ 的收敛域为整个实数域 $(-\infty, +\infty)$ 时，规定其收敛

半径 $R=+\infty$（此时认为收敛区间也为 $(-\infty, +\infty)$）.

需注意的是：

①幂级数收敛区间与收敛域的区别与联系．收敛区间特指开区间，不考虑端点 $x=x_0\pm R$ 处幂级数的敛散性；而收敛域不必是开的，要考虑端点处幂级数的敛散性．简单地说，“收敛区间＋收敛的端点＝收敛域”.

②幂级数收敛半径与收敛区间的联系．若一个幂级数的收敛区间为 (a, b)，则其收敛半径 $R=\dfrac{b-a}{2}$.

为了求最简单的幂级数——x 的幂级数 $\sum\limits_{n=0}^{\infty}a_nx^n$ 的收敛半径，收敛区间与收敛域，需记住下面的定理：

定理 9.8　若幂级数 $\sum\limits_{n=0}^{\infty}a_nx^n$ 的系数满足条件：

$$\lim_{n\to\infty}\left|\frac{a_{n+1}}{a_n}\right|=l$$

则

(1) 当 $0<l<+\infty$ 时，$R=\dfrac{1}{l}$；

(2) 当 $l=0$ 时，$R=+\infty$；

(3) 当 $l=+\infty$ 时，$R=0$.

证明：略.

根据定理 9.8，可按下列步骤求 $\sum\limits_{n=0}^{\infty}a_nx^n$ 的收敛半径，收敛区间与收敛域：

①求出极限 $\lim\limits_{n\to\infty}\left|\dfrac{a_{n+1}}{a_n}\right|=l$；

②依定理 9.8 得出收敛半径 $R=\begin{cases}\dfrac{1}{l}, & 0<l<+\infty;\\ 0, & l=+\infty;\\ +\infty, & l=0.\end{cases}$

③若 $R=\dfrac{1}{l}$，写出收敛区间为 $(-R, R)$；

④讨论端点 $x=\pm R$ 处幂级数的敛散性，写出收敛域.

例 1　求幂级数 $\sum\limits_{n=1}^{\infty}\dfrac{(-1)^{n-1}x^n}{n}$ 的收敛半径，收敛区间与收敛域.

解： $$\lim_{n\to\infty}\left|\frac{a_{n+1}}{a_n}\right|=\lim_{n\to\infty}\left|\frac{\dfrac{(-1)^n}{n+1}}{\dfrac{(-1)^{n-1}}{n}}\right|=\lim_{n\to\infty}\frac{n}{n+1}=1.$$

∴收敛半径 $R=\dfrac{1}{1}=1$，收敛区间为 $(-1, 1)$.

当 $x=1$ 时，级数为 $\sum\limits_{n=1}^{\infty}\dfrac{(-1)^{n-1}}{n}$，收敛（§ 9.3 例 1）；当 $x=-1$ 时，级数为 $-\sum\limits_{n=1}^{\infty}\dfrac{1}{n}$，

发散.

∴收敛域为 $(-1, 1]$

例 2 求幂级数 $\sum_{n=1}^{\infty}\frac{2^n}{n^2}x^n$ 的收敛半径，收敛区间与收敛域.

解： $\lim_{n\to\infty}\left|\frac{a_{n+1}}{a_n}\right|=\lim_{n\to\infty}\left|\frac{\frac{2^{n+1}}{(n+1)^2}}{\frac{2^n}{n^2}}\right|=2\lim_{n\to\infty}\frac{n^2}{(n+1)^2}=2.$

∴收敛半径 $R=\frac{1}{2}$，收敛区间为 $\left(-\frac{1}{2}, \frac{1}{2}\right)$.

当 $x=\frac{1}{2}$ 时，级数为 $\sum_{n=1}^{\infty}\frac{1}{n^2}$，为 $p=2>1$ 的 p－级数，收敛；当 $x=-\frac{1}{2}$ 时，级数为 $\sum_{n=1}^{\infty}\frac{(-1)^n}{n^2}$，收敛（绝对收敛）.

∴收敛域为 $\left[-\frac{1}{2}, \frac{1}{2}\right]$.

例 3 求幂级数 $\sum_{n=0}^{\infty}\frac{x^n}{n!}$ 的收敛半径，收敛区间与收敛域.

解： $\lim_{n\to\infty}\left|\frac{a_{n+1}}{a_n}\right|=\lim_{n\to\infty}\left|\frac{\frac{1}{(n+1)!}}{\frac{1}{n!}}\right|=\lim_{n\to\infty}\frac{1}{n+1}=0.$

∴收敛半径 $R=+\infty$，此时收敛区间与收敛域都为 $(-\infty, +\infty)$

当 $R=0$ 或 $R=+\infty$ 时，不用再讨论端点敛散性，可直接写出收敛域.

若幂级数是一般的情形 $\sum_{n=1}^{\infty}u_n(x)$，求其收敛半径，收敛区间与收敛域，可通过变量代换 $t=t(x)$，化为 $\sum_{n=0}^{\infty}a_nt^n$ 形式，再按上面方法来求，也可按下面步骤直接求：

①求出极限 $\lim_{n\to\infty}\left|\frac{u_{n+1}(x)}{u_n(x)}\right|=l(x)$；

②令 $l(x)<1$，其解集 (a, b) 即为收敛区间；

③写出收敛半径 $R=\frac{b-a}{2}$；

④讨论端点 $x=a$ 与 $x=b$ 处级数的敛散性，写出收敛域.

例 4 求幂级数 $\sum_{n=1}^{\infty}\frac{(x-3)^n}{3^n n}$ 的收敛半径，收敛区间与收敛域.

解： $\lim_{n\to\infty}\left|\frac{u_{n+1}(x)}{u_n(x)}\right|=\lim_{n\to\infty}\left|\frac{\frac{(x-3)^{n+1}}{3^{n+1}(n+1)}}{\frac{(x-3)^n}{3^n n}}\right|=\frac{|x-3|}{3}\lim_{n\to\infty}\frac{n}{n+1}=\frac{1}{3}|x-3|.$

令 $\frac{1}{3}|x-3|<1\Rightarrow 0<x<6$.

∴收敛区间为 $(0, 6)$，收敛半径为 $R=\frac{6-0}{2}=3$.

当 $x=0$ 时，级数为 $\sum_{n=1}^{\infty}\frac{(-1)^n}{n}$，收敛；当 $x=6$ 时，级数为 $\sum_{n=1}^{\infty}\frac{1}{n}$，发散.

∴收敛域为 $[0,6)$.

例 5　求幂级数 $\sum_{n=1}^{\infty}\frac{4^n x^{2n}}{n(n+1)}$ 的收敛半径，收敛区间与收敛域.

解： $\lim_{n\to\infty}\left|\frac{u_{n+1}(x)}{u_n(x)}\right|=\lim_{n\to\infty}\left|\frac{\frac{4^{n+1}x^{2n+2}}{(n+1)(n+2)}}{\frac{4^n x^{2n}}{n(n+1)}}\right|=4x^2\lim_{n\to\infty}\frac{n}{n+2}=4x^2$.

令 $4x^2<1\Rightarrow -\frac{1}{2}<x<\frac{1}{2}$.

∴收敛区间为 $\left(-\frac{1}{2},\frac{1}{2}\right)$，收敛半径为 $R=\frac{1}{2}$.

当 $x=\pm\frac{1}{2}$ 时，级数都为 $\sum_{n=1}^{\infty}\frac{1}{n(n+1)}$，收敛（§ 9.1 例 4).

∴收敛域为 $\left[-\frac{1}{2},\frac{1}{2}\right]$.

注： 形如 $\sum_{n=0}^{\infty}a_n x^{2n}$ 或 $\sum_{n=0}^{\infty}a_n x^{2n-1}$ 的幂级数，分别称为缺奇数项或缺偶数项的幂级数. 对此两类幂级数，不能再依定理 9.8 求其收敛半径. 事实上，可证明它们的收敛半径 R 与 $\lim_{n\to\infty}\left|\frac{a_{n+1}}{a_n}\right|=l$ 有如下关系：

$$R=\begin{cases}\frac{1}{\sqrt{l}}, & 0<l<+\infty;\\ 0, & l=+\infty;\\ +\infty, & l=0.\end{cases}$$

三、幂级数的性质

幂级数有如下性质：

(1)（四则运算性质）设幂级数 $\sum_{n=0}^{\infty}a_n x^n=S(x)$，$\sum_{n=0}^{\infty}b_n x^n=W(x)$ 其收敛半径分别为 R_1 和 R_2，取 $R=\min\{R_1,R_2\}$，则对 $\forall x\in(-R,R)$ 有：

① $\sum_{n=0}^{\infty}a_n x^n\pm\sum_{n=0}^{\infty}b_n x^n=\sum_{n=0}^{\infty}(a_n\pm b_n)x^n=S(x)\pm W(x)$，且在 $(-R,R)$ 内绝对收敛；

② $\left(\sum_{n=0}^{\infty}a_n x^n\right)\left(\sum_{n=0}^{\infty}b_n x^n\right)=\sum_{n=0}^{\infty}(a_0b_n+a_1b_{n-1}+\cdots+a_nb_0)x^n=S(x)W(x)$，且在 $(-R,R)$ 内绝对收敛；

③当 $b_0\neq 0$ 时，$\frac{\sum_{n=0}^{\infty}a_n x^n}{\sum_{n=0}^{\infty}b_n x^n}=\sum_{n=0}^{\infty}c_n x^n=\frac{S(x)}{W(x)}$.

这里 c_n 可由待定系数法逐个求出.

(2)(分析性质)若幂级数 $\sum_{n=0}^{\infty}a_nx^n$ 的收敛半径为 $R>0$,且其和函数为 $S(x)$,则有

①$S(x)$ 在 $(-R, R)$ 内是连续函数;

②$S(x)$ 在 $(-R, R)$ 内可导,且

$$S'(x)=\left(\sum_{n=0}^{\infty}a_nx^n\right)'=\sum_{n=0}^{\infty}(a_nx^n)'=\sum_{n=0}^{\infty}na_nx^{n-1}, x\in(-R, R);$$

③$S(x)$ 在 $(-R, R)$ 内可积,且

$$\int_0^x S(t)dt=\int_0^x\left(\sum_{n=0}^{\infty}a_nt^n\right)dt=\sum_{n=0}^{\infty}\int_0^x a_nt^ndt=\sum_{n=0}^{\infty}\frac{a_n}{n+1}x^{n+1}, x\in(-R, R).$$

例 6 求幂级数 $\sum_{n=2}^{\infty}\frac{x^{n-2}}{3^nn}$ 的收敛域与和函数.

解: $\lim\limits_{n\to\infty}\left|\frac{a_{n+1}}{a_n}\right|=\lim\limits_{n\to\infty}\left|\frac{\frac{1}{3^{n+1}(n+1)}}{\frac{1}{3^nn}}\right|=\frac{1}{3}\lim\limits_{n\to\infty}\frac{n}{n+1}=\frac{1}{3}.$

收敛半径 $R=3$,收敛区间 $(-3, 3)$.

当 $x=-3$ 时,级数为 $\frac{1}{9}\sum_{n=2}^{\infty}\frac{(-1)^n}{n}$,收敛;当 $x=3$ 时,级数为 $\frac{1}{9}\sum_{n=2}^{\infty}\frac{1}{n}$,发散.

∴收敛域为 $[-3, 3)$.

设 $S(x)$ 为所求和函数,则

$$x^2S(x)=\sum_{n=2}^{\infty}\frac{x^n}{3^nn},$$

$$[x^2S(x)]'=\sum_{n=2}^{\infty}\frac{x^{n-1}}{3^n}=\frac{1}{3}\sum_{n=2}^{\infty}\left(\frac{x}{3}\right)^{n-1}=\frac{1}{3}\cdot\frac{\frac{x}{3}}{1-\frac{x}{3}}=-\frac{1}{3}+\frac{1}{3-x}.$$

积分得

$$\int_0^x[t^2S(t)]'dt=-\frac{1}{3}\int_0^x dt+\int_0^x\frac{dt}{3-t},$$

$$x^2S(x)=-\frac{x}{3}+\ln 3-\ln(3-x),$$

$$\therefore S(x)=-\frac{1}{3x}+\frac{\ln 3-\ln(3-x)}{x^2}, \quad x\neq 0.$$

当 $x=0$ 时,直接求得 $S(0)=\frac{1}{18}$.

$$\therefore S(x)=\begin{cases}-\frac{1}{3x}+\frac{\ln 3-\ln(3-x)}{x^2}, & x\in[-3, 0)\cup(0, 3);\\ \frac{1}{18}, & x=0.\end{cases}$$

§9.5 函数的幂级数展开

一、泰勒级数

在实际问题中，常会遇到这样一个问题：对给定函数 $f(x)$，能否找到一个幂级数，它在某区间内的和函数恰为 $f(x)$？若能找到这样的幂级数，则称函数 $f(x)$ 在该区间内能展开成幂级数，而这个幂级数在该区间内就表示了函数 $f(x)$. 函数 $f(x)$ 在什么条件下才能展开成幂级数呢？下面的两个定理回答了这个问题.

定理 9.9（泰勒中值定理） 若函数 $f(x)$ 在点 x_0 的某邻域内，有连续的 $n+1$ 阶导数，则对该邻域内的任一点 x，总有

$$f(x)=f(x_0)+f'(x_0)(x-x_0)+\frac{f''(x_0)}{2!}(x-x_0)^2+\cdots+\frac{f^{(n)}(x_0)}{n!}(x-x_0)^n+R_n(x) \tag{9.1}$$

其中，$R_n(x)=\dfrac{f^{(n+1)}(\xi)}{(n+1)!}(x-x_0)^{n+1}$（$\xi$ 介于 x_0 与 x 之间） (9.2)

证明：略.

(9.1) 式称为函数 $f(x)$ 的泰勒公式，(9.2) 式称为拉格朗日余项.

特别地，当 $x_0=0$ 时，(9.1) 式化为：

$$f(x)=f(0)+f'(0)x+\frac{f''(0)}{2!}x^2+\cdots+\frac{f^{(n)}(0)}{n!}x^n+R_n(x) \tag{9.3}$$

上式称为麦克劳林公式，其中 $R_n(x)=\dfrac{f^{(n+1)}(\xi)}{(n+1)!}x^{n+1}$（$\xi$ 介于 0 与 x 之间）

定理 9.10 设函数 $f(x)$ 在点 x_0 的某邻域内具有各阶导数，则当且仅当 $f(x)$ 的泰勒公式中的余项 $R_n(x)$ 满足条件 $\lim\limits_{n\to\infty}R_n(x)=0$ 时，$f(x)$ 在该邻域内可展开成幂级数：

$$f(x)=\sum_{n=0}^{\infty}\frac{f^{(n)}(x_0)}{n!}(x-x_0)^n \tag{9.4}$$

证明：略.

(9.4) 式称为 $f(x)$ 的泰勒级数.

特别地，当 $x_0=0$ 时，(9.4) 式化为：

$$f(x)=\sum_{n=0}^{\infty}\frac{f^{(n)}(0)}{n!}x^n \tag{9.5}$$

(9.5) 式称为 $f(x)$ 的麦克劳林级数.

二、函数的幂级数展开

要把函数 $f(x)$ 展开成 x 的幂级数，即 (9.5) 式，可用直接展开法按如下步骤进行：

①求出 $f(x)$ 在 $x=0$ 处的各阶导数值 $f^{(n)}(0)(n=0, 1, 2, \cdots)$；

②写出幂级数 $\sum\limits_{n=0}^{\infty}\dfrac{f^{(n)}(0)}{n!}x^n$，并求出收敛域；

③验证 $\lim\limits_{n\to\infty}R_n(x)=0$，若成立，则在该收敛域内 $f(x)$ 可展开成 x 的幂级数；

$$f(x)=\sum_{n=0}^{\infty}\frac{f^{(n)}(0)}{n!}x^n.$$

例 1 将函数 $f(x)=e^x$ 展开成 x 的幂级数.

解： $\because f^{(n)}(x)=(e^x)^{(n)}=e^x$，

$\therefore f^{(n)}(0)=1.$

得 $\sum\limits_{n=0}^{\infty}\frac{f^{(n)}(0)}{n!}x^n=\sum\limits_{n=0}^{\infty}\frac{x^n}{n!}$，收敛域为 $(-\infty,+\infty)$（§ 9.4 例 3）.

又 $|R_n(x)|=\left|\frac{e^{\xi}}{(n+1)!}x^{n+1}\right|<e^{|x|}\frac{|x|^{n+1}}{(n+1)!}\to 0(n\to\infty)$，

故 $\lim\limits_{n\to\infty}R_n(x)=0$.

$$\therefore e^x=\sum_{n=0}^{\infty}\frac{x^n}{n!}\ (-\infty<x<+\infty). \tag{9.6}$$

例 2 将函数 $f(x)=\sin x$ 展开成 x 的幂级数.

解： $f^{(n)}(x)=\sin\left(x+\frac{n\pi}{2}\right)(n=1,2,\cdots)$.

$\therefore f(0)=0$，$f'(0)=1$，$f''(0)=0$，$f'''(0)=-1$，…，$f^{2k}(0)=0$，$f^{2k+1}(0)=(-1)^k$，…

得 $\sum\limits_{n=0}^{\infty}(-1)^n\frac{x^{2n+1}}{(2n+1)!}=x-\frac{x^3}{3!}+\frac{x^5}{5!}-\cdots+(-1)^n\frac{x^{2n+1}}{(2n+1)!}+\cdots$

易求出其收敛域为 $(-\infty,+\infty)$.

又 $|R_n(x)|=\left|\frac{\sin\left(\xi+\frac{n+1}{2}\pi\right)}{(n+1)!}x^{n+1}\right|\leqslant\frac{|x|^{n+1}}{(n+1)!}\to 0(n\to\infty)$.

故 $\lim\limits_{n\to\infty}R_n(x)=0$.

$$\therefore \sin x=\sum_{n=0}^{\infty}(-1)^n\frac{x^{2n+1}}{(2n+1)!}(-\infty<x<+\infty). \tag{9.7}$$

按类似方法，可得

$$(1+x)^{\alpha}=1+\alpha x+\frac{\alpha(\alpha-1)}{2!}x^2+\cdots+\frac{\alpha(\alpha-1)(\alpha-2)\cdots(\alpha-n+1)}{n!}x^n+\cdots$$

$$(-1<x<1) \tag{9.8}$$

(9.8) 式在端点 $x=\pm 1$ 处是否成立，取决于 α 的值. 在 (9.8) 式中，当 $\alpha=-1$ 时，有

$$\frac{1}{1+x}=1-x+x^2-\cdots+(-1)^n x^n+\cdots=\sum_{n=0}^{\infty}(-1)^n x^n(-1<x<1) \tag{9.9}$$

除了直接展开法外，还可用间接展开法求函数的幂级数展开式. 间接展开法是以一些函数的展开式（如 (9.6)—(9.9) 式）为基础，利用幂级数的性质、变量代换等手段，求出函数幂级数展开式的方法.

例 3 将函数 $f(x)=\cos x$ 展开成 x 的幂级数.

解： 注意到 $\sin x=\sum\limits_{n=0}^{\infty}(-1)^n\frac{x^{2n+1}}{(2n+1)!}(-\infty<x<+\infty)$，

对上式两端求导得

$$\cos x=(\sin x)'=\sum_{n=0}^{\infty}\left[(-1)^n\frac{x^{2n+1}}{(2n+1)!}\right]'$$
$$=\sum_{n=0}^{\infty}(-1)^n\frac{x^{2n}}{(2n)!}(-\infty<x<+\infty).\qquad(9.10)$$

例 4　将函数 $f(x)=\ln(1+x)$ 展开成 x 的幂级数.

解：注意到 $\dfrac{1}{1+x}=\sum\limits_{n=0}^{\infty}(-1)^nx^n(-1<x<1)$，

对上式两端在 $[0,x]$ 上积分得

$$\ln(1+x)=\sum_{n=0}^{\infty}\int_0^x(-1)^nt^ndt=\sum_{n=0}^{\infty}(-1)^n\frac{x^{n+1}}{n+1}.$$

即 $\ln(1+x)=\sum\limits_{n=1}^{\infty}(-1)^{n-1}\dfrac{x^n}{n}$

$$=x-\frac{x^2}{2}+\frac{x^3}{3}-\cdots+(-1)^{n-1}\frac{x^n}{n}+\cdots(-1<x\leqslant 1).\qquad(9.11)$$

其中（9.11）式中的收敛域，利用了§9.4 例 1 结果. 以上给出的（9.6）—（9.11）式，都是基本公式.

例 5　将函数 $f(x)=\ln\left(1-\dfrac{x^2}{2}\right)$展开成 x 的幂级数.

解：注意到 $\ln(1+x)=\sum\limits_{n=1}^{\infty}(-1)^{n-1}\dfrac{x^n}{n}(-1<x\leqslant 1)$，

$$\therefore \ln\left(1-\frac{x^2}{2}\right)=\sum_{n=1}^{\infty}(-1)^{n-1}\frac{\left(-\frac{x^2}{2}\right)^n}{n}=-\sum_{n=1}^{\infty}\frac{x^{2n}}{2^nn}.$$

由 $-1<-\dfrac{x^2}{2}\leqslant 1\Rightarrow-\sqrt{2}<x<\sqrt{2}$，收敛域为 $(-\sqrt{2},\sqrt{2})$.

即 $\ln\left(1-\dfrac{x^2}{2}\right)=-\sum\limits_{n=1}^{\infty}\dfrac{x^{2n}}{2^nn}(-\sqrt{2}<x<\sqrt{2})$.

例 6　将函数 $f(x)=\dfrac{1}{x^2}$展开成 $(x-1)$ 的幂级数.

解：$\dfrac{1}{x}=\dfrac{1}{1+(x-1)}=\sum\limits_{n=0}^{\infty}(-1)^n(x-1)^n(0<x<2)$，

对上式两端求导得

$$-\frac{1}{x^2}=\sum_{n=1}^{\infty}(-1)^nn(x-1)^{n-1}\text{ 或 }\frac{1}{x^2}=\sum_{n=1}^{\infty}(-1)^{n-1}n(x-1)^{n-1}.$$

$$\therefore \frac{1}{x^2}=\sum_{n=0}^{\infty}(-1)^n(n+1)(x-1)^n(0<x<2).$$

习题九

(A)

1. 判定下列级数的敛散性：

(1) $\dfrac{1}{5}-\dfrac{1}{5^2}+\dfrac{1}{5^3}-\cdots+\dfrac{(-1)^{n-1}}{5^n}+\cdots$

(2) $1+2+3+\cdots+n+\cdots$

(3) $\frac{1}{2}+\frac{2}{3}+\frac{3}{4}+\frac{4}{5}+\cdots+\frac{n}{n+1}+\cdots$

(4) $\left(\frac{1}{2}+\frac{1}{3}\right)+\left(\frac{1}{4}+\frac{1}{9}\right)+\left(\frac{1}{8}+\frac{1}{27}\right)+\cdots$

(5) $\frac{1}{2}+\frac{1}{\sqrt{2}}+\frac{1}{\sqrt[3]{2}}+\cdots+\frac{1}{\sqrt[n]{2}}+\cdots$

(6) $\frac{3}{8}+\frac{3^2}{8^2}+\frac{3^3}{8^3}+\cdots+\frac{3^n}{8^n}+\cdots$

(7) $\frac{1}{1\cdot 3}+\frac{1}{3\cdot 5}+\frac{1}{5\cdot 7}+\cdots+\frac{1}{(2n-1)(2n+1)}+\cdots$

(8) $(2-1)+(2^2-2)+(2^3-2^2)+\cdots+(2^n-2^{n-1})+\cdots$

2. 判断级数 $\sum\limits_{n=1}^{\infty}\frac{4^{n+1}-3\cdot 2^n}{5^n}$ 的敛散性，收敛时求其和.

3. 用比较判别法或其极限形式判定下列级数的敛散性：

(1) $\sum\limits_{n=1}^{\infty}\frac{1}{n^2+1}$　(2) $\sum\limits_{n=1}^{\infty}\frac{2n-1}{n^2+2n}$

(3) $1+\frac{1}{3}+\frac{1}{5}+\frac{1}{7}+\cdots+\frac{1}{2n-1}+\cdots$　(4) $\sum\limits_{n=1}^{\infty}\frac{1}{n\sqrt{n+1}}$

(5) $1+\frac{1}{3^2}+\frac{1}{5^2}+\frac{1}{7^2}+\cdots+\frac{1}{(2n-1)^2}+\cdots$

(6) $\sum\limits_{n=1}^{\infty}\sin\frac{\pi}{n}$　(7) $\sum\limits_{n=1}^{\infty}\left(1-\cos\frac{\pi}{n}\right)$　(8) $\sum\limits_{n=1}^{\infty}\ln\left(1+\frac{1}{2^n}\right)$

4. 用比值判别法判定下列级数的敛散性：

(1) $\sum\limits_{n=1}^{\infty}\frac{5^n}{n\cdot 2^n}$　(2) $\sum\limits_{n=1}^{\infty}\frac{10^n}{n!}$

(3) $\sum\limits_{n=1}^{\infty}\frac{n^n}{3^n\cdot n!}$　(4) $\sum\limits_{n=1}^{\infty}\frac{(n!)^2}{(2n)!}$

(5) $\frac{1}{2}+\frac{3}{2^2}+\frac{5}{2^3}+\frac{7}{2^4}+\cdots$　(6) $\frac{1}{1!}+\frac{1}{3!}+\frac{1}{5!}+\frac{1}{7!}+\cdots$

(7) $\sum\limits_{n=1}^{\infty}\frac{3^n}{n^2}$　(8) $\sum\limits_{n=1}^{\infty}n\sin\frac{\pi}{3^n}$

*5. 用根值判别法判定下列级数的敛散性：

(1) $\sum\limits_{n=1}^{\infty}\left(\frac{n}{3n-1}\right)^n$　(2) $\sum\limits_{n=1}^{\infty}\left(\frac{3n+2}{2n+1}\right)^n$

(3) $\sum\limits_{n=1}^{\infty}\frac{(n+1)^{n^2}}{3^n\cdot n^{n^2}}$　(4) $\sum\limits_{n=1}^{\infty}\left(\frac{n}{2n+1}\right)^{2n}$

6. 判定下列交错级数的敛散性：

(1) $1-\frac{1}{\sqrt{2}}+\frac{1}{\sqrt{3}}-\frac{1}{\sqrt{4}}+\cdots$　(2) $1-\frac{1}{2!}+\frac{1}{3!}-\frac{1}{4!}+\cdots$

(3) $\sqrt{2}-\sqrt{\frac{3}{2}}+\cdots+(-1)^{n-1}\sqrt{\frac{n+1}{n}}+\cdots$

7. 判定下列级数是绝对收敛，条件收敛还是发散?

(1) $\frac{1}{2}-\frac{1}{2\cdot 2^2}+\frac{1}{3\cdot 2^3}-\frac{1}{4\cdot 2^4}+\cdots$　　(2) $\sum_{n=1}^{\infty}(-1)^{n-1}\frac{n}{3^{n-1}}$

(3) $\sum_{n=1}^{\infty}\frac{\sin na}{n^2}$　　(4) $\sum_{n=1}^{\infty}(-1)^{n-1}\frac{2n}{3n+1}$

8. 求下列幂级数的收敛半径，收敛区间与收敛域：

(1) $\sum_{n=1}^{\infty}\frac{x^n}{n}$　　(2) $\sum_{n=1}^{\infty}\frac{x^n}{(2n-1)(2n)}$

(3) $\sum_{n=1}^{\infty}\frac{x^{n-1}}{3^{n-1}n}$　　(4) $\sum_{n=1}^{\infty}\frac{2^n x^n}{n^2+1}$

(5) $\sum_{n=1}^{\infty}\frac{5^n+(-3)^n}{n}x^n$　　(6) $\sum_{n=1}^{\infty}(-1)^n\frac{x^{2n+1}}{2n+1}$

(7) $\sum_{n=1}^{\infty}\frac{(x-5)^n}{\sqrt{n}}$　　(8) $\sum_{n=1}^{\infty}(\sqrt{n+1}-\sqrt{n})2^n x^{2n}$

9. 求下列幂级数的和函数：

(1) $\sum_{n=1}^{\infty}nx^{n-1}$　　(2) $\sum_{n=1}^{\infty}\frac{x^{2n-1}}{2n-1}$　　(3) $\sum_{n=1}^{\infty}\frac{1}{n2^n}x^{n-1}$

10. 利用直接展开法将下列函数展开成 x 的幂级数：

(1) $f(x)=a^x(a>0，a\neq 1)$　　(2) $f(x)=\sin\frac{x}{2}$

11. 利用间接展开法将下列函数展开成 x 的幂级数：

(1) $f(x)=e^{-\frac{x^2}{2}}$　　(2) $f(x)=x^2e^{-x}$

(3) $f(x)=\frac{1}{3-x}$　　(4) $f(x)=\sin 2x$

(5) $f(x)=\cos^2 x$　　(6) $f(x)=\ln\sqrt{\frac{1+x}{1-x}}$

12. 把下列函数展开成 $x-1$ 的幂级数：

(1) $f(x)=\frac{1}{x}$　　(2) $f(x)=\ln x$

(3) $f(x)=e^x$

(B)

1. 单项选择题：

(1) $\lim\limits_{n\to\infty}u_n=0$ 是级数 $\sum_{n=1}^{\infty}u_n$ 收敛的（　　）

(A) 充分条件　　(B) 必要条件　　(C) 充要条件　　(D) 无关条件

(2) 若级数 $\sum_{n=1}^{\infty}u_n$ 收敛，则下列级数中发散的是（　　）

(A) $\sum_{n=1}^{\infty}100u_n$　　(B) $\sum_{n=1}^{\infty}(u_n+100)$

(C) $100+\sum_{n=1}^{\infty}u_n$　　(D) $\sum_{n=1}^{\infty}u_{n+100}$

(3) 幂级数 $\sum_{n=1}^{\infty}(-1)^{n-1}\frac{x^n}{n}$ 的收敛域是（　　）

(A) $[-1, 1]$　　(B) $[-1, 1)$　　(C) $(-1, 1)$　　(D) $(-1, 1]$

(4) 设 $\sum_{n=1}^{\infty}u_n$ 为正项级数，则下列说法中不正确的是（　　）

(A) $\lim_{n\to\infty}u_n=2$，则级数 $\sum_{n=1}^{\infty}u_n$ 发散

(B) $\lim_{n\to\infty}\frac{u_{n+1}}{u_n}=2$，则级数 $\sum_{n=1}^{\infty}u_n$ 发散

(C) $\lim_{n\to\infty}u_n=0$，则级数 $\sum_{n=1}^{\infty}u_n$ 收敛

(D) $\lim_{n\to\infty}\frac{u_{n+1}}{u_n}=0$，则级数 $\sum_{n=1}^{\infty}u_n$ 收敛

(5) 若级数 $\sum_{n=1}^{\infty}a_n$ 收敛，则级数（　　）

(A) $\sum_{n=1}^{\infty}|a_n|$ 收敛　　(B) $\sum_{n=1}^{\infty}(-1)^n a_n$ 收敛

(C) $\sum_{n=1}^{\infty}a_n a_{n+1}$ 收敛　　(D) $\sum_{n=1}^{\infty}\frac{a_n+a_{n+1}}{2}$ 收敛

(6) 级数 $\sum_{n=1}^{\infty}(-1)^n\frac{n+a}{n+1}\cdot\frac{1}{\sqrt{n}}$（　　）

(A) 绝对收敛　　(B) 条件收敛

(C) 发散　　(D) 敛散性与 a 有关

(7) 设 $\{u_n\}$ 是数列，则下列命题正确的是（　　）

(A) 若 $\sum_{n=1}^{\infty}u_n$ 收敛，则 $\sum_{n=1}^{\infty}(u_{2n-1}+u_{2n})$ 收敛

(B) 若 $\sum_{n=1}^{\infty}(u_{2n-1}+u_{2n})$ 收敛，则 $\sum_{n=1}^{\infty}u_n$ 收敛

(C) 若 $\sum_{n=1}^{\infty}u_n$ 收敛，则 $\sum_{n=1}^{\infty}(u_{2n-1}-u_{2n})$ 收敛

(D) 若 $\sum_{n=1}^{\infty}(u_{2n-1}-u_{2n})$ 收敛，则 $\sum_{n=1}^{\infty}u_n$ 收敛

2. 填空题：

(1) 幂级数 $\sum_{n=1}^{\infty}\frac{x^{n-1}}{n\cdot 2^n}$ 的收敛域是____________.

(2) 幂级数 $\sum_{n=1}^{\infty}\frac{(-1)^{n-1}x^{2n+1}}{n(2n-1)}$ 的收敛半径 $R=$____________.

(3) 级数 $\sum_{n=1}^{\infty}\frac{1}{\sqrt{n(n+1)(n+2)}}$ 的敛散性为____________.

(4) 幂级数 $\sum_{n=1}^{\infty}\frac{(2x+1)^n}{n}$ 的收敛区间是____________.

(5) 级数 $\sum_{n=1}^{\infty}\frac{1}{(3n-1)(3n+2)}$ 的和为________________.

(6) 级数 $\sum_{n=1}^{\infty}\frac{n+1}{\sqrt{n^5-3n^3+2}}$ 的敛散性为________________.

(7) 幂级数 $\sum_{n=1}^{\infty}\frac{e^n-(-1)^n}{n^2}x^n$ 的收敛半径 $R=$________________.

(8) 函数 $f(x)=x\arctan x$ 展开成 x 的幂级数为 $f(x)=$________________.

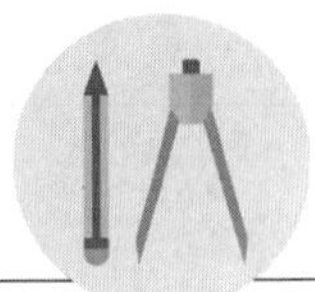

*第 10 章　微积分在经济中的应用

恩格斯说过："任何一门科学的真正完善在于数学工具的广泛应用."如果经济学没有采用数学，经济学就不可能成为现代经济学. 许多经济学概念是需要用数学来定义，经济行为和经济现象也主要是通过运用数学语言来分析和研究的. 用数学语言来表达关于经济环境和个人行为方式的假设，用数学表达式来表示每个经济变量和经济规则间的逻辑关系，通过建立数学模型来研究经济问题，并且按照数学的语言逻辑地推导结论. 因此，不了解相关的数学知识，就很难准确理解概念的内涵，也就无法对相关的问题进行讨论. 微积分作为数学的一个重要分支，在经济、管理、金融和财会等社会科学领域中得到了广泛的应用. 本章，作为微积分的最后一章，我们将介绍微积分在经济中的一些简单的应用.

§10.1　导数与偏导数的应用

一、经济学中的"边际函数"

在经济学中一般提到某函数的"边际函数"时，通常指的是该函数的导数或偏导数.

例如：

1. 边际效用指消费者每消费一单位商品的增加的效用，即边际效用 $MU=U'(x)$，其中 $U(x)$ 为效用函数.

2. 边际产量指增加一单位额外投入带来的产量的增加，设生产函数为 $f(x_1, x_2)$，则边际产量 MP_1 与 MP_2 分别定义为：$MP_1=\frac{\partial f(x_1, x_2)}{\partial x_1}$，$MP_2=\frac{\partial f(x_1, x_2)}{\partial x_2}$.

3. 边际成本指增加一单位额外产量所带来的成本的增加，设成本函数为 $C(y)$（其中 y 为产量)，则边际成本 MC 定义为：$MC=C'(y)$.

4. 边际收益指增加一单位额外销售量所带来的收益的增加，设收益函数为 $R(y)$（其中 y 为销售量)，则边际收益为 $MR=R'(y)$.

5. 边际产品收益指增加一单位生产要素带来的收益的增加，设生产函数为 $y=f(x)$（其中 x 为生产要素)，市场需求为 $p(y)$，则边际产品收益 MRP 定义为：

$MRP=\frac{dR}{dx}=\frac{dR}{dy}\cdot\frac{dy}{dx}=MR\cdot MP.$

例 1　设某消费者的效用函数为 $U=xy^4$，求 U 分别对 x 与 y 的边际效用 MU_x，MU_y.

解：$MU_x=\frac{\partial U}{\partial x}=y^4$，$MU_y=\frac{\partial U}{\partial y}=4xy^3$.

例 2　已知生产函数为 $Q=\frac{10KL}{K+L}$，其中 K 为机器工作时数，L 为劳动工作时数. 求出劳动的边际产量函数，并考虑劳动的边际产量函数的增减性.

解：劳动的边际产量函数 $MP_L=\frac{\partial Q}{\partial L}=\left(\frac{10KL}{K+L}\right)'_L=\frac{10K^2}{(K+L)^2}$.

$\frac{\partial}{\partial L}(MP_L)=\left[\frac{10K^2}{(K+L)^2}\right]'_L=-\frac{20K^2}{(K+L)^3}<0$

所以，该生产函数的劳动边际产量函数为减函数.

例 3　设一垄断厂商面临的需求函数为 $Q=12-P$，成本函数为 $C=Q^3/3-30Q$. 求该厂商的边际收益函数与边际成本函数.

解：收益函数 $R=PQ=(12-Q)Q=12Q-Q^2$

所以，边际收益函数 $MR=\frac{dR}{dQ}=(12Q-Q^2)'=12-2Q$

边际成本函数 $MC=\frac{dC}{dQ}=(Q^3/3-30Q)'=Q^2-30$.

例 4　设某垄断者的需求函数为 $p=80-5Q$，生产函数 $Q=\sqrt{y}$，产品 Q 是用一种生产要素 y 生产的. 求当 $y=4$ 时的边际产品收益 $MRP\mid_{y=4}$，并解释其经济学意义.

解：收益函数 $R=pQ=(80-5Q)Q$

边际收益函数 $MR=\frac{dR}{dQ}=80-10Q$

边际产量函数 $MP=\frac{dQ}{dy}=\frac{1}{2\sqrt{y}}$

所以，边际产品收益函数 $MRP=MR\cdot MP=\frac{80-10Q}{2\sqrt{y}}=\frac{80-10\sqrt{y}}{2\sqrt{y}}$.

当 $y=4$ 时的边际产品收益 $MRP\mid_{y=4}=15$.

其经济学意义是：在生产要素为 4 单位的基础上，再增加 1 单位生产要素的投入，收益将增加大约 15 单位.

二、经济学中的"弹性"

"弹性"是经济学中常用来计量一个变量对另一个变量变化的敏感度的一个概念. 具体而言，它表示一个变量变化百分之一时，另一个变量相应变化的百分比. 弹性分为"弧弹性"（曲线上两点之间的弹性）与"点弹性"（曲线上某点处的弹性），本节只讨论点弹性的情形，下面所提到的"弹性"，如果不作特别的说明指的都是"点弹性". 一般的，变量 Y 对变量 X 的点弹性定义为：$E_{YX}=\frac{dY/Y}{dX/X}=\frac{X}{Y}\cdot\frac{dY}{dX}$.

在经济学中，较常见的弹性有：

1. 需求价格弹性 E_d 定义为：$E_d=\frac{P}{Q}\cdot\frac{dQ}{dP}$，其中 $Q=Q(P)$ 为需求函数. 需求价格弹性也可简称为需求弹性. 由于需求曲线斜率为负，所以需求弹性也是负的. 当某种商品的需求弹性的绝对值大于 1 时，说这种商品需求富有弹性；当某种商品的需求弹性的绝对值小于 1 时，说这种商品需求缺乏弹性；当某种商品的需求弹性的绝对值等于 1 时，说这种商品需求具有单位弹性.

2. A 商品需求量对 B 商品价格的交叉价格弹性 E_{AB} 定义为：$E_{AB}=\frac{P_B}{Q_A}\cdot\frac{dQ_A}{dP_B}$，其中 Q_A 为商品 A 的需求量，P_B 为商品 B 的价格. 当交叉价格弹性大于零时，两种商品互为替代品；当交叉价格弹性小于零时，两种商品互为互补品；当交叉价格弹性等于零时，两种商品互不关联.

3. 需求收入弹性 E_M 定义为：$E_M=\frac{M}{Q}\cdot\frac{\partial Q}{\partial M}$，其中 $Q=Q(P,M)$，这里我们假定需求 Q 是由价格 P 与收入 M 共同决定的一个二元函数.

4. 供给价格弹性 E_S 定义为：$E_S=\frac{P}{Q}\cdot\frac{dQ}{dP}$，其中 $Q=S(P)$ 为供给函数. 供给价格弹性也可简称为供给弹性.

例 5 某种商品的反需求函数为 $P=100-\sqrt{Q}$，求价格 $P=60$ 时的需求弹性 $E_d\big|_{P=60}$，并说明其经济意义.

解： 由 $P=100-\sqrt{Q}$，得 $Q=(100-P)^2$

所以，$E_d=\frac{P}{Q}\cdot\frac{dQ}{dP}=-2(100-P)\cdot\frac{P}{(100-P)^2}=\frac{-2P}{100-P}$.

于是，$E_d\big|_{P=60}=\frac{-2\cdot 60}{100-60}=-3$.

$E_d\big|_{P=60}=-3$ 说明，当这种商品的价格为 $P=60$ 时，每提高该商品价格的 1%，其需求量将下降 3%.

例 6 某种商品的需求函数为 $Q=\frac{M}{P^n}$，其中 M 为收入，P 为价格，n 为常数. 求需求收入弹性，并说明其经济意义.

解： $E_M=\frac{M}{Q}\cdot\frac{\partial Q}{\partial M}=\frac{M}{\frac{M}{P^n}}\cdot\frac{1}{P^n}=1$

这说明，当消费者的收入提高 1%时，该商品的需求量也将提高 1%.

例 7 假定市场的产品需求如下：$Q_R=e^{0.5}P_R^{-3}P_{CD}^{1.5}I^{1.1}$，$R$ 指唱片，CD 指压缩碟片，I 为总收入. 求唱片与 CD 之间的交叉价格弹性，并判定它们互为替代品还是互补品？

解： $E_{R,CD}=\frac{P_{CD}}{Q_R}\cdot\frac{\partial Q_R}{\partial P_{CD}}=\frac{P_{CD}}{e^{0.5}P_R^{-3}P_{CD}^{1.5}I^{1.1}}\cdot 1.5e^{0.5}P_R^{-3}P_{CD}^{0.5}I^{1.1}=1.5$

因为 $E_{R,CD}>0$，所以唱片与 CD 之间互为替代品.

例 8 设某种商品的需求函数为 $Q=Q(P)$，分别讨论当该商品需求富有弹性、缺乏弹性与单位弹性时，涨价对收益的影响.

解：收益 $R=PQ$，则

$$\frac{dR}{dP}=Q+P\frac{dQ}{dP}=Q\left(1+\frac{P}{Q}\cdot\frac{dQ}{dP}\right)=Q(1-|E_d|)$$

故当商品需求富有弹性时，$|E_d|>1$，从而$\frac{dR}{dP}<0$，涨价会收起收益下降；当商品需求缺乏弹性时，$|E_d|<1$，从而$\frac{dR}{dP}>0$，涨价会收起收益上升；当商品需求单位弹性时，$|E_d|=1$，从而$\frac{dR}{dP}=0$，涨价对收益没有影响.

§10.2　极值与最值的应用

一、效用最大化与需求函数

在消费者选择的经济模型中，假定人们总是选择他们所能支付得起的最佳商品束，即消费者总是从其可行的消费束的集合中选择使自己效用最大化的消费束. 这用数学式表达就是：

$$\max_{x_1\geqslant 0,x_2\geqslant 0} U(x_1, x_2)$$

$$s.t.\quad p_1x_1+p_2x_2=m$$

其中 x_1、x_2 为消费者消费的两种商品，p_1、p_2 分别为这两种商品的价格，m 为消费者的收入，$U(x_1, x_2)$ 为消费者的效用函数.

需求函数是指消费者对商品 x_1、x_2 的需求量与 p_1、p_2 和 m 的数量关系. 在消费者偏好既定且已知的条件下，求消费者对商品 x_1、x_2 的需求函数，实际上，就是求上述条件极值问题使效用函数 $U(x_1, x_2)$ 最大化的点 x_1、x_2.

例 1　某消费者对 (x_1, x_2) 的效用函数是 $u(x_1, x_2)=x_1^2x_2$，求该消费者对 x_1，x_2 的需求函数.

解：消费者的效用最大化问题为：

$$\max_{x_1,x_2} u(x_1, x_2)=x_1^2x_2$$

$$s.t.\quad p_1x_1+p_2x_2=m$$

构造拉格朗日函数得：

$$L=x_1^2x_2+\lambda(m-p_1x_1-p_2x_2)$$

由一阶条件得：

$$\begin{cases}2x_1x_2-\lambda p_1=0\\ x_1^2-\lambda p_2=0\\ m-p_1x_1-p_2x_2=0\end{cases}$$

解之，得该消费者对 x_1，x_2 的需求函数分别为

$$x_1=\frac{2m}{3p_1},\quad x_2=\frac{m}{3p_2}.$$

例 2　设某效用最大化的消费者其效用函数为 $U(x_1, x_2)$，则该消费者总在$\frac{MU_1}{p_1}=$

$\frac{MU_2}{p_2}$条件下，选择购买商品 x_1，x_2. 其中，p_1、p_2 分别为商品 x_1，x_2 的价格，MU_1、MU_2 分别为该消费者对商品 x_1，x_2 的边际效用.

证明： 消费者的效用最大化问题为

$$\max_{x_1\geqslant 0, x_2\geqslant 0} U(x_1, x_2)$$

$$s.t. \quad p_1x_1+p_2x_2=m$$

构造拉格朗日函数得：

$$L=U(x_1, x_2)+\lambda(m-p_1x_1-p_2x_2)$$

由一阶条件得：

$$\begin{cases}\dfrac{\partial U}{\partial x_1}-\lambda p_1=0\\[2ex]\dfrac{\partial U}{\partial x_2}-\lambda p_2=0\end{cases}$$

易得：

$$\lambda=\frac{\dfrac{\partial U}{\partial x_1}}{p_1}=\frac{\dfrac{\partial U}{\partial x_2}}{p_2}$$

即$\frac{MU_1}{p_1}=\frac{MU_2}{p_2}$.

例 3 消费者对商品 x 和在其他商品上的开支 y（价格设定为 1）的效用函数为 $u(x, y)=x-\frac{1}{2}x^2+y$.

(1) 市场上有完全同样的消费者 100 人，写出市场需求函数.

(2) 如何定价使销售收益最大?

解：(1) 首先求出单个消费者对 x 的需求函数，由例 2 结论

$$\frac{MU_x}{p_x}=\frac{MU_y}{1}\Rightarrow\frac{1-x}{p_x}=1$$

得 $x=1-p_x$

市场需求函数是单个消费者需求函数的加总

$$X=100x=100(1-p_x)$$

(2) 销售收益 $R=p_xX=100(p_x-p_x^2)$，则

$$\frac{dR}{dp_x}=100(1-2p_x)=0$$

解得 $p_x=\frac{1}{2}$.

故当 $p_x=\frac{1}{2}$时，销售收益最大.

二、利润最大化与价格及产量的确定

利润是指收益减去成本，用数学公式表示就是：

$L=R-C$

在经济学中假设一个“理性”的厂商总是选择自己的价格（只有垄断时才能选择，而完全竞争市场价格由市场决定）与产量，以达到最大化自己利润的目的.

由于利润最大化时$\frac{dL}{dQ}=\frac{dR}{dQ}-\frac{dC}{dQ}=0$，所以$\frac{dR}{dQ}=\frac{dC}{dQ}$，即得利润最大化的必要条件$MR=MC$. 特别地，在完全竞争市场上价格由市场决定，可把价格看作常数，此时$MR=P$，上述必要条件转化为$P=MC$.

当然，$MR=MC$只是取得量大利润的必要条件，并非充分条件. 由微积分知识，易得利润最大化的充分条件为：$\frac{d^2R}{dQ^2}<\frac{d^2C}{dQ^2}$. 当由必要条件得出多个产量时，就需要用充分条件去判定取哪个产量时利润最大.

例 4　完全竞争行业中某厂商的成本函数为$C=Q^3-6Q^2+30Q+40$，假设产品价格为66，求利润最大化时的产量与利润总额.

解：边际成本为$MC=3Q^2-12Q+30$，在完全竞争市场中由利润最大化的必要条件$P=MC$，得

$66=3Q^2-12Q+30$

解得$Q=6$或$Q=-2$.

显然产量不能为负值，故知取$Q=6$.

当产量为 6 时利润最大，利润最大值为 176.

例 5　设垄断厂商的产品反需求函数为$P=12-0.4Q$，成本函数为$TC=0.6Q^2+4Q+5$. 求Q为多少时总利润最大，价格、总利润各为多少？

解：收益为$R=PQ=12Q-0.4Q^2$，故边际收益是$MR=12-0.8Q$.

又边际成本是$MC=1.2Q+4$，由利润最大化的必要条件$MR=MC$，得

$12-0.8Q=1.2Q+4$

解得$Q=4$，此时价格$P=10.4$，总利润$L=PQ-TC=11$.

即$Q=4$时总利润最大，价格为 10.4，总利润为 11.

例 6　一个垄断企业在两个市场里销售. 两个市场的反需求函数分别是$p_1=200-q_1$和$p_2=300-q_2$，企业的总成本函数是$c=(q_1+q_2)^2$. 若企业有能力在两个市场里制定不同的价格，求企业在两个市场里的价格分别是多少？总产量是多少？

解：企业的总利润是$L=p_1q_1+p_2q_2-c=(200-q_1)q_1+(300-q_2)q_2-(q_1+q_2)^2$一阶条件为

$$\begin{cases}\frac{\partial L}{\partial q_1}=200-2q_1-2(q_1+q_2)=0\\ \frac{\partial L}{\partial q_2}=300-2q_2-2(q_1+q_2)=0\end{cases}$$

解之$q_1=\frac{50}{3}$，$q_2=\frac{200}{3}$.

故每个市场的价格为

$p_1=200-q_1=\frac{550}{3}$，$p_2=300-q_2=\frac{700}{3}$

总产量为

$$Q=q_1+q_2=\frac{250}{3}.$$

三、成本最小化与成本函数

假设有两种生产要素 x_1 和 x_2，价格分别为 ω_1 和 ω_2，$f(x_1, x_2)$ 表示厂商的生产函数. 对于给定的产量 y，厂商追求成本最小化可以归结为如下最优化问题：

$$\min_{x_1,x_2} \omega_1 x_1+\omega_2 x_2$$

$$s.t.\quad f(x_1, x_2)=y$$

由于 ω_1、ω_2 和 y 是给定的参数，所以最小成本 c 可以表示成 ω_1、ω_2 和 y 的函数，从而得到成本函数 $c(\omega_1, \omega_2, y)$. 成本函数 $c(\omega_1, \omega_2, y)$ 就是指当要素价格为 (ω_1, ω_2) 时，生产 y 单位产量的最小成本.

在成本最小化问题中，每一种要素的最优使用量 x_1 和 x_2 都可表示成 ω_1、ω_2 和 y 的函数 $x_1(\omega_1, \omega_2, y)$，$x_2(\omega_1, \omega_2, y)$ 称为条件要素需求函数. 条件要素需求函数给出了既定产量水平的最小成本选择. 条件要素需求函数与成本函数的关系为：

$$c(\omega_1, \omega_2, y)=\omega_1\cdot x_1(\omega_1, \omega_2, y)+\omega_2\cdot x_2(\omega_1, \omega_2, y)$$

例 7 求生产函数 $y=x_1^{\alpha}x_2^{\beta}$ 的条件要素需求函数与成本函数.

解： 成本最小化问题是：

$$\min_{x_1,x_2} \omega_1 x_1+\omega_2 x_2$$

$$s.t.\quad x_1^{\alpha}x_2^{\beta}=y$$

构造拉格朗日函数：

$$L=\omega_1 x_1+\omega_2 x_2+\lambda(y-x_1^{\alpha}x_2^{\beta})$$

一阶条件为：

$$\begin{cases}\dfrac{\partial L}{\partial x_1}=\omega_1-\lambda\alpha x_1^{\alpha-1}x_2^{\beta}=0\\[2ex]\dfrac{\partial L}{\partial x_2}=\omega_2-\lambda\beta x_1^{\alpha}x_2^{\beta-1}=0\end{cases}$$

解得条件要素需求函数为

$$x_1(\omega_1, \omega_2, y)=\left(\frac{\alpha\omega_2}{\beta\omega_1}\right)^{\frac{\beta}{\alpha+\beta}}\cdot y^{\frac{1}{\alpha+\beta}}$$

$$x_2(\omega_1, \omega_2, y)=\left(\frac{\beta\omega_1}{\alpha\omega_2}\right)^{\frac{\alpha}{\alpha+\beta}}\cdot y^{\frac{1}{\alpha+\beta}}$$

长期成本函数为

$$C(\omega_1, \omega_2, y)=(\alpha+\beta)\cdot\left(\frac{\omega_1}{\alpha}\right)^{\frac{\alpha}{\alpha+\beta}}\cdot\left(\frac{\omega_2}{\beta}\right)^{\frac{\beta}{\alpha+\beta}}\cdot y^{\frac{1}{\alpha+\beta}}.$$

四、古诺模型

古诺模型是经济学中寡头垄断的一种重要模型，该模型假设市场上有两家相同的厂商，每家厂商都根据自己关于对手产量的预测选择自己利润最大化的产量，达到均衡时，每家厂商对对手产量的预测值恰好与其实际产量相吻合.

设市场反需求函数为 $p(y)$，厂商的生产成本分别为 $c_1(y)$ 和 $c_2(y)$，假定厂商 1 预期厂商 2 将生产 y_2^e 单位产量，那么厂商 1 的利润最大化问题就是：

$$\max_{y_1} p(y_1+y_2^e)y_1-c_1(y_1)$$

从而解得厂商 1 的反应曲线是：

$$y_1=f_1(y_2^e)$$

同理，可得 $y_2=f_2(y_1^e)$. 达到均衡时，有 $y_1=y_1^e$，$y_2=y_2^e$，从而联立两个式子：

$$\begin{cases} y_1=f_1(y_2) \\ y_2=f_2(y_1) \end{cases}$$

就可以得到均衡时各厂商的产量.

例 8 假定有两家厂商，它们面临的反需求函数为 $P(y)=a-by$，每家厂商的生产成本都为 $C(y)=cy$，求古诺均衡情况下每家厂商的产量.（这里 a，b，c 为大于零的常数，且 $a>c$）

解：对厂商 1，给定厂商 2 的产量 y_2，它的利润最大化目标就是：

$$\max_{y_1} [a-b(y_1+y_2)]\ y_1-cy_1$$

令目标函数的一阶导数为 0，解得厂商 1 的反应曲线是：

$$y_1=\frac{1}{2b}(a-c-by_2)$$

同理，厂商 2 的反应曲线是：

$$y_2=\frac{1}{2b}(a-c-by_1)$$

联立厂商 1 与厂商 2 的反应曲线解得：

$$y_1=y_2=\frac{a-c}{3b}.$$

§10.3 积分与微分方程的应用

一、积分的应用

（一）由边际函数求总函数

设固定成本为 C_0，边际成本为 $MC(q)$，边际收益为 $MR(q)$，则

总成本函数 $C(q)=\int_0^q MC(q)dq+C_0$

总收益函数 $R(q)=\int_0^q MR(q)dq$

总利润函数 $L(q)=\int_0^q [MR(q)-MC(q)]dq-C_0$

例 1 某产品生产的边际成本是 $MC=4+\frac{Q}{4}$，边际收益是 $MR=9-Q$，求：

（1）产量由 1 单位增加到 5 单位时，总成本与总收益各增加多少？

（2）产量为多少时利润最大？

(3) 已知固定成本 $C_0=1$，总成本和总利润函数如何？最大利润为多少？

解：(1) 当产量由 1 单位增加到 5 单位时时，总成本增加

$$\Delta C=\int_1^5 MC(Q)dQ=\int_1^5\left(4+\frac{Q}{4}\right)dQ=\left(4Q+\frac{Q^2}{8}\right)\Big|_1^5=19$$

总收益增加

$$\Delta R=\int_1^5 MR(Q)dQ=\int_1^5(9-Q)dQ=\left(9Q-\frac{1}{2}Q^2\right)\Big|_1^5=24$$

(2) 由利润最大化的必要条件 $MR=MC$，得

$$9-Q=4+\frac{Q}{4}$$

解之 $Q=4$.

即产量为 4 时利润最大

(3) 总成本函数为

$$C(Q)=\int_0^Q MC(Q)dQ+C_0=\int_0^Q\left(4+\frac{Q}{4}\right)dQ+1=\frac{1}{8}Q^2+4Q+1$$

总收益函数为

$$R(Q)=\int_0^Q MR(Q)dQ=\int_0^Q(9-Q)dQ=9Q-\frac{1}{2}Q^2$$

从而总利润函数为

$$L(Q)=R(Q)-C(Q)=-\frac{5}{8}Q^2+5Q-1$$

由 (2) 知 $Q=4$ 时总利润最大，故最大利润为 $L(4)=9$.

(二) 消费者剩余和生产者剩余

消费者剩余是指对于一件商品，消费者所愿意做出的最大支付与他的实际支付之间的差额. 假设消费者的反需求函数是 $p(q)$，则消费者剩余 CS 可表示为：

$$CS=\int_0^{Q^*}p(q)dq-p^*Q^*$$

其中 p^*，Q^* 分别表示成交价格与成交量.

生产者剩余是指对于一件商品，生产者实际收到的价格与他愿意供给的最低价格之间的差额. 假设生产者的反供给函数是 $s(q)$，则生产者剩余 SS 可表示为：

$$SS=p^*Q^*-\int_0^{Q^*}s(q)dq$$

p^*，Q^* 含义同上.

例 2 设某商品的反需求函数 $p=18-3q$，反供给函数 $p=2q+8$，求消费者剩余和生产者剩余.

解：联立反需求函数与反供给函数

$$\begin{cases}p=18-3q\\p=2q+8\end{cases}$$

解得市场均衡价格与均衡产量分别为

$p^*=12$，$q^*=2$

所以，消费者剩余为

$$CS=\int_0^2(18-3q)dq-12\cdot 2=\left(18q-\frac{3}{2}q^2\right)\Big|_0^2-24=6$$

生产者剩余为

$$SS=12\cdot 2-\int_0^2(2q+8)dq=24-(q^2+8q)\Big|_0^2=4.$$

二、微分方程的应用

微分方程对于经济数量分析，尤其是涉及连续的动态模型，是十分有用的. 在经济管理中，经常要涉及有关经济量的变化、增长、速率、边际、弹性等内容，此时通常根据微元分析将描述经济量变化形式的未知函数的导数（或微分）、未知函数和自变量之间，建立微分方程模型. 再通过求解模型，可得经济量的变化规律，利用得出的经济量的变化规律可作出预测与决策分析.

例 3　某商品的需求量 Q 对价格 P 的弹性为 $-P\ln 3$，已知该商品的最大需求量为 1 500. 求需求量 Q 对价格 P 的函数关系.

解： 由需求价格弹性的定义得

$$\frac{P}{Q}\frac{dQ}{dP}=-P\ln 3$$

当 $P=0$ 时，需求量最大，故

$$Q\big|_{P=0}=1\,500$$

分离变量得

$$\frac{dQ}{Q}=-\ln 3dP$$

两边积分得

$$\ln Q=-(\ln 3)P+\ln C$$

由初始条件得 $C=1\,500$，故所求函数为

$$Q=1\,500\times 3^{-P}.$$

例 4　求微分方程 $dP=kP(N-P)dt$（N，$k>0$，为常数）的解. 这里假设 $0<P<N$.

解： 分离变量得

$$\frac{dP}{P(N-P)}=kdt$$

两边积分得

$$\frac{1}{N}\ln\frac{P}{N-P}=kt+C$$

简化

$$\frac{P}{N-P}=e^{N(kt+C)}=Ae^{at}\Rightarrow$$

$$P=\frac{NAe^{at}}{Ae^{at}+1}=\frac{N}{1+Be^{-at}}$$

其中 $a=Nk$，$A=e^{NC}$，$B=\frac{1}{A}=e^{-NC}$.

这个方程称为逻辑斯蒂（Logistic）曲线方程. 在现实世界中，常遇到这类变量：变

量的增长率$\frac{dP}{dt}$与其现时值P、饱和值与现时值之差$N-P$都成正比．这种变量就是按逻辑斯蒂曲线方程变化的．在生物学、经济学中经常可见到这种模型．

例 5 已知某商品的需求量D和供给量S都是价格p的函数：

$D=D(p)=\frac{a}{p^2}$，$S=S(p)=bp$，其中a，$b>0$为常数．

又知价格p是时间t的函数且满足方程：

$\frac{dp}{dt}=k\ [D(p)-S(p)]$，其中$k>0$为常数．

假设当$t=0$时，$p=1$．试求：

(1) 均衡价格p_e；

(2) 价格函数$p(t)$；

(3) 极限$\lim\limits_{t\to\infty}p(t)$．

解：(1) 由$D=S$，得

$$\frac{a}{p^2}=bp$$

解之得均衡价格

$$p_e=\left(\frac{a}{b}\right)^{1/3}$$

(2) 由$\frac{dp}{dt}=k[D(p)-S(p)]$，得

$$\frac{dp}{dt}=k\left[\frac{a}{p^2}-bp\right]=\frac{kb}{p^2}\left(\frac{a}{b}-p^3\right)=\frac{kb}{p^2}(p_e^3-p^3)$$

分离变量得

$$\frac{p^2dp}{p^3-p_e^3}=-kbdt$$

两边积分得

$$p^3=p_e^3+Ce^{-3kbt}$$

由条件$p(0)=1$，得$C=1-p_e^3$，从而价格函数为

$$p(t)=[p_e^3+(1-p_e^3)e^{-3kbt}]^{1/3}$$

(3) $\lim\limits_{t\to\infty}p(t)=\lim\limits_{t\to\infty}[p_e^3+(1-p_e^3)e^{-3kbt}]^{1/3}=p_e$．

习题十

1．某厂生产某种商品的总成本函数为$C=C(x)=1\ 000+7x+50\sqrt{x}$，其中$x$为产量．求边际成本函数及当产量为100单位时的边际成本．

2．设生产x单位某种商品的总收益函数为$R=R(x)=200x-0.01x^2$，求边际收益函数及当生产50单位产品时的边际收益．

3．设某消费者的效用函数为$U=x+\sqrt{y}$，求U分别对x与y的边际效用MU_x，MU_y．

4．设生产函数为$Q=K^2L$，分别求出产量Q对资本K和劳动L的边际产量函数

MP_K，MP_L.

5. 设某垄断者的需求函数为 $P=85-3Q$，生产函数 $Q=2\sqrt{y}$，产品 Q 是用一种生产要素 y 生产的. 求边际产品收益函数 MRP 及当生产要素投入为 25 单位时的边际产品收益.

6. 设某商品的需求函数为 $Q=1\ 600\left(\frac{1}{4}\right)^P$，求需求价格弹性函数.

7. 设某商品的需求函数为 $Q=32-P^2$，求 $P=4$ 时的需求弹性，并说明其经济意义.

8. 设某商品的供给函数为 $Q=2+3P$，求供给弹性函数及 $P=1$ 时的供给弹性，并说明其经济意义.

9. 某君消费商品 x 的数量与其收入的函数关系是 $M=1\ 000Q^2$，求当收入为 6 400 时的需求收入弹性.

10. 已知商品 A 的需求函数为 $Q_A=2-2P_A-\frac{1}{8}P_B+\frac{1}{5}M$，其中 P_A 为商品 A 的价格，P_B 为另一种商品 B 的价格，M 为收入. 求当 $P_A=4$，$P_B=32$，$M=100$ 时，需求交叉价格弹性和收入弹性，并说明商品 A 与 B 互为替代品还是互补品？

11. 某消费者对（x_1，x_2）的效用函数是 $u(x_1, x_2)=x_1x_2^4$，求该消费者对 x_1，x_2 的需求函数.

12. 某消费者对（x_1，x_2）的效用函数是 $u(x_1, x_2)=x_1^{\frac{1}{3}}x_2^{\frac{1}{3}}$，求该消费者对 x_1，x_2 的需求函数.

13. 已知某君月收入 120 元，全部花费于 X 和 Y 两种商品，他的效用函数为 $U=XY$，X 的价格为 2 元，Y 的价格为 3 元. 求：

（1）为使获得的效用最大，他购买的 X 和 Y 各为多少？

（2）他获得的总效用为多少？

14. 某消费者的效用函数为 $U=X^6Y^4+1.5\ln X+\ln Y$，预算约束是 $3X+4Y=100$，求他的最优商品购买数量.

15. 某厂每批生产某种商品 x 单位的成本为 $C(x)=5x+200$，得到的收益是 $R(x)=10x-0.01x^2$，问每批生产多少单位时才能使利润最大？

16. 某厂生产某产品，成本为 $C(q)=10q+50$，该产品的需求函数为 $q=50-2p$，求产量为多少时该厂利润最大？并求该厂的最大利润.

17. 某完全竞争市场中一个小企业的产品单价是 640，成本函数为 $C=240Q-20Q^2+Q^3$，求利润最大时产量及此产量的总利润.

18. 某完全竞争市场中一个小企业的产品单价是 975，成本函数为 $C=q^3-60q^2+1\ 500q$，求利润最大时的产量.

19. 已知某垄断者的成本函数为 $C=0.5Q^2+10Q$，产品的需求函数为 $P=90-0.5Q$，计算利润最大时的产量、价格和利润.

20. 已知某垄断者的成本函数为 $C=Q^2+2Q$，产品的需求函数为 $P=10-3Q$，计算利润最大时的产量、价格和利润.

21. 设垄断者面临的需求函数和成本函数分别为 $P=100-3Q+4\sqrt{A}$ 和 $TC=4Q^2+10Q+A$，其中 A 是厂商的广告支出费用，求利润最大时的 A、Q 和 P 的值.

22. 一厂商有两个工厂，各自的成本分别为 $C_1=10Q_1^2$ 与 $C_2=20Q_2^2$，厂商面临需求曲线 $P=700-5Q$，其中 $Q=Q_1+Q_2$ 为总产量. 求利润最大化的 Q_1，Q_2，Q 和 P.

23. 某垄断者生产的某种产品在两个分割的市场出售，产品的成本函数和两个市场的需求函数分别为：

$C=Q^2+10Q$，$Q_1=32-0.4P_1$，$Q_2=18-0.1P_2$

其中 $Q=Q_1+Q_2$. 假设两个市场能实行差别价格，求利润最大时两个市场的售价与销售量分别为多少？最大利润为多少？

24. 已知某厂商的生产函数为 $Q=L^{\frac{2}{3}}K^{\frac{1}{3}}$，劳动 L 的价格 $W=2$，资本 K 价格 $i=1$，求当产量为 $Q=800$ 时，该厂商要实现成本最小化时的劳动 L、资本 K 与成本 C 分别是多少？

25. 求生产函数 $y=\min\{x_1, x_2\}$ 的条件要素需求函数与成本函数.

26. 求生产函数 $y=(x_1^{\rho}+x_2^{\rho})^{1/\rho}$ ($0\neq\rho<1$，为常数) 的成本函数.

27. 一个市场的需求函数为 $P(Y)=100-2Y$，企业的成本函数为 $c(y)=4y$. 假设市场上只有 2 个企业时，求古诺均衡的市场价格和每个企业的产量.

28. 假设有两个寡头垄断厂商的行为遵循古诺模型，它们的成本函数分别为：

$C_1=0.1q_1^2+20q_1+100\ 000$，$C_2=0.4q_2^2+32q_2+20\ 000$

这两个厂商生产一同质产品，其市场需求函数为 $Q=4\ 000-10p$. 根据古诺模型，求均衡价格和每个厂商的均衡产量.

29. 设生产某产品的固定成本为 10，当产量为 x 时的边际成本为 $MC=40-20x+3x^2$，边际收益为 $MR=32-10x$，求总利润函数与使总利润最大的产量.

30. 某厂生产某产品的固定成本为 4，边际成本为 $MC=1$，边际收益为 $MR=5-x$ (x 为产量)，求在取得最大利润的产量的基础上又生产 1 单位产品，总利润所发生的变化？

31. 设某产品的需求函数为 $p=50-0.3\sqrt{q}$，若该产品固定价格为 20，求消费者剩余.

32. 设某产品的需求函数为 $p=\dfrac{1}{4\sqrt{q}}$，求当 $p=0.05$，$q=25$ 时的消费者剩余.

33. 设某商品的需求函数 $p=5-\dfrac{q^2}{5}$，供给函数 $p=2+\dfrac{q^2}{5}$，求消费者剩余和生产者剩余.

34. 某商品的需求量 Q 对价格 P 的弹性为 $-3P^3$，已知该商品的最大需求量为 1. 求需求量 Q 对价格 P 的函数关系.

35. 某厂生产某种产品，随产量的增加，其总成本的增长率正比于产量与常数 3 之和，反比于总成本，比例系数为 1，其固定成本为 2. 试求总成本函数.

36. 已知某厂的纯利润对广告费的变化率与常数 A 和纯利润之差成正比，比例系数为 k，且没有广告时纯利润为 L_0，试求纯利润 L 与广告费 x 之间的函数关系.

37. 在宏观经济研究中发现某地区的国民收入 y、国民储蓄 S 和投资 I 均是时间 t 的函数，且储蓄是国民收入的$\dfrac{1}{10}$，投资为国民收入增长率的$\dfrac{1}{3}$，若当 $t=0$ 时，国民收入为 5

(亿元). 假设在时间 t 的储蓄全部用于投资，试求国民收入与时间的函数关系.

38. 某公司的年利润 L 随广告费 x 增加的变化率为 $\frac{dL}{dx}=5-2(L+x)$，且当 $x=0$ 时，$L=10$. 求利润与广告费的函数关系.

习题参考答案

习题一

(A)

1. (1) $f(0)=2$，$f(4)=0$，$f(-4)=-4$，$f(1)=1$，$f(\sqrt{2})=5-3\sqrt{2}$

(2) $f(0)=0$，$f(-1)=1$，$f(3)=9$，$f(0.4)=0$

(3) $f(1.5)=1$，$f(-1.5)=4$，$f(0.25)=0$

(4) $f(0)=3$，$f(1)=4$，$f(4)=10$，$f(-1)=4$，$f(-6)=39$

2. (1) $[-3, 3]$ (2) $[-2, -1)\cup(-1, 1)\cup(1, +\infty)$

(3) $(-\infty, -2]\cup(1, +\infty)$ (4) $\left\{x \mid x\neq k\pi+\frac{\pi}{4}, k\in Z\right\}$

(5) $\left\{x \mid 2k\pi-\frac{\pi}{2}<x<2k\pi+\frac{\pi}{2}, k\in Z\right\}$ (6) $[-1, 5]$ (7) $[1, 4]$ (8) R

3. (1) 不是 (2) 不是 (3) 是 (4) 不是 (5) 不是 (6) 不是

4. (1) $f(1)=0$，$f(-x)=x^2+3x+2$，$f\left(\frac{1}{x}\right)=\frac{1}{x^2}-\frac{3}{x}+2$，$f(x+1)=x^2-x$

(2) $f(-x)=\frac{1+x}{1-x}$，$f\left(\frac{1}{x}\right)=\frac{x-1}{x+1}$，$\frac{-1}{f(x)}=\frac{x+1}{x-1}$

5. (1) 偶 (2) 奇 (3) 奇 (4) 偶 (5) 非奇非偶

(6) 奇 (7) 非奇非偶 (8) 奇 (9) 偶 (10) 奇

6. (1) 增 (2) 减 (3) 增 (4) $(-\infty, 0)$单调递减，$(0, +\infty)$单调递增

7. (1) 6π (2) $\frac{\pi}{2}$ (3) 不是 (4) 不是

8. 略

9. (1) $y=\arcsin u$，$u=\lg v$，$v=\sqrt{w}$，$w=x^2-1$

(2) $y=u^3$，$u=1+v^2$，$v=\lg w$，$w=\tan x$

(3) $y=\sqrt{u}$，$u=\lg v$，$v=\sqrt{x}$

(4) $y=u^2$，$u=\lg v$，$v=\arccos w$，$w=x^3$

(5) $y=e^u$，$u=e^v$，$v=-x^2$

(6) $y=\ln u$，$u=x+\sqrt{v}$，$v=1+x^2$

10. (1) $f^{-1}(x)=\frac{x-1}{2}$，$D_{f^{-1}}=R$，$R_{f^{-1}}=R$

(2) $f^{-1}(x)=\sqrt[3]{x+1}$，$D_{f^{-1}}=R$，$R_{f^{-1}}=R$

(3) $f^{-1}(x)=\sqrt{10^x+1}$，$D_{f^{-1}}=R$，$R_{f^{-1}}=(1,+\infty)$

(4) $f^{-1}(x)=\sqrt[3]{\tan x-1}$，$D_{f^{-1}}=\left(-\frac{\pi}{2},\frac{\pi}{2}\right)$，$R_{f^{-1}}=R$

11. $\varphi(x)=\begin{cases}(x-1)^2, & 1\leqslant x\leqslant 2\\ 2(x-1), & 2<x\leqslant 3\end{cases}$

12. $S=2\left(x+\frac{A}{x}\right)$，$x>0$

13. $S=\frac{2\mathrm{v}}{r}+2\pi r^2$，$r>0$

14. $R(x)=\begin{cases}130x, & 0\leqslant x\leqslant 700\\ 117x+9\,100, & 700<x\leqslant 1\,000\end{cases}$

15. $C(x)=\begin{cases}10x, & 0\leqslant x\leqslant 20\\ 7x+60, & 20<x\leqslant 200\\ 5x+460, & x>200\end{cases}$

(B)

1. (1) A (2) D (3) C (4) D (5) D

2. (1) $\frac{x}{1+nx}$ (2) $[-2,0)\cup(0,6]$ (3) π (4). $f[f(x)]=\begin{cases}2+x, & x<-1\\ 1, & x\geqslant -1\end{cases}$

(5) $f(x)=\frac{1}{3}\left(2x-\frac{1}{x}\right)$ (6) 偶

习题二

(A)

1. (1) 0 (2) 6 (3) $\frac{1}{2}$ (4) $\frac{3}{2}$ (5) 1 (6) 1 (7) $\frac{4}{3}$ (8) $\frac{1}{2}$

2. (1) 2 (2) ∞ (3) 6 (4) $\frac{1}{2}$ (5) $3x^2$ (6) -3 (7) $-\frac{3}{2}$ (8) -2

(9) -2 (10) $\frac{2}{3}$ (11) 0 (12) 3 (13) $\left(\frac{3}{2}\right)^{20}$ (14) 1 (15) $\frac{1}{12}$

3. (1) 0 处不存在，1 处存在 (2) 0 处不存在，1 处存在，2 处存在

4. (1) $a=-2$，$b=-3$ (2) $a=1$，$b=-2$ (3) $a=1$，$b=1$

5. (1) $\frac{1}{2}$ (2) $\frac{2}{3}$ (3) e^4 (4) e^{-1} (5) e^{-2} (6) 1

6. (1) (4) (8) 是无穷小量，(2) (6) (7) 是无穷大量，(3) (5) 既不是无穷小量，也不是无穷大量

7. (1) 0 (2) 0 (3) 0 (4) $\frac{1}{2}$ (5) 1 (6) $\frac{\sqrt{2}}{4}$ (7) $\frac{1}{2}$ (8) π

(9) $\frac{2}{3}$ (10) $-\sin a$ (11) 1

8. 略

9. 不连续

10. $k=1$

11. (1) 1 (2) $\frac{2}{\pi}$

12. (1) $x=-1$，第二类间断点

(2) $x=1$，第一类间断点（可去间断点），$x=2$，第二类间断点

(3) $x=0$，第一类间断点（可去间断点）

(4) $x=1$，第一类间断点（可去间断点）

(5) $x=1$，第一类间断点（跳跃间断点）

(6) $x=0$，$x=k\pi+\frac{\pi}{2}$，第一类间断点（可去间断点），$x=k\pi$，$k\neq0$，第二类间断点

(7) $x=0$，第一类间断点（可去间断点），$x=\pm1$，$x=\frac{1}{2}$，第二类间断点

(8) $x=1$，$x=2$，第一类间断点（跳跃间断点）

13. 略

(B)

1. (1) D (2) D (3) D (4) D (5) A (6) C (7) A (8) C (9) C (10) B (11) B

2. (1) $\frac{1}{2}$ (2) $\frac{1}{2}\ln a$ (3) $\frac{1}{1-2a}$ (4) e^2 (5) $a=1$，$b=-4$ (6) 2 (7) 1 (8) -2

习题三

(A)

1. -4

2. (1) $y'=-\frac{1}{x^2}$ (2) $y'=\frac{1}{x}$

3. $f'(x)=2ax+b$，$f'(0)=b$，$f'\left(\frac{1}{2}\right)=a+b$，$f'\left(\frac{-b}{2a}\right)=0$

4. $y=6x-9$

5. $y=\frac{2}{3}x+\frac{1}{3}$，$y=-\frac{3}{2}x+\frac{5}{2}$

6. $y=-2x+3$

7. (1) 连续，可导 (2) 连续，不可导 (3) 连续，可导 (4) 连续，可导

8. (1) $y'=6x-1$ (2) $y'=(a+b)x^{a+b-1}$ (3) $y'=\frac{1}{\sqrt{x}}+\frac{1}{x^2}$

(4) $y'=x-\frac{4}{x^3}$ (5) $y'=-\frac{5}{2}x^{\frac{3}{2}}-\frac{1}{2x^{\frac{3}{2}}}$ (6) $y'=6x^2-2x$

(7) $y'=\frac{-1}{2\sqrt{x}}\left(1+\frac{1}{x}\right)$ (8) $y'=\frac{1-3x}{2\sqrt{1-x}}$ (9) $y'=\frac{a}{a+b}$

(10) $y'=abx^{b-1}+abx^{a-1}+ab(a+b)x^{a+b-1}$

9. (1) $y'=3x^2+12x+11$ (2) $y'=x^{n-1}(n\ln x+1)$ (3) $y'=\frac{1}{2x}$

(4) $y'=\frac{5(1-x^2)}{(1+x^2)^2}$ (5) $y'=3-\frac{4}{(2-x)^2}$ (6) $y'=\frac{-acnx^{n-1}}{(b+cx^n)^2}$

(7) $y'=\frac{-2}{x(1+\ln x)^2}$ (8) $y'=\frac{2-4x}{(1-x+x^2)^2}$ (9) $y'=x\cos x$

(10) $y'=\frac{5}{1+\cos x}$ (11) $y'=e^x(\sin x+x\sin x+x\cos x)$ (12) $y'=\tan x+x\sec^2 x$

10. (1) $y'=10x(1+x^2)^4$ (2) $y'=4x-3$ (3) $y'=(3x+5)^2(5x+4)^4(120x+161)$

(4) $y'=\frac{x}{\sqrt{1+5x^2}}(16+45x^2)$ (5) $y'=\frac{1}{\sqrt{(1-x^2)^3}}$ (6) $y'=\frac{2x}{(1+x^2)\ln a}$

(7) $y'=\frac{1}{2x}\left(1+\frac{1}{\sqrt{\ln x}}\right)$ (8) $y'=\frac{1}{\sqrt{x}(1-x)}$ (9) $y'=n\cos nx$

(10) $y'=nx^{n-1}\cos x^n$ (11) $y'=n\sin^{n-1}x\cos(n+1)x$ (12) $y'=-\frac{5}{2}\sin\frac{x}{2}\cos^4\frac{x}{2}$

(13) $y'=\csc x$ (14) $y'=2x\sin\frac{1}{x}-\cos\frac{1}{x}$ (15) $y'=\frac{1}{x\ln x}$ (16) $y'=\frac{n\sin x}{\cos^{n+1}x}$

(17) $y'=\frac{x^2}{(\cos x+x\sin x)^2}$ (18) $y'=\frac{2}{a}\left(\sec^2\frac{x}{a}\tan\frac{x}{a}-\csc^2\frac{x}{a}\cot\frac{x}{a}\right)$

(19) $y'=\frac{1}{\sqrt{4-x^2}}$ (20) $y'=\frac{1}{1+x^2}$ (21) $y'=\frac{2}{1+x^2}$

(22) $y'=\frac{x\arccos x-\sqrt{1-x^2}}{\sqrt{(1-x^2)^3}}$ (23) $y'=\frac{2\arcsin\frac{x}{2}}{\sqrt{4-x^2}}$ (24) $y'=2\sqrt{1-x^2}$

(25) $y'=x^x(\ln x+1)$ (26) $y'=-e^{-x}e^{e^{-x}}$ (27) $y'=(2x+1)e^{x^2+x-2}\cos e^{x^2+x-2}$

(28) $y'=-e^{-x}(\cos 3x+3\sin 3x)$

11. (1) $y'_x=\frac{ay}{y-ax}$ (2) $y'_x=\frac{y}{y-1}$ (3) $y'_x=\frac{e^y}{1-xe^y}$ (4) $y'_x=\frac{\sqrt{1-y^2}e^{x+y}}{1-\sqrt{1-y^2}e^{x+y}}$

12. $2x-5y+3=0$；$5x+2y-7=0$

13. (1) $y'=x\sqrt{\frac{1-x}{1+x}}\left(\frac{1}{x}-\frac{1}{1-x^2}\right)$

(2) $y'=\frac{x^2}{1-x}\sqrt[3]{\frac{3-x}{(3+x)^2}}\left[\frac{2-x}{x(1-x)}-\frac{9-x}{3(9-x^2)}\right]$

(3) $y'=(x+\sqrt{1+x^2})^n\frac{n}{\sqrt{1+x^2}}$

(4) $y'=\prod_{i=1}^{n}(x-i)^i\sum_{i=1}^{n}\frac{i}{x-i}$

(5) $y'=(\sin x)^{\tan x}(1+\sec^2 x\ln\sin x)$

14. (1) $y'=\frac{-2\sin\ln(1+2x)}{1+2x}$ (2) $y'=(\ln x)^x\left(\ln\ln x+\frac{1}{\ln x}\right)$

(3) $y'=x^{x^2+1}(2\ln x+1)+2xe^{x^2}+e^x x^{e^x}\left(\ln x+\frac{1}{x}\right)+e^{e^x}e^x$

(4) $y'=e^{f(x)}[f'(e^x)e^x+f'(x)f(e^x)]$

(5) $y'=\frac{f'\left(\arcsin\frac{1}{x}\right)}{-|x|\sqrt{x^2-1}}$ (6) $y'=f'(e^x+x^e)(e^x+ex^{e-1})$

(7) $y'=\sin 2x[f'(\sin^2 x)-f'(\cos^2 x)]$ (8) $y'=\frac{-1}{(1+x)^2}$

15. (1) $\frac{dy}{dx}=\frac{3(1+t)}{2}$ (2) $\left.\frac{dy}{dx}\right|_{\theta=\frac{\pi}{3}}=\sqrt{3}$

16. (1) $f'(x_0)=\begin{cases}2x_0, & |x_0|>1\\ -2x_0, & |x_0|<1\end{cases}$，$x_0=\pm1$，$f'(x_0)$不存在

(2) $f'(x)=\begin{cases}2^{x-1}\ln 2, & x>1\\ -2^{1-x}\ln 2, & x<1\end{cases}$，$x=1$ 时，$f'(x)$不存在

17. k 为任何值，$f(x)$ 在点 $x=0$ 处都有极限，$k=\pm1$ 时，$f(x)$ 在 $x=0$ 处连续，$k=1$时，$f(x)$ 在点 $x=0$ 处可导

18. $a=2$，$b=-2$

19. (1) $y''=\frac{2(1-x^2)}{(1+x^2)^2}$ (2) $y''=\frac{1}{x}$

(3) $y''=2\arctan x+\frac{2x}{1+x^2}$ (4) $y''=2x(3+2x^2)e^{x^2}$

20. (1) $y^{(n)}=\frac{(-1)^{n-1}(n-1)!}{(1+x)^n}$ (2) $y^{(n)}=(n+x)e^x$

(3) $y^{(n)}=m(m-1)(m-2)\cdots(m-n+1)(1+x)^{m-n}$

21. 略

22. (1) $dy=6xdx$ (2) $dy=\frac{-x}{\sqrt{1-x^2}}dx$ (3) $dy=\frac{2}{x}dx$

(4) $dy=\frac{1+x^2}{(1-x^2)^2}dx$ (5) $dy=-e^{-x}(\sin x+\cos x)dx$ (6) $dy=\frac{dx}{2\sqrt{x(1-x)}}$

(7) $dy=-\frac{3x^2dx}{2(1-x^3)}$ (8) $dy=2(e^{2x}-e^{-2x})dx$ (9) $dy=\frac{1}{2}\sec^2\frac{x}{2}dx$

23. (1) 0.99 (2) 2.001 7 (3) 0.01 (4) 1.05 (5) 0.495 (6) 0.795 4

24. 略

(B)

1. (1) D (2) D (3) A (4) B (5) C (6) A (7) D (8) A (9) A (10) C (11) B (12) C (13) B (14) C (15) D (16) C (17) A (18) B (19) B (20) C (21) C (22) D (23) C (24) A

2. (1) $\frac{dx}{x(1+\ln y)}$ (2) $\frac{c}{a}\geqslant 0$（或 $ax_0^2=c$），b 任意 (3) $-\frac{\sqrt{3}}{8}$

(4) $dy=e^{f(x)}\left[\frac{1}{x}f'(\ln x)+f'(x)f(\ln x)\right]dx$ (5) $\frac{1}{e}$

(6) $\lambda>2$ (7) $b^2=4a^6$ (8) $\left.\frac{dy}{dx}\right|_{x=1}=\frac{e-1}{e^2+1}$ (9) $2e^3$ (10) $2e^2$ (11) $-\frac{1+t^2}{4t^3}$

习题四

(A)

1—3. 略

4. (1) 1 (2) 2 (3) $\cos a$ (4) $-\frac{3}{5}$ (5) $-\frac{1}{8}$ (6) $\frac{m}{n}a^{m-n}$ (7) 1 (8) 3 (9) 1 (10) 1 (11) $\frac{1}{2}$ (12) $+\infty$ (13) $-\frac{1}{2}$ (14) $\frac{\ln 2}{6}$ (15) 1 (16) $\frac{\ln 6}{2}$ (17) $-\frac{e}{2}$ (18) $2\sqrt[3]{3}$

5. 略

6. (1) 6 (2) $-\frac{1}{2}$

7. $k=-1$，$f'(0)=-\frac{1}{2}$

8. $k=\frac{1}{2}$

9. (1) $(-\infty, -1)\downarrow$，$(-1, +\infty)\uparrow$ (2) $(-\infty, +\infty)\uparrow$

(3) $(-\infty, -1)\downarrow$，$(-1, 0)\uparrow$，$(0, 1)\downarrow$，$(1, +\infty)\uparrow$

(4) $(-\infty, 0)\uparrow$，$(0, +\infty)\downarrow$

(5) $(-\infty, -2)\uparrow$，$(-2, -1)\downarrow$，$(-1, 0)\downarrow$，$(0, +\infty)\uparrow$

(6) $\left(0, \frac{1}{2}\right)\downarrow$，$\left(\frac{1}{2}, +\infty\right)\uparrow$ (7) $\left(-\infty, \frac{1}{2}\right)\downarrow$，$\left(\frac{1}{2}, +\infty\right)\uparrow$

(8) $(0, 2)\downarrow$，$(2, +\infty)\uparrow$

10. 略

11. (1) 极大值 $f(0)=7$，极小值 $f(2)=3$

(2) 极大值 $f(1)=1$，极小值 $f(-1)=-1$

(3) 极大值 $f\left(\frac{1}{2}\right)=\frac{3}{2}$ (4) 极大值 $f(2)=\frac{4}{e^2}$，极小值 $f(0)=0$

(5) 极大值 $f\left(\frac{1}{2}\right)=\frac{81}{8}\sqrt[3]{18}$，极小值 $f(5)=0$ 与 $f(-1)=0$

(6) 极大值 $f(2)=3$ (7) 极大值 $f(0)=0$，极小值 $f\left(\frac{2}{5}\right)=-\frac{3}{25}\sqrt[3]{20}$

(8) 极小值 $f(3)=\frac{27}{4}$

12. (1) 13，4 (2) $\ln 5$，0 (3) $\frac{1}{2}$，0 (4) 6，0

13. $a=2$，$b=3$

14. 底半径 $\sqrt[3]{\frac{150}{\pi}}m$，高等于底直径

15. (1) $\left(-\infty, \frac{1}{3}\right)$上凹，$\left(\frac{1}{3}, +\infty\right)$下凹，拐点$\left(\frac{1}{3}, \frac{2}{27}\right)$

(2) $\left(0, \frac{1}{\sqrt{2}}\right)$下凹，$\left(\frac{1}{\sqrt{2}}, +\infty\right)$上凹，拐点$\left[\frac{1}{\sqrt{2}}, \frac{1}{2}+\ln\frac{\sqrt{2}}{2}\right]$

(3) $(-\infty, -1)$下凹，$(-1, 1)$上凹，$(1, +\infty)$下凹，拐点$(-1, \ln2)$，$(1, \ln2)$

(4) $(0, +\infty)$ 上凹，$(-\infty, 0)$ 下凹，无拐点

(5) $(-\infty, 2)$下凹，$(2, +\infty)$上凹，拐点$\left(2, \frac{2}{e^2}\right)$

(6) $(-\infty, -\sqrt{3})$下凹，$(-\sqrt{3}, 0)$上凹，$(0, \sqrt{3})$下凹，$(\sqrt{3}, +\infty)$上凹

拐点$\left(-\sqrt{3}, -\frac{\sqrt{3}}{2}\right)$，$(0, 0)$，$\left(\sqrt{3}, \frac{\sqrt{3}}{2}\right)$

16. $a=-\frac{1}{2}$，$b=\frac{3}{2}$，$c=0$，$d=0$

17. $y=\frac{1}{e^2}(4-x)$

18. (1) $y=0$ (2) $y=x+2$，$x=1$ (3) $y=1$

(4) $y=\frac{x}{2}+\frac{\pi}{2}$，$y=\frac{x}{2}-\frac{\pi}{2}$ (5) $y=x-1$，$y=-x+1$ (6) $y=0$，$x=-1$

19. 略

20. 250

(B)

1. (1) A (2) B (3) B (4) D (5) B (6) B (7) A (8) D (9) A (10) D

2. (1) 2 (2) $y=3x+1$ (3) $(0, 0)$ (4) $a=-\frac{3}{2}$，$b=\frac{9}{2}$ (5) $\sqrt[3]{4}$，$\sqrt[3]{4}-\sqrt[3]{3}$

习题五

(A)

1. (1) $\frac{8}{15}x^{\frac{15}{8}}+C$

(2) $\frac{1}{3}x^3+\frac{2}{3}x^{\frac{3}{2}}+\frac{2}{5}x^{\frac{5}{2}}+x+C$

(3) $t+2\ln|t|-\frac{1}{t}+C$

(4) $\frac{2}{3}x^{\frac{3}{2}}+2x^{\frac{1}{2}}+C$

(5) $x-\arctan x+C$

(6) $x^3+2\arctan x+C$

(7) $\frac{3}{8}x^{\frac{8}{3}}+\frac{6}{13}x^{\frac{13}{6}}+\frac{9}{2}x^{\frac{2}{3}}+C$

(8) $e^x+2\sqrt{x}+C$

(9) $\frac{1}{\ln5+1}5^xe^x+C$

(10) $2x+\frac{5}{\ln2-\ln3}\left(\frac{2}{3}\right)^x+C$

(11) $-\frac{1}{x}-\arctan x+C$

(12) e^x+x+C

(13) $\frac{1}{2}\sin x+\frac{1}{2}x+C$

(14) $\sin x+\cos x+C$

(15) $-\cot x-\tan x+C$　　(16) $\frac{1}{2}\tan x+C$

2. (1) $\frac{1}{2}\ln|3+2x|+C$　　(2) $-\frac{1}{2}(2-3x)^{\frac{2}{3}}+C$

(3) $-2\cos\sqrt{t}+C$　　(4) $-\frac{1}{2}\cos x^2+C$

(5) $-\frac{1}{2}e^{-x^2}+C$　　(6) $-\frac{1}{3}\sqrt{2-3x^2}+C$

(7) $\frac{3}{4}\ln(1+x^4)+C$　　(8) $\frac{1}{9}\tan^9 x+C$

(9) $\ln|\tan x|+C$　　(10) $-\frac{1}{3w}\cos^3(wt+p)+C$

(11) $\frac{1}{4\cos^4 x}+C$　　(12) $\sin x-\frac{1}{3}\sin^3 x+C$

(13) $\frac{1}{2}\cos x-\frac{1}{10}\cos 5x+C$　　(14) $\frac{1}{3}\sin\frac{3}{2}x+\sin\frac{x}{2}+C$

(15) $\frac{1}{8}\sin 4x-\frac{1}{24}\sin 12x+C$　　(16) $-\frac{3}{2}(\sin x+\cos x)^{\frac{2}{3}}+C$

(17) $\frac{1}{2}\arcsin\frac{2x}{3}-\frac{1}{4}(9-x^2)^{\frac{1}{2}}+C$　　(18) $\frac{1}{2}x^2-\frac{1}{2}\ln(1+x^2)+C$

(19) $\frac{1}{2\sqrt{3}}\ln\left|\frac{\sqrt{3}x-1}{\sqrt{3}x+1}\right|+C$　　(20) $\ln\left|\frac{x+1}{x+2}\right|+C$

(21) $-\ln\left|\cos\sqrt{1+x^2}\right|+C$　　(22) $(\arctan\sqrt{x})^2+C$

(23) $-\frac{10^{\arccos x}}{\ln 10}+C$　　(24) $-\frac{1}{\arcsin x}+C$

(25) $\frac{1}{2}(\ln\tan x)^2+C$　　(26) $-\frac{1}{x\ln x}+C$

(27) $2\arcsin\frac{x}{2}-\frac{1}{2}x\sqrt{4-x^2}+C$　　(28) $\arccos\frac{1}{x}+C$

(29) $\frac{x}{\sqrt{1+x^2}}+C$　　(30) $\sqrt{x^2-4}-2\operatorname{arcsec}\frac{x}{2}+C$

(31) $-2\sqrt{1-x}+2\ln(1+\sqrt{1-x})+C$　　(32) $\frac{1}{2}\arcsin x+\frac{1}{2}\ln(x+\sqrt{1-x^2})+C$

(33) $\sqrt{2x}-\ln(1+\sqrt{2x})+C$　　(34) $\frac{3}{2}\sqrt[3]{(x+1)^2}-3\sqrt[3]{x+1}+3\ln\left|1+\sqrt[3]{x+1}\right|+C$

(35) $x-4\sqrt{x+1}+4\ln(\sqrt{x+1}+1)+C$　　(36) $2\sqrt{x}-4\sqrt[4]{x}+4\ln(\sqrt[4]{x}+1)+C$

(37) $\ln\left|\frac{1-\sqrt{1-x^2}}{x}\right|-\arcsin x+C$　　(38) $-\frac{3}{2}\sqrt[3]{\frac{x+1}{x-1}}+C$

(39) $\frac{1}{2}t-\frac{1}{4w}\sin 2(wt+p)+C$　　(40) $\frac{1}{3}\sec^3 t-\sec t+C$

3. (1) $-x\cos x+\sin x+C$　　(2) $x\ln x-x+C$

(3) $x\arccos x-\sqrt{1-x^2}+C$　　(4) $-xe^{-x}-e^{-x}+C$

(5) $\frac{x^4}{4}\ln x-\frac{x^4}{16}+C$　(6) $3x\sin\frac{x}{3}+9\cos\frac{x}{3}+C$

(7) $x\tan x+\ln|\cos x|-\frac{1}{2}x^2+C$　(8) $-x^2\cos x+2x\sin x+2\cos x+C$

(9) $\frac{x^3}{3}\arctan x-\frac{1}{6}x^2+\frac{1}{6}\ln(1+x^2)+C$　(10) $-\frac{1}{4}x\cos 2x+\frac{1}{8}\sin 2x+C$

(11) $\frac{x^2}{4}+\frac{1}{2}x\sin x+\frac{1}{2}\cos x+C$　(12) $-\frac{1}{2}\left(x^2+\frac{1}{2}\right)\cos 2x+\frac{1}{2}x\sin 2x+C$

(13) $\frac{1}{2}(x^2-1)\ln(1+x)-\frac{1}{4}x^2+\frac{1}{2}x+C$　(14) $-\frac{1}{x}(\ln^2 x+2\ln x+2)+C$

(15) $x(\arcsin x)^2+2\sqrt{1-x^2}\arcsin x-2x+C$　(16) $(3\sqrt[3]{x^2}-6\sqrt[3]{x}+6)e^{x^{\frac{1}{3}}}+C$

(17) $\frac{e^x}{2}(\sin x+\cos x)+C$　(18) $-\frac{1}{2}e^{-x}-\frac{1}{10}e^{-x}(\cos 2x-2\sin 2x)+C$

4. (1) $\frac{1}{3}x^3-x^2+4x-8\ln|x+2|+C$　(2) $\ln|x-2|+2\ln|x+5|+C$

(3) $\frac{x^3}{3}+\frac{x^2}{2}+x+8\ln|x|-3\ln|x-1|-4\ln|x+1|+C$

(4) $\ln\frac{(x+1)^2}{x^2-x+1}+2\sqrt{3}\arctan\frac{2x-1}{\sqrt{3}}+C$　(5) $\ln|x+1|-\frac{1}{2}\ln(1+x^2)+C$

(6) $\frac{1}{x+1}+\frac{1}{2}\ln|x^2-1|+C$　(7) $\ln\left|\frac{(x+1)(x+3)}{(x+2)^2}\right|+C$

(8) $\frac{1}{2\sqrt{2}}\arctan\frac{x^2-1}{\sqrt{2}x}-\frac{1}{4\sqrt{2}}\ln\left|\frac{x^2-\sqrt{2}x+1}{x^2+\sqrt{2}x+1}\right|+C$

(B)

1. (1) D (2) C (3) A (4) B

2. (1) $-\frac{4}{3}$ (2) $\frac{1}{2}x^2+C$ (3) $e^x-\sin x$ (4) $-e^{\frac{1}{x}}+C$

习题六

(A)

1. 略
2. 略
3. (1) $I_1>I_2$ (2) $I_1<I_2$ (3) $I_1<I_2$ (4) $I_1>I_2$ (5) $I_1>I_2$
4. (1) $3x^2\sqrt{1+x^6}$ (2) $\frac{4x^3}{\sqrt{1+x^8}}-\frac{2x}{\sqrt{1+x^4}}$

(3) $-\cos[\pi\cos^2 x]\sin x-\cos[\pi\sin^2 x]\cos x$

5. (1) 4 (2) $\frac{17}{6}$

6. (1) 1 (2) $\frac{2}{3}$

7. $\frac{\cos x}{\sin x-1}$

8. (1) 0 (2) $\frac{21}{169}$ (3) $\frac{1}{3}$ (4) $\frac{\pi}{2}$ (5) $\frac{2}{3}\sqrt{2}$ (6) $\frac{\pi}{16}$ (7) $\frac{1}{6}$ (8) $2-2\ln\frac{3}{2}$

(9) $\frac{1}{2}-\frac{1}{2}e^{-1}$ (10) $2\sqrt{\ln2+1}-2$ (11) $\frac{\pi}{4}$ (12) $\frac{2}{3}$ (13) $\frac{4}{3}$ (14) $2\sqrt{2}$

9. (1) $\frac{\pi^3}{324}$ (2) 0

10. 略

11. (1) $\frac{1}{4}(e^2+1)$ (2) -2π (3) $\frac{\sqrt{3}}{3}\pi-\ln2$ (4) $8\ln2-4$ (5) $\frac{\pi}{4}-\frac{1}{2}$

(6) $\frac{1}{5}(e^{\pi}-2)$ (7) $\frac{e}{2}(\sin1-\cos1)+\frac{1}{2}$ (8) $3\ln3-2\ln2-1$ (9) 2π (10) $2-\frac{2}{e}$

12. (1) $J_0=\int_0^{\pi}xdx=\frac{\pi^2}{2}$, $J_{100}=\frac{99\cdot97\cdot95\cdots3\cdot1}{100\cdot98\cdot96\cdots4\cdot2}\cdot\frac{\pi^2}{2}$

(2) $J_{99}=\frac{99\cdot97\cdot95\cdots3\cdot1}{100\cdot98\cdot96\cdots4\cdot2}\cdot\frac{\pi}{2}$

13. (1) $\frac{1}{6}$ (2) 1 (3) $\frac{32}{3}$ (4) $6\pi-\frac{4}{3}$ (5) $\frac{3}{2}-\ln2$ (6) $e+\frac{1}{e}-2$ (7) $b-a$

14. (1) $\frac{128}{7}\pi$, $\frac{64}{5}\pi$ (2) $\frac{3}{10}\pi$ (3) $160\pi^2$ (4) $2\pi^2a^2b$

15. (1) $\frac{1}{2}\pi R^2H$ (2) $\pi H^2\left(R-\frac{1}{3}H\right)$ (3) $\frac{2}{3}ab^2\tan\alpha$

16. (1) $1\,000+7x+50\sqrt{x}$ (2) 500 (3) $L(5)=75$ (4) $\frac{1}{100}$亿

(5) $b=\frac{10}{1-e^{-1}}$; $5\rho=1-e^{-10\rho}$; $100-200e^{-1}$

17. (1) $\frac{1}{4}$ (2) $\frac{1}{2}$ (3) π (4) 1 (5) 发散 (6) $\frac{8}{3}$

18. 当$k=1-\frac{1}{\ln\ln2}$时，这广义积分取得最小值

19. (1) $m!$ (2) $\frac{1}{2}\sqrt{\pi}$ (3) 1

(B)

1. (1) A (2) A (3) D (4) C (5) D (6) B

2. (1) $2(e-1)$ (2) $\frac{1}{2}[f(2x)-f(2a)]$ (3) 0 (4) $\varphi(x)=\begin{cases}\frac{1}{3}x^3, & 0\leqslant x<1\\ \frac{1}{2}x^2-\frac{1}{6}, & 1\leqslant x\leqslant2\end{cases}$

(5) $\frac{-\cos x}{e^y}$ (6) $k=\frac{2}{\pi}$

习题七

(A)

1. 证明略.

2. (1) 3 (2) $-\frac{1}{4}$

(3) 0 (4) 0

3. (1) $\frac{\partial z}{\partial x}=\frac{1}{3}x^{-\frac{4}{3}}$，$\frac{\partial z}{\partial y}=-6y^{-3}$

(2) $\frac{\partial z}{\partial x}=\frac{2}{y}\csc\frac{2x}{y}$，$\frac{\partial z}{\partial y}=-\frac{2x}{y^2}\csc\frac{2x}{y}$

(3) $\frac{\partial u}{\partial x}=\frac{1}{y}\cos\frac{x}{y}\cos\frac{y}{x}+\frac{y}{x^2}\sin\frac{x}{y}\sin\frac{y}{x}$，$\frac{\partial u}{\partial y}=-\frac{x}{y^2}\cos\frac{x}{y}\cos\frac{y}{x}-\frac{1}{x}\sin\frac{x}{y}\sin\frac{y}{x}$

$\frac{\partial u}{\partial z}=1$

(4) $\frac{\partial u}{\partial x}=\frac{y}{z}x^{\frac{y-z}{z}}$，$\frac{\partial u}{\partial y}=x^{\frac{y}{z}}\ln x\cdot\frac{1}{z}$，$\frac{\partial u}{\partial z}=-\frac{y}{z^2}x^{\frac{y}{z}}\ln x$

4. $\alpha=\frac{\pi}{4}$

5. 证明略.

6. $\frac{\partial^2 z}{\partial x^2}=\frac{2xy}{(x^2+y^2)^2}$，$\frac{\partial^2 z}{\partial x\partial y}=\frac{y^2-x^2}{(x^2+y^2)^2}$，$\frac{\partial^2 z}{\partial y^2}=\frac{-2xy}{(x^2+y^2)^2}$

7. 证明略.

8. (1) $dz=\left(3e^{-y}-\frac{1}{\sqrt{x}}\right)dx-3xe^{-y}dy$ (2) $du=zy^{xz}\ln y dx+xzy^{xz-1}dy+xy^{xz}\ln y dz$

9. $dz\big|_{\substack{x=1\\y=2}}=\frac{1}{3}dx+\frac{2}{3}dy$

10. 2.218

11. −2.8 mm 与 −14 000mm^2

12. 17.6πcm^3

13. (1) $\frac{dz}{dx}=-\frac{e^x}{x(\ln x)^2}+\frac{e^x}{\ln x}$ (2) $\frac{dz}{dx}=2^x(x\ln 2+\sin x\ln 2+\cos x+1)$

(3) $\frac{dz}{dt}=\frac{3-12t^2}{1+(3t-4t^3)^2}$

14. (1) $\frac{\partial z}{\partial x}=e^{\frac{x^2+y^2}{xy}}\left[2x+\frac{2(x^2+y^2)}{y}-\frac{(x^2+y^2)^2}{x^2y}\right]$

$\frac{\partial z}{\partial y}=e^{\frac{x^2+y^2}{xy}}\left[2y+\frac{2(x^2+y^2)}{x}-\frac{(x^2+y^2)^2}{xy^2}\right]$

(2) $\frac{\partial z}{\partial x}=2xf_1'+ye^{xy}f_2'$，$\frac{\partial z}{\partial y}=f_1'(-2y)+f_2'e^{xy}x=-2yf_1'+xe^{xy}f_2'$

(3) $\frac{\partial u}{\partial x}=\frac{1}{y}f_1'$，$\frac{\partial u}{\partial y}=-\frac{x}{y^2}f_1'+\frac{1}{z}f_2'$，$\frac{\partial u}{\partial z}=-\frac{y}{z^2}f_2'$

(4) $\frac{\partial u}{\partial x}=f_1'+yf_2'+yzf_3'$，$\frac{\partial u}{\partial y}=xf_2'+xzf_3'$，$\frac{\partial u}{\partial y}=xyf_3'$

15. 验证略

16. 证明略

17. $\frac{\partial^2 z}{\partial y^2}=-\frac{y}{\sqrt{(x^2+y^2)^3}}$

18. (1) $\frac{\partial^2 z}{\partial x^2}=4f''_{11}+\frac{4}{y}f''_{12}+\frac{1}{y^2}f''_{22}$ $\frac{\partial^2 z}{\partial x\partial y}=-\frac{1}{y^2}f'_2-\frac{2x}{y^2}f''_{12}-\frac{x}{y^3}f''_{22}$

$\frac{\partial^2 z}{\partial y^2}=\frac{2x}{y^3}f'_2+\frac{x^2}{y^4}f''_{22}$

(2) $\frac{\partial^2 z}{\partial x^2}=-\sin x\cdot f'_1+\cos^2 x\cdot f''_{11}+4e^{2x-y}\cos x\cdot f''_{13}+4e^{4x-2y}f''_{33}+4e^{2x-y}f'_3$

$\frac{\partial^2 z}{\partial x\partial y}=-2e^{2x-y}f'_3-\cos x\cdot\sin y\cdot f''_{12}-\cos x\cdot e^{2x-y}f''_{13}-2\sin y\cdot e^{2x-y}f''_{23}-2e^{4x-2y}f''_{33}$

$\frac{\partial^2 z}{\partial y^2}=-\cos y\cdot f'_2+e^{2x-y}f'_3+\sin^2 y\cdot f''_{22}+2\sin y\cdot e^{2x-y}f''_{23}+e^{4x-2y}f''_{33}$

19. 证明略

20. $\frac{dy}{dx}=\frac{x+y}{x-y}$

21. $\frac{\partial z}{\partial x}=\frac{y\cos(xy)-z\sin(xz)}{x\sin(xz)-y\sec^2(yz)}$，$\frac{\partial z}{\partial y}=\frac{x\cos(xy)+z\sec^2(yz)}{x\sin(xz)-y\sec^2(yz)}$

22. $\frac{2xyzf'-z+yf}{1+2yzf'}$

23. 证明略.

24. $\frac{\partial^2 z}{\partial x\partial y}=\frac{-z}{xy(z-1)^3}$

25. $\frac{dx}{dz}=\frac{z-y}{y-x}$，$\frac{dy}{dz}=\frac{z-x}{x-y}$

26. $\frac{\partial u}{\partial x}=-\frac{uf'_1(2yvg'_2-1)+f'_2g'_1}{(xf'_1-1)(2yvg'_2-1)-f'_2g'_1}$，$\frac{\partial v}{\partial x}=\frac{g'_1(xf'_1+uf'_1-1)}{(xf'_1-1)(2yvg'_2-1)-f'_2g'_1}$

27. $a=3$

28. (1) 极小值 $f(0,\ -1)=-1$ (2) 极小值 $f(1,\ 1)=7$

(3) 极小值 $f\left(\frac{1}{2},\ -1\right)=-\frac{e}{2}$ (4) 极大值 $f(3,\ -2)=0$

29. 最小值-1，最大值 4

30. 最大利润为 $L(P_1=80,\ P_2=70)=376$

31. 甲种鱼放养数 $x_0=\frac{3\alpha-2\beta}{2\alpha^2-\beta^2}$，乙种鱼放养数 $y_0=\frac{4\alpha-3\beta}{2(2\alpha^2-\beta^2)}$

32. (1) $Q_1=4$，$P_1=10$，$Q_2=5$，$P_2=7$ 时，最大利润 $L=52$

(2) $P_1=P_2=8$，$Q_1=5$，$Q_2=4$ 时，最大利润 $L=49$，实行价格差别策略时总利润要大些.

33. 当两个直角边的长 $x=y=\frac{\sqrt{2}}{2}l$ 时，有最大周长.

34. (1) 用 1.5 万元作电台广告，用 1 万元作报纸广告

(2) 1.5 万元全部用于报纸广告

35. 当 $x_1=6\left(\frac{P_2\alpha}{P_1\beta}\right)^{\beta}$，$x_2=6\left(\frac{P_1\beta}{P_2\alpha}\right)^{\alpha}$ 时，投入总费用最小.

36. 当 $x=\frac{1}{2}$，$y=\frac{1}{4}$时，距离最短为 $d=\frac{7\sqrt{2}}{8}$

37. 长、宽、高分别为$\frac{2a}{\sqrt{3}}$，$\frac{2b}{\sqrt{3}}$，$\frac{2c}{\sqrt{3}}$时，体积最大为$V=\frac{8abc}{3\sqrt{3}}$.

38. 最长距离为$\sqrt{9+5\sqrt{3}}$，最短距离为$\sqrt{9-5\sqrt{3}}$

39. $I_1=4I_2$

40. 略.

41. (1) $I_1\geqslant I_2$ (2) $I_1\leqslant I_2$

42. (1) $0\leqslant I\leqslant 16$

(2) $36\pi\leqslant I\leqslant 100\pi$

(3) $\frac{100}{51}\leqslant I\leqslant 2$

43. (1) $\frac{1}{4}(e^{b^2}-e^{a^2})(e^{d^2}-e^{c^2})$ (2) $\frac{20}{3}$ (3) $-\frac{3}{2}\pi$

44. (1) $\frac{6}{55}$ (2) $\frac{9}{4}$ (3) $\frac{19}{6}$ (4) $e-e^{-1}$

45. (1) $I=\int_1^2 dx\int_0^{\ln x} f(x,y)dy=\int_0^{\ln 2} dy\int_{e^y}^2 f(x,y)dx$

(2) $I=\int_0^a dx\int_{-\sqrt{a^2-x^2}}^{\sqrt{a^2-x^2}} f(x,y)dy=\int_{-a}^a dy\int_0^{\sqrt{a^2-y^2}} f(x,y)dx$

(3) $I=\int_{-3}^1 dx\int_{x^2}^{3-2x} f(x,y)dy=\int_0^1 dy\int_{-\sqrt{y}}^{\sqrt{y}} f(x,y)dx+\int_1^9 dy\int_{-\sqrt{y}}^{\frac{3-y}{2}} f(x,y)dx$

46. (1) $\int_0^1 dx\int_{x^2}^x f(x,y)dy$ (2) $\int_1^e dx\int_0^{\ln x} f(x,y)dy$

(3) $\int_1^2 dx\int_{2-x}^{\sqrt{2x-x^2}} f(x,y)dy$ (4) $\int_0^1 dy\int_{\sqrt{y}}^{2-y} f(x,y)dx$

(5) $\int_{-1}^0 dy\int_{-2\arcsin y}^{\pi} f(x,y)dx+\int_0^1 dy\int_{\arcsin y}^{\pi-\arcsin y} f(x,y)dx$

(6) $\int_0^a dy\int_{\frac{y^2}{2a}}^{a-\sqrt{a^2-y^2}} f(x,y)dx+\int_0^a dy\int_{a+\sqrt{a^2-y^2}}^{2a} f(x,y)dx+\int_a^{2a}\int_{\frac{y^2}{2a}}^{2a} f(x,y)dx$

47. (1) $\int_{-\frac{\pi}{2}}^{\frac{\pi}{2}} d\theta\int_0^a f(r\cos\theta,r\sin\theta)rdr$ (2) $\int_0^{\pi} d\theta\int_0^{2\sin\theta} f(r\cos\theta,r\sin\theta)rdr$

(3) $\int_0^{2\pi} d\theta\int_a^b f(r\cos\theta,r\sin\theta)rdr$ (4) $\int_0^{\frac{\pi}{4}} d\theta\int_{\sec\theta\tan\theta}^{\sec\theta} f(r\cos\theta,r\sin\theta)rdr$

48. (1) $\int_0^{\frac{\pi}{4}} d\theta\int_0^{\sec\theta} f(r\cos\theta,r\sin\theta)rdr+\int_{\frac{\pi}{4}}^{\frac{\pi}{2}} d\theta\int_0^{\csc\theta} f(r\cos\theta,r\sin\theta)rdr$

(2) $\int_0^{\frac{\pi}{2}} d\theta\int_{\frac{1}{\cos\theta+\sin\theta}}^1 f(r)rdr$

49. (1) $\frac{3}{4}\pi a^4$ (2) $\ln\frac{2+\sqrt{3}}{1+\sqrt{2}}$ (3) $\frac{\pi}{18}a^3$

50. (1) $\frac{R^3}{3}\left(\pi-\frac{4}{3}\right)$ (2) $\frac{\pi}{4}(2\ln 2-1)$ (3) $\frac{3}{64}\pi^2$

51. (1) 直角坐标$\frac{9}{4}$ (2) 极坐标 $2\pi^2$ (3) 直角坐标 $14a^4$ (4) 极坐标 5π

(B)

1. (1) D (2) A (3) D (4) B (5) A (6) C (7) D (8) B (9) A (10) C (11) D (12) C (13) D (14) B (15) C (16) C

2. (1) D: $\{(x, y) \mid -1 \leqslant x+y \leqslant 1, y < x^2\}$ (2) $(x-1)^2+y^2+(z+1)^2=2$

(3) $y-3z=0$ (4) $\frac{\partial z}{\partial x}=y^{\frac{1}{x}}\frac{\ln y}{x^2}\sin(2y^{\frac{1}{x}})$, $\frac{\partial z}{\partial y}=-\frac{1}{x}y^{\frac{1}{x}-1}\sin(2y^{\frac{1}{x}})$

(5) $dz=xy[2f(x^y)+f'(x^y)yx^y]dx+x^2[f(x^y)+yx^yf'(x^y)\ln x]dy$

(6) $\frac{\partial z}{\partial x}=3x^2\sqrt{y}(x^3+2y)^{\sqrt{y}-1}$, $\frac{\partial z}{\partial y}=(x^3+2y)^{\sqrt{y}}\left[\frac{\ln(x^3+2y)}{2\sqrt{y}}+\frac{2\sqrt{y}}{x^3+2y}\right]$

(7) $\int_0^1 dy\int_e^{e^2} f(x,y)dx+\int_1^2 dy\int_{e^y}^{e^2} f(x,y)dx$ (8) 0.05

(9) $\frac{\partial^2 z}{\partial x\partial y}=\frac{4xy[F''(u)F(u)-2(F'(u))^2]}{F^3(u)}$

习题八

(A)

1. (1) 一阶; (2) 三阶; (3) 三阶; (4) 二阶.

2. 略.

3. (1) $y=Ce^{\sqrt{1-x^2}}$; (2) $y=e^x$;
(3) $(1+x^2)(1+2y)=C$; (4) $3x^4+4(y+1)^3=C$;
(5) $x^2+y^2=25$; (6) $\cos x-\sqrt{2}\cos y=0$;
(7) $2y^3+3y^2-2x^3-3x^2=5$; (8) $\frac{1}{3}x^3=\frac{1}{2}\ln^2 y$.

4. (1) $2xy+x^2=C$; (2) $y+\sqrt{x^2+y^2}=Cx^2$;
(3) $\ln|y|=\frac{y}{x}+C$; (4) $y^2=x^2(2\ln|x|+C)$;
(5) $y^2=2x^2(\ln|x|+2)$; (6) $e^{-\frac{y}{x}}+\ln|x|=1$;
(7) $-\frac{x}{y}=\ln|x|+1$.

5. (1) $y=e^{-x}(x+C)$; (2) $y=(x+C)e^{-\sin x}$;
(3) $y=x^n(e^x+C)$; (4) $y=\frac{1}{3}x^2+\frac{C}{x}$;
(5) $4xy=y^4+C$; (6) $y=x^2(e^x-e)$;
(7) $y=\frac{\pi-1-\cos x}{x}$; (8) $y=\frac{2}{3}(4-e^{-3x})$.

6. (1) $y=\frac{1}{12}x^4+C_1x+C_2$; (2) $y=(x-2)e^x+C_1x+C_2$;
(3) $y=-\frac{1}{2}x^2-x+C_1e^x+C_2$; (4) $y=C_1\ln|x|+C_2$;
(5) $C_1y^2-1=(C_1x+C_2)^2$; (6) $x=\pm\arcsin(y+C_1)+C_2$;

(7) $y=\sqrt{2x-x^2}$；

(8) $y=-\frac{1}{a}\ln|ax+1|$.

7. (1) $y=C_1e^x+C_2e^{3x}$；

(2) $y=(C_1x+C_2)e^{3x}$；

(3) $y=C_1e^{-x}+C_2e^{3x}$；

(4) $y=e^x(C_1\cos 2x+C_2\sin 2x)$；

(5) $y=4e^x+2e^{3x}$

(6) $y=e^{-x}-e^{4x}$.

8. (1) $y=C_1e^{-x}+C_2e^{3x}-x+\frac{1}{3}$；

(2) $y=e^{3x}(C_1\cos 2x+C_2\sin 2x)+\frac{14}{13}$；

(3) $y=C_1e^{-3x}+C_2e^x+\frac{1}{5}e^{2x}$；

(4) $y=C_1e^{2x}+C_2e^{3x}-\frac{1}{2}(x^2+2x)e^{2x}$；

(5) $y=-5e^x+\frac{7}{2}e^{2x}+\frac{5}{2}$；

(6) $y=e^x$.

(B)

1. 单项选择题：

(1) B (2) A (3) B (4) D (5) D

2. 填空题：

(1) $x=y(y+C)$；

(2) $y=(C_1x+C_2)e^{-3x}$；

(3) $y=\frac{1}{x}$；

(4) $e^{2x}-e^{-2x}$.

习题九

(A)

1. (1) 收敛 (2) 发散 (3) 发散 (4) 收敛 (5) 发散 (6) 收敛 (7) 收敛 (8) 发散

2. 收敛且和为 14

3. (1) 收敛 (2) 发散 (3) 发散 (4) 收敛 (5) 收敛 (6) 发散 (7) 收敛 (8) 收敛

4. (1) 发散 (2) 收敛 (3) 收敛 (4) 收敛 (5) 收敛 (6) 收敛 (7) 发散 (8) 收敛

5. (1) 收敛 (2) 发散 (3) 收敛 (4) 收敛

6. (1) 收敛 (2) 收敛 (3) 发散

7. (1) 绝对收敛 (2) 绝对收敛 (3) 绝对收敛 (4) 发散

8. (1) $R=1$，$(-1, 1)$，$[-1, 1)$

(2) $R=1$，$(-1, 1)$，$[-1, 1]$

(3) $R=3$，$(-3, 3)$，$[-3, 3)$

(4) $R=\frac{1}{2}$，$\left(-\frac{1}{2}, \frac{1}{2}\right)$，$\left[-\frac{1}{2}, \frac{1}{2}\right]$

(5) $R=\frac{1}{5}$，$\left(-\frac{1}{5}, \frac{1}{5}\right)$，$\left[-\frac{1}{5}, \frac{1}{5}\right)$

(6) $R=1$，$(-1, 1)$，$[-1, 1]$

(7) $R=1$，$(4, 6)$，$[4, 6)$

(8) $R=\frac{\sqrt{2}}{2}$，$\left(-\frac{\sqrt{2}}{2}, \frac{\sqrt{2}}{2}\right)$，$\left(-\frac{\sqrt{2}}{2}, \frac{\sqrt{2}}{2}\right)$

9. (1) $\frac{1}{(1-x)^2}(-1<x<1)$ (2) $\frac{1}{2}\ln\frac{1+x}{1-x}(-1<x<1)$

(3) $\begin{cases}-\frac{1}{x}\ln\left(1-\frac{x}{2}\right), & x\neq 0 \text{ 且 } x\in[-2, 2);\\ \frac{1}{2}, & x=0\end{cases}$

10. (1) $\sum_{n=0}^{\infty}\frac{(\ln a)^n}{n!}x^n(-\infty<x<+\infty)$

(2) $\sum_{n=0}^{\infty}(-1)^n\frac{x^{2n+1}}{2^{2n+1}(2n+1)!}(-\infty<x<+\infty)$

11. (1) $\sum_{n=0}^{\infty}\frac{(-1)^n\cdot x^{2n}}{2^n\cdot n!}(-\infty<x<+\infty)$

(2) $\sum_{n=0}^{\infty}\frac{(-1)^n x^{n+2}}{n!}(-\infty<x<+\infty)$

(3) $\sum_{n=0}^{\infty}\frac{x^n}{3^{n+1}}(-3<x<3)$

(4) $\sum_{n=0}^{\infty}\frac{(-1)^n 2^{2n+1}x^{2n+1}}{(2n+1)!}(-\infty<x<+\infty)$

(5) $1+\sum_{n=1}^{\infty}\frac{(-1)^n(2x)^{2n}}{2\cdot(2n)!}(-\infty<x<+\infty)$

(6) $\frac{1}{2}\sum_{n=1}^{\infty}\frac{1+(-1)^{n-1}}{n}x^n(-1<x<1)$

12. (1) $\sum_{n=0}^{\infty}(-1)^n(x-1)^n(0<x<2)$ (2) $\sum_{n=1}^{\infty}(-1)^{n-1}\frac{(x-1)^n}{n}(0<x\leqslant 2)$

(3) $e\sum_{n=0}^{\infty}\frac{(x-1)^n}{n!}(-\infty<x<+\infty)$

(B)

1. (1) B (2) B (3) D (4) C (5) D (6) B (7) A

2. (1) $[-2, 2)$ (2) 1 (3) 收敛 (4) $(-1, 0)$ (5) $\frac{1}{6}$ (6) 收敛 (7) $\frac{1}{e}$

(8) $\sum_{n=0}^{\infty}(-1)^n\frac{x^{2n+2}}{2n+1}(-1\leqslant x\leqslant 1)$

习题十

1. $MC=7+\frac{25}{\sqrt{x}}$，$MC(100)=9.5$

2. $MR=200-0.02x$，$MR(50)=199$

3. $MU_x=1$，$MU_y=\frac{1}{2\sqrt{y}}$

4. $MP_k=2KL$，$MP_L=K^2$

5. $MRP=\frac{85}{\sqrt{y}}-12$，$MRP(25)=5$

6. $E_d=-P\ln4$

7. -2

8. $E_S=\frac{3P}{2+3P}$，$E_S(1)=0.6$

9. $\frac{1}{2}$

10. $E_{AB}=-\frac{2}{5}$，$E_M=2$，互补品

11. $x_1=\frac{m}{5p_1}$，$x_2=\frac{4m}{5p_2}$

12. $x_1=\frac{m}{2p_1}$，$x_2=\frac{m}{2p_2}$

13. （1）$X=30$，$Y=20$；（2）总效用为 600

14. $X=20$，$Y=10$

15. 250

16. $q=15$ 时利润最大为 62.5

17. $Q=20$ 时利润最大为 8 000

18. 35

19. $Q=40$，$P=70$，利润 1 600

20. $Q=1$，$P=7$，利润 4

21. $A=900$，$Q=15$，$P=175$

22. $Q_1=20$，$Q_2=10$，$Q=30$，$P=550$

23. $P_1=60$，$Q_1=8$；$P_2=110$，$Q_2=7$；最大利润为 875

24. $L=K=800$，$C=2\,400$

25. $x_1=x_2=y$，$c(\omega_1, \omega_2, y)=(\omega_1+\omega_2)y$

26. $c(\omega_1, \omega_2, y)=y(\omega_1^{\rho/(\rho-1)}+\omega_2^{\rho/(\rho-1)})^{(\rho-1)/\rho}$

27. $y_1=y_2=16$，$P=36$

28. $q_1=880$，$q_2=280$，$p=284$

29. $L=-x^3+5x^2-8x-10$，$x=2$

30. 减少 0.5

31. 100 000

32. 1.25

33. $CS=\sqrt{75}$，$SS=\sqrt{7.5}$

34. $Q=e^{-p^3}$

35. $y^2=(x+3)^2-5$，其中 y 为总成本，x 为产量.

36. $L=(L_0-A)e^{-kx}+A$

37. $y=5e^{0.3t}$

38. $L=3-x+7e^{-2x}$

参考文献

［1］赵树嫄．经济应用数学基础（一）：微积分（第三版）．北京：中国人民大学出版社，2007.

［2］同济大学数学教研室．高等数学（第六版）．北京：高等教育出版社，2007.

［3］陈文灯，杜之韩．微积分．北京：高等教育出版社，2006.

［4］龚德恩，范培华．经济应用数学基础（一）：微积分（第二版）．北京：高等教育出版社，2012.

［5］吴赣昌．大学文科数学（第三版）．北京：中国人民大学出版社，2011.

［6］张国楚．大学文科数学（第二版）．北京：高等教育出版社，2007.

［7］金圣才．范里安《微观经济学：现代观点》（第 6 版）笔记和课后习题详解．北京：中国石化出版社，2006.

［8］Varian，H. R. 费方域译．微观经济学：现代观点（第 6 版）．上海：上海人民出版社，2006.

［9］尹伯成．现代西方经济学习指南（微观经济学）（第四版）．上海：复旦大学出版社，2003.

图书在版编目（CIP）数据

微积分/彭乃驰主编. —北京：中国人民大学出版社，2015.8
ISBN 978-7-300-21812-0

Ⅰ.①微… Ⅱ.①彭… Ⅲ.①微积分-高等学校-教材 Ⅳ.①O172

中国版本图书馆 CIP 数据核字（2015）第 193389 号

微积分
主　编　彭乃驰
副主编　黄克武　党　婷

出版发行	中国人民大学出版社		
社　　址	北京中关村大街 31 号	**邮政编码**	100080
电　　话	010－62511242（总编室）		010－62511770（质管部）
	010－82501766（邮购部）		010－62514148（门市部）
	010－62515195（发行公司）		010－62515275（盗版举报）
网　　址	http://www.crup.com.cn		
	http://www.ttrnet.com(人大教研网)		
经　　销	新华书店		
印　　刷	运河(唐山)印务有限公司		
规　　格	185 mm×260 mm　16 开本	**版　　次**	2015 年 8 月第 1 版
印　　张	14.5	**印　　次**	2022 年 1 月第 4 次印刷
字　　数	338 000	**定　　价**	32.00 元